MANUAL
OF
BRYOLOGY

EDITED BY

Fr. VERDOORN

in collaboration with:

DR. H. BUCH, DR. G. CHALAUD, H. N. DIXON, H. H. DU BUY, M. A. DONK, DR. H. GAMS, DR. A. J. M. GARJEANNE, PROF. DR. TH. HERZOG, DR. K. HOEFER, DR. J. MOTTE, PROF. DR. L. M. J. G. NICOLAS, P. W. RICHARDS, PROF. DR. F. VON WETTSTEIN, DR. R. VAN DER WIJK and PROF. DR. W. ZIMMERMANN

XII, 485 pages of text and 129 illustrations. Royal 8vo.
Price, bound in cloth: 20 guilders.

CONTENTS: I. Morphologie und Anatomie der Musci, von R. VAN DER WIJK — II. Morphologie und Anatomie der Hepaticae, von H. BUCH — III. Experimentelle Morphologie, von H. BUCH — IV. Germination des spores et phase protonémique, par G. CHALAUD — V. Associat on des Bryophytes avec d'autres organismes, par G. NICOLAS — VI. Cytologie, par J. MOTTE — VII. Karyologie, von K. HOEFER — VIII. Physiology, by A. J. M. GARJEANNE — IX. Genetik, von F. VON WETTSTEIN — X. Geographie, von TH. HERZOG — XI. Quaternary distribution, by H. GAMS — XII. Bryo-Cenology (Moss-Societies), by H. GAMS — XIII. Ecology, by P. W. RICHARDS — XIV. Classification of Mosses, by H. N. DIXON — XV. Classification of Hepatics, by FR. VERDOORN — XVI. Phylogenie. von W. ZIMMERMANN — Index of Plant-Names — Index of Authors.

ANNALES BRYOLOGICI

ANNALES BRYOLOGICI

A YEAR-BOOK
DEVOTED TO THE STUDY OF
MOSSES AND HEPATICS

EDITED BY

FR. VERDOORN

SUPPLEMENTARY VOLUME IV

FR. VERDOORN, STUDIEN ÜBER ASIATISCHE JUBULEAE
MIT EINER EINLEITUNG: BRYOLOGIE UND HEPATICO-
LOGIE, IHRE METHODIK UND ZUKUNFT

SPRINGER-SCIENCE+BUSINESS MEDIA, B.V.

STUDIEN ÜBER
ASIATISCHE JUBULEAE

(DE FRULLANIACEIS XV—XVII)

MIT EINER EINLEITUNG

BRYOLOGIE UND HEPATICOLOGIE
IHRE METHODIK UND ZUKUNFT

VON

FR. VERDOORN

MIT 32 ABBILDUNGEN

SPRINGER-SCIENCE+BUSINESS MEDIA, B.V.

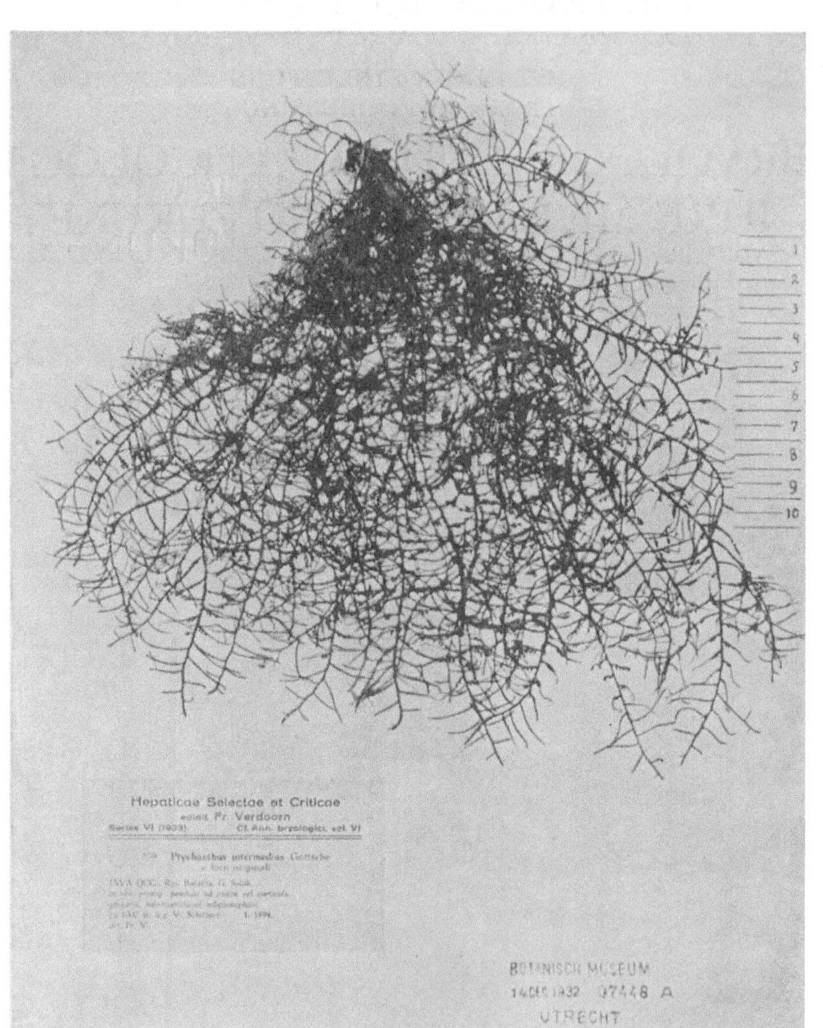

Hepaticae Selectae et Criticae
edidit Fr. Verdoorn
Series VI (1933)   Cf. Ann. bryologici, vol. VI

Ptychanthus intermedius Gottsche
e loco originali

ISBN 978-94-015-4116-9   ISBN 978-94-015-5442-8 (eBook)
DOI 10.1007/978-94-015-5442-8

INHALTSÜBERSICHT

Einleitung : Bryologie und Hepaticologie, ihre Methodik und Zukunft

de Frullaniaceis XV: Die Lejeuneaceae Holostipae der Indomalaya unter Berücksichtigung sämtlicher aus Asien, Australien, Neu Seeland und Ozeanien angeführten Arten

de Frullaniaceis XVI: Über die asiatischen Tamariscineae, ihre Linea und Ölkörper

de Frullaniaceis XVII: Über neue Frullania-Sammlungen und die Verbreitung der Jubuleae

EINLEITUNG

BRYOLOGIE UND HEPATICOLOGIE, IHRE METHODIK UND ZUKUNFT

1. Über die Geschichte der Lebermoosforschung. Die Nomenklaturregeln erfordern lediglich die Kenntnis der nach 1753 erschienenen Arbeiten. Bearbeiter der Flora aussereuropäischer Gebiete brauchen meistens sogar erst von nach 1800 erschienenen Veröffentlichungen Kenntnis zu nehmen. Es ist daher den meisten Bryologen unbekannt, dass ausser DILLENIUS noch verschiedene andere praelinnaeanische Autoren Lebermoose beschrieben und abgebildet haben. Doch bestehen ausgezeichnete Zusammenfassungen dieser Arbeiten und kritische Studien der darin angeführten Arten. M. A. HOWE 1894—1895, dem GREENE's Bibliothek zur Verfügung stand, berichtete über die ältesten Veröffentlichungen. LINDBERG, der noch imstande war, die Herbarien von verschiedenen Autoren aus dem 18. Jahrhundert zu untersuchen, hat 1877 eine Übersicht der Hepaticologie bis zu LINNÉ gegeben, während er später (1884) DILLENIUS' Historia Muscorum noch eine kritische Studie widmete. Über die Arbeiten der unmittelbar auf LINNÉ folgenden Autoren gibt es keine kritische Zusammenfassung, dies ist sehr zu bedauern, da diese für unsere Nomenklatur von wesentlicher Bedeutung sind. NEES VON ESENBEEK 1841, liess zwar einen mit Notizen versehenen Neudruck von RADDI's 1820 Jungermaniographia Etrusca erscheinen, aber über CORDA 1828 und 1829 und einige andere Autoren aus dieser Zeit wissen wir nur sehr wenig, und eine kritische Studie ihrer Originalien und eine Feststellung der „Typen" ihrer Genera fehlt fast völlig. Die neuere Geschichte fängt im Jahre 1844 mit dem Erscheinen der Synopsis Hepaticarum an. SCHIFFNER 1917 verdanken wir eine ausgezeichnete Schilderung dieser Periode.

Ich möchte ausdrücklich betonen, dass einige Kenntnisse über die Arbeiten der älteren, auch der praelinnaeanischen Autoren unbedingt notwendig sind, um die verschiedenen Gedankengänge und

Auffassungen in der Hepaticologie verfolgen zu können. Will man die Nomenklatur der Lebermoosgattungen beurteilen können, so soll man jedenfalls sämtliche Arbeiten, welche zwischen 1753 und 1844 veröffentlicht wurden, kennen.

Es ist notwendig, dass jeder, der sich mit taxonomischer Hepaticologie beschäftigt, Separate oder Kopien der oben zitierten Arbeiten von HOWE, LINDBERG und SCHIFFNER zu seiner direkten Verfügung hat. SCHIFFNER's Überblick ist, obwohl subjektiv, mehr als irgend eine andere Arbeit geeignet, die Entwicklung der neueren Hepaticologie aufzuzeigen. Eine Übersicht in grossen Zügen gibt das M a n u a l o f B r y o l o g y, S. 413—420. Näheres über die gegenwärtige Lebermoosforschung findet man auch auf den nächsten Seiten.

2. F. Stephani. Die S y n o p s i s H e p a t i c a r u m, eine Bearbeitung und manchmal auch eine Revision der Lebermoose der ganzen Welt, stellte einen ausgezeichneten Ausgangspunkt für weitere Forschung dar. Wenn man sich in diesen Jahren auch meistens nicht allzu viel um das Studium von Originalexemplaren kümmerte, sind doch die meisten Veröffentlichungen nach 1847 als eine Erweiterung der Syn. Hep. zu betrachten. Von den Autoren, welche sich viel zu wenig um die Synopsis Hepaticarum kümmerten und infolgedessen viele überflüssige, neue Arten aufstellten, sind besonders MONTAGNE und MITTEN zu nennen. Eine sehr grosse Verwirrung verursachten sie aber nicht.

In den letzten Dezennien des vorigen Jahrhunderts begannen vier jüngere Hepaticologen ihre Arbeiten. Der älteste, SPRUCE, hat sich durch verschiedene Studien über polymorphe Familien und eine grösstenteils heute noch anerkannte Gliederung derselben, sowie durch seine H e p a t i c a e o f t h e A m a z o n a n d A n d e s unsterbliche Verdienste erworben. Dann kommen wir aber zu einem recht tragischen Teil der Geschichte der Hepaticologie, man könnte ohne Übertreibung von katastrophalen Jahren sprechen.

Zwei jüngere Hepaticologen, SCHIFFNER und EVANS, förderten damals unser Fach bedeutend durch ihre Bearbeitungen neuer Kollektionen, und nicht weniger durch ihre Revisionen und kritischen Studien. EVANS gab 1892 ein „Arrangement of the Genera of Hepaticae", worin viele bis damals schlecht bekannte Gattungen dem System eingegliedert wurden und SCHIFFNER 1894 bearbeitete die

Hepaticae für die erste Auflage von ENGLER und PRANTL, und lieferte eine Bearbeitung, welche ihren damaligen Wert noch heute zum grössten Teil behalten hat.

STEPHANI, dessen Veröffentlichungen schon von 1876 stammen, hat von Anfang an zwar nie dieselbe Arbeit geliefert wie SCHIFFNER oder EVANS. Sein geistiges Leistungsvermögen und sein systematischer Blick sind, um einem verwandten Forschungszweig ein Beispiel zu entlehnen, nie grösser gewesen als die von HUÉ. Er hatte weder ein Gefühl für verwandtschaftliche Beziehungen, noch einen Blick für Unterscheidungsmerkmale. Der Mann verfügte aber über grosse Energie und war im Stande, den grössten Teil seines Lebens der Lebermoostaxonomie zu widmen. Da er gern bereit war, jede Menge neu gesammelter Lebermoose mit Namen zu versehen, machte er auf Aussenseiter den Eindruck, die Kenntnis der Lebermoose völlig zu beherrschen. Im Jahre 1898 kam er auf den unglücklichen Einfall, eine „Species Hepaticarum" zusammenzustellen. In den Jahren von 1898 bis 1924 erschienen 6 Bände (4251 Seiten), in denen man nur lateinische Diagnosen, keine Differentialdiagnosen, Claves oder dichotomische Tabellen findet. Den kleineren Teil der angeführten Arten hat STEPHANI selber aufgestellt, der Typus wird nie genau zitiert. Bei neuen Arten wird als Fundort z.B. „Insulae Sundaicae", „Sumatra", „Nova Guinea", „Jamaica" etc. angegeben. Die Beschreibungen sind „rite" zusammengestellt, aber ohne Studium der Originalexemplare wird niemand, auch in kleineren Gattungen, mit einiger Sicherheit angeben können, um welche Art es sich genau handelt. Die Zitate, welche sich auf früher beschriebene Arten beziehen, sind immer sehr unvollständig, manchmal auch falsch. Eine ganze Menge Arten tragen die Bezeichnung „nov. spec.", obwohl STEPHANI sie selber an anderer Stelle schon vor Jahren beschrieben und bisweilen auch abgebildet hat [1]).

Man bedenke: innerhalb weniger Jahre wurde die Zahl der „Lebermoosarten" verdoppelt. Für manche Gebiete wurde die Anzahl Lebermoose auf das 3—4 fache gebracht.

---

[1]) Fremdartig mutet es auch an, dass in den Species Hepaticarum viele Arten, welche S. in früheren Veröffentlichungen eingezogen hat, wieder als gültige Arten angeführt werden. Wenn ihm sogar die Übersicht über seine eigenen Arbeiten fehlte, wie muss es dann mit seiner Kenntnis der Arbeiten von Anderen gestanden haben?

Niemand kann über diesen Zuwachs etwas sagen, solange er STE-
PHANI's Originale nicht untersucht hat. Nun besteht aber eine Sammlung von STEPHANI eigenhändig angefertigter Zeichnungen von sämtlichen in den „Species Hepaticarum" angeführten Arten. Es ist zwar
im allgemeinen nicht möglich, mit Hilfe dieser Zeichnungen eine Art
zu bestimmen, und man soll nur mit sehr grosser Vorsicht überhaupt
aus ihnen eine Folgerung ziehen, sie haben aber den Vorteil, dass man
aus ihren Unterschriften schliessen kann, nach welchem Exemplar
eine bestimmte Beschreibung von STEPHANI angefertigt wurde. Versucht man nämlich in seinem Herbar die Originale aufzusuchen, so
bemerkt man, dass manchmal ganz verschiedene Spezies mit demselben Namen und der Bezeichnung „nov. spec." versehen sind. Die Originale dieser Zeichnungen gehören, wie das Herbar STEPHANI zum
Herbier Boissier. Auf Veranlassung von GOEBEL hat Prof. CHODAT
sie vor einigen Jahren der Tochter von STEPHANI leihweise überlassen,
und diese kopierte die Sammlung, welche man nun in mehreren Herbarien, z.B. in New York, New Haven, Manila, Upsala, Berlin und
München einsehen kann.

EVANS und SCHIFFNER wurden nun von einer derartigen Menge
neuer Arten, von denen eine jede einer kritischen Untersuchung be-
dürfte, überschüttet dass sie sich auf kleinere Gebiete (SCHIFFNER
hauptsächlich auf Europa; EVANS hauptsächlich auf Nordamerika)
beschränken mussten. Die Entwicklung der Hepaticologie, die durch
die Arbeiten von GOTTSCHE und SPRUCE, sowie durch die Jugendarbeiten von SCHIFFNER und EVANS eingeleitet worden war, ist von
STEPHANI in furchtbarer Weise abgeschnitten worden. Ausserdem
machte er in vielen Fällen jede weitere Entwicklung auf Jahrzehnte
hinaus unmöglich.

Man muss sich nun die Frage stellen, ob man STEPHANI's Arbeit
nicht übergehen kann? Wäre es nicht möglich, die „Species Hepaticarum", wie MUSCHLER's Flora of Egypt, durch Vereinbarung der wichtigsten Interessenten oder auf einem Kongresse als „Opus excludendum" auszuschalten?

EVANS, SCHIFFNER und ich haben wiederholt auf derartig
unmögliche Fehler, Verwechslungen und Auslassungen hingewies-
en, dass man sich fragt, wie es wohl mit STEPHANI's Geistesvermögen stand. Um dies zu untersuchen, wandte ich mich nicht an
Gegner von STEPHANI, sondern an Personen (Botaniker und Nicht-

Botaniker), welche ihn gekannt haben und ihn gern leiden mochten. Es gibt ein Sprichwort d e m o r t u i s n i l n i s i b e n e, und ich will hier daher nicht alles wiederholen, was man mir mitgeteilt hat.

Zwei Tatsachen dürften übrigens genügen:

Dr. VON SCHOENAU teilte mir persönlich mit, dass etwas Tabak in besonderer Form aus GOEBEL's Pfeife gefallen und zwischen dessen australische Sammlungen gekommen war. Das Stückchen Tabak wurde mit der Sammlung STEPHANI übersandt und kam pünktlich mit der Bezeichnung *Riccia glauca* zurück. Dies geschah mehrere Jahre vor Beendigung der S p e c i e s H e p a t i c a r u m. Wie müssen wir die letzten Teile dieses Buches dann bewerten?

Eine andere Mitteilung machte mir Frl. STEPHANI, seine Tochter, bei einer Unterredung. Sie erzählte, dass STEPHANI seine Familie und Kinder nicht mehr wiedererkannte, aber noch recht fleissig an seinen S p e c i e s H e p a t i c a r u m arbeitete. Fräulein STEPHANI sagte mir, es sei schliesslich so schlimm geworden, dass sie dafür sorgte, ihm keine neuen Sammlungen mehr in die Hände gelangen zu lassen. Damals war z.B. die Sammlung LEDERMANN schon bearbeitet (die Novae Species — darunter mehrere *Jungermanieae*, die als *Jubuleae* beschrieben sind — in Bd. VI). Diese traurigen Anekdoten, welche übrigens weniger beweisen als die Fehler in Band I—VI selber, dürften über das Geistesvermögen von STEPHANI hinreichend Auskunft geben.

Doch bin ich der Meinung, dass es heute nicht mehr möglich ist, die S p e c i e s H e p a t i c a r u m zum Opus excludendum zu erklären. Dazu ist es zu spät. Wir haben STEPHANI immer au sérieux genommen, sind nach Genf gereist, um die Originale aufzusuchen und zu bearbeiten (sogar Botaniker aus Amerika sind deshalb her-übergekommen), viel ist schon rediviert, STEPHANI wird immer zi-tiert usw. Dazu kommt noch, dass STEPHANI's Jugendarbeiten zwar nie hervorragend gut, aber auch gar nicht so schlecht sind, dass man sie mit Bd. IV—VI der S p e c i e s H e p a t i c a r u m vergleichen könnte. Aus dem jungen STEPHANI entwickelte sich dann eine GYELNIK-ähnliche Persönlichkeit und daraus der arme alte STEPHA-NI, dem liebevolle Freunde die Arbeit rechtzeitig aus den Händen hätten nehmen müssen.

Wären seine sämtlichen Arbeiten, oder wenigstens die ersten Bände der Species Hepaticarum ebenso schlecht wie die letzten Bände, so liesse sich vielleicht erwägen, seine neuen Arten nicht anzuerkennen. Dies ist jedoch nicht der Fall, und wo soll man dann die Grenze ziehen? Unter den vielen Arten, die er beschrieb, sind selbstverständlich auch ausgezeichnete Endeme und andere gute Arten, darf man diese ohne weiteres übergehen? Ausdrücklich muss ich betonen, dass STEPHANI sich niemals bewusster Fälschungen schuldig gemacht hat.

Die wichtigste Aufgabe der taxonomischen Hepaticologie ist nun wohl deutlich angegeben: Revision von Bd. I—VI der Species Hepaticarum. Für Botaniker, welche über gute neue Aufsammlungen verfügen und imstande sind, STEPHANI's Originalien zu untersuchen, ist dies nicht so schlimm. Was müssen aber Hepaticologen beginnen, wie Prof. KASHYAP, Dr. CHOPRA, Dr. KHANNA, Prof. HORIKAWA und andere, die asiatische Lokalfloren schreiben wollen, oder die aktiven Bryologen in Neu-Seeland und so viele andere?

Es ist für die Zukunft der Lebermoosforschung von grösster Bedeutung, dass die Leitung des Herbier Boissier, dem die Hepaticologie zwar schon viel Kummer besorgt hat, Anfragen von offiziellen Instituten (auch aus Indien, Neu Seeland etc., wohin die Beförderung heute so schnell und sicher ist) nicht abschlägt. Ohne diese Mitarbeit wäre es kaum möglich Stephani's Fehler zu beseitigen.

3. Allgemeines über die Methodik. Vergleicht man Arbeiten über die pflanzensystematische Arbeitsmethode von LINNÉ oder TOURNEFORT mit der Abhandlung von DIELS in ABDERHALDEN und stellt sich dann die Frage, ob die Taxonomie der Lebermoose einen ähnlichen Entwicklungsgang durchlaufen hat, wie die der Anthophyten, so wird die Antwort im allgemeinen bejahend lauten. Doch scheint mir die Anzahl der Ausnahmen verhältnismässig grösser zu sein als bei den Anthophyten. Weshalb? SCHIFFNER, der Altmeister der Lebermoosforschung, hat vor einigen Jahren (1907) in etwas übertriebener, aber doch recht deutlicher Weise die Arbeitsmethode der Hepaticologie folgendermassen charakterisiert: „Die e i n z i g m ö g l i c h e Methode, in der systematisch so ausserordentlich schwierigen Gruppe der *Hepaticae* (es ist wohl die schwierigste des ganzen Pflanzenreichs!) zu einer befriedigenden Formenkenntnis zu gelangen, besteht darin, eine sehr grosse (womöglich nach Hunderttausenden zählende) Anzahl von Exemplaren von den verschiedensten Standorten g e n a u z u u n t e r s u c h e n, nicht nur ihre morphologischen, sondern auch ihre anatomischen Merkmale (ohne letztere ist ja bekanntlich bei den Lebermoosen eine sichere Unterscheidung der Formen einfach unmöglich!) festzustellen und sie untereinander sorgfältigst zu vergleichen, um das Zusammengehörige zu vereinigen und das Heterogene zu trennen. Zu dieser unendlich mühevollen Tätigkeit ist aber nebst einer persönlichen Veranlagung, die nicht jeder Forscher besitzt, unerlässlich, ein unermüdlicher Fleiss, eine nur durch Jahrzehnte lange intensive Beschäftigung mit dem Gegenstande zu erlangende Erfahrung, eine genaue Kenntnis der äusserst umfangreichen und sehr zerstreuten Literatur, ein grosses Vergleichsmaterial, welches sich der Einzelne zumeist mit Aufwand von viel Mühe, Zeit und Geldmitteln allmählich verschaffen muss, und endlich eine grosse Geschicklichkeit im Präparieren und im Zeichnen....

Diese unsäglich mühsame und aufopferungsvolle wissenschaftliche Tätigkeit wird in neuerer Zeit vielfach sehr wenig gewürdigt und daher nur noch von ganz wenigen Forschern gepflegt, die fest überzeugt sind von der unbedingten Notwendigkeit dieser Arbeitsweise zur Erreichung der Ziele, welche sich die moderne Systematik gestellt hat. Der Grund liegt darin, dass sich der Wissenschaft in letzter Zeit Arbeitsrichtungen eröffnet haben, die zu einem r a s c h e r e n (und möglicherweise auch grösseren) Erfolge führen und daher besonders jüngere Kräfte mehr anziehen, wogegen kein Einwand erhoben werden kann, denn j e d e T ä t i g k e i t , w e l c h e d i e W i s-s e n s c h a f t f ö r d e r t , i s t w e r t v o l l u n d b e r e c h-t i g t . Es muss aber entschieden dagegen Stellung genommen werden, dass manche Vertreter dieser modernen Richtungen in gänzlicher Verkennung des Tatbestandes der Meinung sind, dass in der Aufklärung der „kleinen systematischen Einheiten", die ja das hauptsächlichste Tatsachenmaterial für weitergehende systematische (phylogenetische) Forschungen bildet, schon ein befriedigender Abschluss erreicht sei und daher die darauf bezügliche Forschungsrichtung für längst überlebt und nicht mehr existenzberechtigt halten und aus diesem Grunde oder vielfach auch zur Beschönigung des Umstandes, dass sie selbst diese Richtung nicht pflegen wollen oder aus irgendeinem Grunde nicht pflegen können, dieselbe als eine minderwertige Handlangerarbeit ansehen...."

Jeder wird sich darüber im klaren sein, dass die Hepaticologie,

besonders in ihrer jetzigen, chaotischen Lage, nur von berufsmässigen
Forschern wesentlich gefördert werden kann. Man kann sich nicht
innerhalb einiger Wochen oder Monate „etwas" in die Wissenschaft
von den Lebermoosen einarbeiten und deshalb können bei Doktor-
arbeiten nur in Ausnahmefällen gute Resultate erzielt werden. Man
findet deshalb unter den Hepaticologen manchmal mehr ausdauern-
de „Amateure", als studierte Botaniker („Professionals"), und auch
die letzte Kategorie kann sich oft nur wenig mit den Nebenwissenschaften beschäftigen. Es ist nun aber einmal so, dass die alte
statisch-morphologische Definition einer Spezies, wenn der Artbegriff
auch eine filia temporis ist und sein muss, nicht mehr befriedigt.
Auch in der Bryologie muss man nach anderen Definitionen und
Methoden suchen. Eben unter den Bryologen, ganz besonders
unter den Sphagnologen (ROELL, WARNSTORF) hat man schon vor
Jahrzehnten die Unhaltbarkeit der These, eine Spezies ist der Typus
und alles was damit mehr übereinstimmt als mit etwas anderem,
empfunden.

Abgesehen von den Versuchen, Species mit verschiedenen Digni-
tätsgraden zu unterscheiden, hat man hier besonders danach ge-
strebt, mit geographischen und experimentell morphologischen Methoden weiter zu kommen. Näheres darüber findet man auf den folgenden Seiten. Genetische und karyologische Methoden hat man
weniger benutzt (vergl. unter 5 und 6). Auch die morphologische
Methode, welche uns die meisten Gattungs- und Artmerkmale liefert, hat sich bedeutend entwickelt. Doch blieb im grossen und ganzen alles beim Alten und im alten Trott.

AMANN [1] hat uns (1930, 1932) eine ausgezeichnete Messmethode
gezeigt. Die von ihm (1932) in die Bryologie eingeführte Methode
mikroskopischer Beobachtungen unter Benutzung von polarisiertem
Licht dürfte praktisch weniger Bedeutung haben, es wurde damit
auch noch wenig gearbeitet. Für die Unterscheidung der höheren
Einheiten benutzt man heute mehr als früher die Merkmale (auch
entwicklungsgeschichtliche) der Protonemata, der Sporogone, der
Schleimpapillen, der Lobulusanatomie und der Spermatozoiden. Rein
anatomische und zytologische Untersuchungen lieferten vielfach
wichtige Resultate für die Systematik (und wenn man so will auch

---

[1] Es ist wohl nicht allgemein bekannt, dass MAC LEOD seine biometri-
schen Untersuchungen auch an Moosen ausführte (1917, 1926).

für die Phylogenie). Chemische Untersuchungen, welche für die Systematik von Bedeutung sind, liegen kaum vor. Für die Unterscheidung der niederen Einheiten dürften nähere Untersuchungen der Stammanatomie, der Lobulusanatomie, der Sporen (Exine, Sporengrösse) und besonders auch der Ölkörper, bei vorsichtiger Anwendung, eine besondere Bedeutung haben.

4. **Geographische Methoden.** Man kann das Areal einer Sippe als Merkmal derselben benutzen. Dieses Merkmal soll aber mit grösster Vorsicht verwendet werden. Man darf keinesfalls, wie, manchmal geschieht, eine polymorphe Gruppe nach den Weltteilen gliedern und so 3–5 „Subgenera" schaffen, die z.B. bei den Jubuleen in Folge des hohen Alters dieser Gruppe sämtliche weiteren, verwandtschaftlichen Beziehungen verschleiern. Durch diese sogenannte pflanzengeographische Methode, welche als Reaktion auf die etwas weite Speziesbegrenzung der Synopsis Hepaticarum entstanden ist, werden übrigens manche pflanzengeographisch wichtigen Tatsachen völlig verdeckt. Auch mit der Unterscheidung von Kleinarten auf geographischer Grundlage soll man sehr vorsichtig sein. Echte Subspecies[1]) findet man unter den Lebermoosen nur wenig, jedenfalls sind solche schönen Beispiele, wie uns VON WETTSTEIN aus den Alpen gezeigt hat recht selten.

Die geographische Methode anzuwenden, wenn man sonst nicht weiterkommt, halte ich für höchst verfehlt. Man sollte nicht mit ihr anfangen, nur mit ihr enden. Ist man schon gezwungen, sich zunächst der geographischen Methode zu bedienen, so soll man dieses niemals vergessen und erst dann eine Berechtigung des Vorgehens erblicken, wenn man auch durch das sonstige Studium zu dieser zunächst $\pm$ willkürlichen Gliederung geführt wird.

In der Systematik der höheren Pflanzen hat man bekanntlich eine Kombination von genetischen und geographischen Methoden mit besonderem Erfolg benutzt. Sie war nicht nur für eine bessere Abgrenzung der niederen Sippen von Bedeutung, sondern gab auch einen Einblick in das Entstehen der niederen Einheiten. Für uns ist diese Methode leider nicht von praktischer Bedeutung, da eine genetische Analyse unserer Sippen im Augenblick kaum durchzuführen ist. Es wäre sehr verlockend, auf eine variabele, meistens grosse

---

[1]) Cf. z.B. Du Rietz 1930, S. 354.

Areale bewohnende Gruppe, wie die der Lebermoose, die Begriffe „ecotype" etc. anzuwenden, man müsste dann aber erst beweisen, dass die unterschiedenen „ecotypes" zu einer Population gehören.

5. Cytologische Methoden. Beschäftigt man sich an Hand einer Einleitung (z.B. M a n u a l   o f   B r y o l o g y, p. 159—207) und etwas ausführlicherer Arbeiten, wie DARLINGTON 1932, TISCHLER 1934, sowie der Zusammenfassung in den F o r t s c h r i t t e n   d e r B o t a n i k I und II, mit den noch spärlichen Angaben über Chromosomenzahlen bei Lebermoosen und besonders auch mit den anderen karyologischen Arbeiten über Lebermoose, so kommt man zu Ergebnissen, die prinzipiell wenig von denen abweichen, über welche Sir W. W. SMITH vor kurzem in einen „Hooker Lecture" berichtete, vergl. auch MARKGRAF in F o r t s c h r i t t e I und II.

Die Chromosomenzahlen und -garnituren sind bei Lebermoosen leicht zu untersuchen. Das HEITZ'sche Verfahren liefert schnell sehr gute Resultate.

Das Zählen der Chromosomen und die Analyse der Bilder kann man nicht selbständig erlernen. Hilfe und Rat von Fachzytologen sind unbedingt notwendig, auch soll man sich nicht nur der HEITZ'schen Methode bedienen und wenigstens im Anfang dieselben Praeparate auf verschiedene Arten herstellen und die Ergebnisse miteinander vergleichen.

Die Chromosomenzahlen sind als Artmerkmale nicht ohne Bedeutung. Haben wir von einer grösseren Anzahl Arten aus irgend einer Sippe die Chromosomenanzahlen mit Sicherheit festgestellt, so werden wir in manchen Fällen etwas Näheres über die Artumgrenzung, Verwandtschaft und vielleicht auch über die Artbildung sagen können. In grösseren Gattungen darf man aus Zählungen bei einzelnen Arten niemals irgendwelche Schlüsse ziehen.

Übrigens ist die Anzahl der Chromosomen gar nicht so wichtig. Besonders das Spiel mit Grundzahlen kann zu irrigen Schlussfolgerungen führen. Doch besitzt die Chromosomenzahl eine höhere Bedeutung als manche andere Zahlen, da wir mit ihrer Hilfe eine etwaige Polyploidie erkennen können. Die verschiedenen Merkmale des Chromosomensatzes (NAVASHIN, BRUUN etc.) sind manchmal, besonders für Untersuchungen über Verwandtschaft und Artbildung viel wichtiger als die Zahlen. Der Karyotypus ist bei verschiedenen Gruppen in verschiedener Weise zu bestimmen, die Bedeutung jedes Merkmals auf diesem Gebiet wechselt wie die aller anderen Merkmale, je nach der Gruppe, welche man gerade bearbeitet.

Die leichte Methodik und die schon erzielten Ergebnisse lassen mit grosser Wahrscheinlichkeit erwarten, dass karyologische Untersuchungen bei den Lebermoosen zu wichtigen systematischen Ergebnissen führen werden. Mit der Untersuchung von Geschlechtschromosomen erhielt man ebenfalls schon taxonomisch wichtige Resultate (HEITZ 1927; HAUPT 1932--33). EVANS 1919 zog sämtliche aus der Gattung *Dumortiera* beschriebene Arten zu z w e i Sippen zusammen. Im Allgemeinen liess man dies Ergebnis nicht gelten, LORBEER 1932 stellte dann jedoch fest, dass für die eine Sippe n = 9, für die andere Sippe n = 18 war. Damit ist zwar das Studium von *Dumortiera* nicht erschöpft, doch wurde EVANS Auffassung hierdurch wesentlich gestützt.

6. **Genetische Methoden.** Unsere anfänglich auf philosophischer Basis beruhenden Auffassungen über Entstehung und Abgrenzung der kleineren Einheiten wurden vor allem durch die Genetik auf experimentelle Basis gestellt. Die Ergebnisse der letzten dreissig Jahre brachten soviel Neues und änderten so viele verschiedene Auffassungen und Begriffe von Grund auf, dass elementare Kenntnisse der Genetik für jeden Systematiker unbedingt notwendig sind. Fragen wir uns nun, welche Änderungen die Genetik im Artproblem im allgemeinen hervorgerufen hat (cf. z.B. die Diskussion auf dem 5th Congress, Proceedings pag. 209—231) oder eine neue Zusammenfassung wie bei GODDIJN 1934) und überlegen dann, ob alle diese Tatsachen, Schlüsse und Hypothesen einen direkten Einfluss auf die Bryologie ausgeübt haben, so finden wir von all dem kaum eine Spur.

Dies beruht darauf, dass eine genetische Analyse von Lebermoossippen bis heute fast nur bei systematisch problemarmen Thallosae vorgenommen wurde. Bei den in systematischer Hinsicht so problemreichen Acrogynae sind Kreuzungen nie gelungen. Solange wir über das Auftreten von Hybriden in der Natur, über Kreuzungsfähigkeit (übrigens nicht ein so wichtiges Merkmal) u.s.w. nichts wissen, haben Begriffe wie Coenospecies, Komparien u.s.w. für den Lebermoostaxonomen keinerlei Bedeutung. Die vielen genetischen Untersuchungen, welche mit Bryophyten ausgeführt wurden (Manual of Bryology, p. 233—273) haben nur für allgemein genetische Fragen (Plasmon, Heteroploidie) Bedeutung. Schon ältere Autoren wiesen (ohne Experimente), darauf hin dass wahrscheinlich Mutationen bei Bryophyten auftreten (LOESKE 1910; HEIMANS 1924). Vor kurzem berichtete BURGEFF (1930) in einer vorläufigen Mitteilung über Mutationen bei *Marchantia*.

Man hat HALL und seinen Schülern vorgeworfen, dass sie bei ihren experimentell taxonomischen Arbeiten die experimentell-morphologische Seite der Frage zu sehr berücksichtigt und zu wenig genetisch gearbeitet haben. Dieser Vorwurf ist vielleicht berechtigt, doch wird uns in der Hepaticologie vorläufig kaum etwas anderes übrig bleiben, da erstens fast jedes genetische Fundament fehlt und zweitens bei den Lebermoosen die Variabilität in viel stärkerem Masse auf phaenotypischen Unterschieden beruht, als bei den höheren Pflanzen.

7. Experimentell morphologische Methoden. Wenn hier von experimenteller Morphologie die Rede ist, wird damit sowohl in Fragestellung als in Methodik etwas anderes gemeint, als die experimentelle Morphologie die wir aus den Arbeiten von GOEBEL, KLEBS und BONNIER kennen. Schon seit einem Jahrhundert hat man Moose unter verschiedenen Bedingungen in Kulturen gezüchtet (Manual of Bryology, S. 73—89). Dabei stellte sich heraus, dass sie im allgemeinen eine auffallende Modifikationsbreite aufweisen, und aus einer Reihe Untersuchungen kann man schliessen, dass die phaenotypische Variabilität sehr viel grösser ist als die genotypische. Weiterhin stellte sich heraus, dass Kulturversuche und nicht nur gelegentliche Wahrnehmungen im Freien notwendig sind, um festzustellen, welche Unterschiede auf Modifikationen und welche auf erblichen Unterschieden beruhen.

Nachdem GOEBEL und seine Schüler; DOUIN (1916), DAVY DE VIRVILLE (1927) und viele andere durch ihre Versuche unbewusst oder nebenbei für die Lebermoostaxonomie wichtige Tatsachen zu Tage gefördert haben, war es BUCH (1920, 1922, 1928 und 1929), der die experimentell-morphologische Methodik bewusst in unsere Taxonomie einführte. Durch Kulturen vieler Jungermanieae (besonders *Scapania*) gelang ihm der Nachweis, dass manche immer als eigene Arten aufgefasste Sippen Modifikationen ein und derselben Art darstellen. Anderseits unterscheiden sich aber auch Sippen, welche man als Formen ein und derselben Art betrachtete, durch mehrere konstante Merkmale, und stellen zweifellos eigene Arten dar (z.B. *Calypogeia Neesiana* und *Cal. Meylanii*).

Er zeigte auch, dass bei den meisten *Acrogynae* unter gleichen Umständen dieselbe Modifikationen entstehen, so reagieren z.B. *Lophozia, Bazzania, Frullania* und *Lejeunea*-Arten auf bestimmte äussere Einflüsse alle durch die Bildung einer sogenannten mod. leptoderma-viridis-laxifolia.

Alle heute vorliegenden Versuche zeigen uns, dass wir den Modifikationen bei den Lebermoosen unsere besondere Aufmerksamkeit widmen müssen.

Es hat sich herausgestellt, dass die Modifikationen ein und desselben Klons soweit von einander abweichen können, dass es wünschwert ist, sie auf irgend einer Weise mit einem besonderen Namen zu belegen (Siehe Abschnitt 8).

Sippen, über deren verwandtschaftliche Verhältnisse man sich nicht im klaren ist, müssen am besten in mehreren Versuchen [1] unter den gleichen Verhältnissen gemeinsam gezüchtet werden. Durch ihre Reaktion auf die verschiedenen Aussenbedingungen [2] kön-

---

[1] Der erste Versuch, die verschiedenen Formen in einem Gewächshaus unter gleichen Umständen zu züchten, ist sehr wichtig und gibt manchmal auch schon hinreichende Aufschlüsse. Dies genügt aber keineswegs; man muss die Formen unter mehreren Umständen züchten, denn es ist sehr wohl möglich, dass zwei genotypisch verschiedene Formen unter bestimmten Umständen den gleichen Phänotypus zeigen.

Wenn man z.B. drei Formen a, b und c auf ihre verwandtschaftlichen Beziehungen prüfen will, so wäre es am besten, an den natürlichen Standorten von b und c einige Stücke von a zu züchten; von b etwas an den Standorten von a und c; von c etwas an den Standorten von a und b.

Wenn a auf einem natürlichen Standort von b gleich b wird, beweist dies nicht, dass a = b ist, man muss dann wenigstens erst noch b auf einem natürlichen Standort von a züchten und ganz sichere Schlüsse kann man erst ziehen, wenn man a und b zusammen noch unter ganz anderen Umständen beobachtet hat.

[2] Es handelt sich darum, Modifikationen von den erblich verschiedenen Sippen zu trennen. Der Taxonom soll sich nie zuviel darum kümmern, weshalb unter bestimmten Umständen eine Sippe a in die Modifikation a_1 auftritt und unter anderen Umständen in der Modifikation a_2. Diese Probleme sind vorläufig kaum von taxonomischer Bedeutung, sie müssen von Fachphysiologen, die aber in diesem Jahrhundert dazu nicht kommen werden, bearbeitet werden.

nen wir Fragen lösen, die Generationen von Hepaticologen allein
nach dem Studium des Herbarmaterials nie entscheiden können.

Für eine gute Monographie einer Lebermoosgattung ist es unbedingt erforderlich, die Modifikationsbreite polymorpher Arten durch
Versuche im Gewächshaus und Transplantationversuche in der
Natur zu untersuchen und zu beschreiben. Es handelt sich hier um
einen wesentlichen Teil der Artdiagnose. Schliesslich ist dann noch
zu erforschen, welche Modifikationen und Kombinationen in den
verschiedenen Teilen des Areals vorwiegen. Der Standort darf in
einer guten Artdiagnose nicht unberücksichtigt bleiben.

Das Studium der Phaenotypen und nicht weniger das Fehlen von
Analysen der Genotypen zeigen, dass man bei den Lebermoosen
kleine Arten nie nur nach dem Studium von Herbarmaterial oder
Beobachtungen in der Natur unterscheiden soll. Wer dies doch tut,
setzt sich in der Mehrzahl der Fälle der Gefahr aus, die Tatsachen zu
verschleiern, anstatt zu ihrer Aufklärung beizutragen.

8. **Die Nomenklatur der Modifikationen.** In diesem Zusammenhang darf man eigentlich nicht von Nomenklatur sprechen. Es
handelt sich ja nicht darum, systematische Einheiten anzudeuten,
sondern nur darum ihre verschiedenen Facies auseinanderzuhalten,
damit man sie leichter mit anderen Facies der Sippe und mit
analogen Facies anderer Sippen vergleichen kann.

Wenn DU RIETZ (1930) sagt, man solle die Modifikationen nicht
benennen, so ist das richtig und selbstverständlich. Die Namen [1]),
welche wir den Lebermoosmodifikationen geben, sind nicht spezifisch für eine bestimmte Form, sondern für alle analogen Modifikationen, gleichgültig bei welcher Sippe wir sie finden (z.B. mod. pachyderma, mod. laxifolia, mod. explanatilobula etc.—einige dieser Namen
liessen sich auch auf ganz andere Pflanzengruppen anwenden).
Diese von BUCH eingeführten Namen kann man auch mit Vorteil
kombinieren, z.B. mod. pachyderma-colorata etc. Es wäre vielleicht
gut, diese Namen nicht mit besonderen Typen zu drucken. Autoren-
zitate erhalten sie selbstverständlich nie.

MAGNUSSON 1933 schreibt über Namen, wie f. *rufescentisorediosa*
(S. 76): „Diese Namen haben den Vorteil, dass sie wenigstens leicht

---

[1]) Näheres bei BUCH 1928.

verständlich sind, aber dann wäre es besser, ein ganzes System von solchen Namen aufzustellen, die fixierte Bedeutung haben und bei allen gleichförmig variierenden Arten verwendet werden. Wenn drei bis vier verschiedene Namen kombiniert würden, könnten wohl die meisten vorkommenden Modifikationen durch solche Kombinationen ausgedrückt werden, wie man es bei den Moosen versucht hat. Es würde eine grosse Vereinfachung in der Systematik und Nomenklatur bedeuten, nur vorausgesetzt, dass die Nomenklaturregeln geändert werden."

Die im letzten Satz wiedergegebene Auffassung halte ich für absolut unrichtig. Etwaige Namen von Modifikationen haben weder theoretisch noch praktisch etwas mit der gewöhnlichen Nomenklatur der systematischen Einheiten zu tun. Wenn ich schreibe: *Frullania dilatata* mod. pachyd. col. so entspricht das den früher benutzten Ausdrücken, wie: *Frull. dilatata* cellulis incrass. parietibusque color. und so etwas hat mit Nomenklatur genau so wenig zu tun, als wenn man bei Arten mit wechselnder Chromosomenanzahl diese Zahl bei einer bestimmten Pflanze in Klammern hinter dem Artnamen angibt.

Wie schon gesagt, hat BUCH zuerst die häufigsten, von ihm auch näher bearbeiteten Modifikationen der Jungermanieae mit feststehenden Namen, die man auch zu mehreren kombinieren kann, angedeutet.

Dieser Gedanke ist eigentlich schon alt, schon JENSEN (1883), der (ohne Experimente) die Modifikationen (?) der Sphagna gliederte, sprach von formae tenellae, formae homophyllae. In einer Tabelle gibt er mit Hilfe dieser Namen eine Übersicht über die Modifikationsbreite der Sphagnales in der Natur.

Später versuchte SCHIFFNER etwas Ähnliches. Er geht aber von einer Normalform (etwa die verbreiteste Modifikation) aus und gruppiert darum herum die verschiedenen Formen, die man bei allerlei Arten konstant wiederfindet (Farbenform, Luxuriante Form).

COCKERELL 1933 schreibt: „Peculiarities due entirely to environmental conditions acting on the individual plant really have no taxonomic basis, but sometimes it may be practically useful to refer to them by name. In such cases, perhaps the term phase would be acceptable. When the plants from a special environment all show some special features, it is no doubt best to treat the segregates as subspecies, in spite of the possibility that some future experiments may show them to be nothing more than phases due to conditions of life. Sometimes however, known analogies are sufficiently convincing to determine the treatment." Wenn es sich auch um eine angreifbare Veröffentlichung handelt, so finden wir doch auch hier das Streben die auffallendsten Modifikationen von anderen Variationen zu trennen und auf irgendeiner Weise zu benennen.

Um die Bedeutung der experimentell-morphologischen Methode für die Lebermoostaxonomie zu verstehen, ist es erwünscht, BUCH's oben zitierte *Scapania*-Arbeiten durchzulesen und die Resultate mit denen des hochgeschätzten KARL MÜLLER Frib. (1905) zu vergleichen. K. MÜLLER war einer der besten Lebermoosforscher, die es je gegeben hat, wieviele Fehler hat er aber gemacht, hat er machen müssen, da er keine Kulturversuche anstellen konnte. Wieviele Fehler machen wir alle, an jedem Tage, selbst dann noch, wenn wir uns einbilden, vorsichtig zu sein und nicht mit zu kleinen Arten arbeiten.

Man soll sich ganz besonders davor hüten, die bei einer Art gefundenen Ergebnisse zu verallgemeinern. Auf Java (Tjibodas) stellte ich durch kleine Versuche schon fest, dass Merkmale, welche bei einer *Frullania* phaenotypischen Charakter tragen, bei anderen erblich sein können.

9. Art der neuen Veröffentlichungen. Ein erheblicher Teil der neuen Veröffentlichungen enthält viele Fehler, keinerlei Fortschritte, und mehrere sind wirklich schlecht. Dies beruht *a*. auf der mangelhaften allgemein botanischen und biologischen Vorbildung der Verfasser, *b*. auf mangelhaften Literaturkenntnissen, *c*. auf der Tatsache, dass die Verf. sich zu wenig um das Studium der Originalien gekümmert haben und *d*. auf ungenügender Kenntniss der drei Weltsprachen und des wenigen, für die Botanik notwendigen Lateins.

Wenn wir uns die neuen floristisch-bryologischen Veröffentlichungen ansehen, dann sind darunter nicht nur mehrere völlig unbedeutende Arbeiten, sondern wir finden obendrein eine Vermehrung der doch schon zu grossen Anzahl der Revidenda an Stelle einer Verminderung. Die mangelhaften Kenntnisse der Botanik im allgemeinen und ihrer neueren Fortschritte im besonderen sind wirklich schlimm: besonders auf dem Gebiete der Pflanzengeographie und der

Soziologie haben Bryologen Arbeiten und Bemerkungen geliefert, welche unter aller Kritik sind.

Auch wurden wir von bryologischer Seite mit Diskussionen und Betrachtungen über das Wesen der Arten (am liebsten dann auch noch über Microspecies), Varietäten, und Formen (sogar über Mutationen) bereichert, deren Verfasser kaum einige % der Kenntnisse besassen, die man einem einfachen modernen Lehrbuche entnehmen kann.

Schlimmer wird es noch, wenn der betreffende Autor auch die neuere hepaticologische Literatur nicht kennt. Diese ist auch wirklich sehr zerstreut, und es fehlen gute Zusammenfassungen, sodass ein gut in Stand gehaltener Kartothek unerlässlich ist.

Für viele Verfasser einer Lokalflora ist es allmählich eine Standardvorschrift geworden, einen sich auf ihr Gebiet beziehenden Auszug aus KARL MÜLLER's übrigens hervorragender Lebermoosflora anzufertigen, diese mit den neuen lokalen Fundortsangaben (möglichst mit einer neuen Spezies und einigen neuen Varietäten), sowie einigen Angaben, welche man zufällig in der Literatur gefunden hat, zu bereichern und dies dann (am liebsten unter Nachahmung von KARL MÜLLER's Nomenklatur und ohne jede Kenntnis der Nomenklaturregeln) zu einem Ganzen zu verarbeiten.

Vor mir liegt die neue Flora von ZODDA (1934), und ich will nicht behaupten, dass diese ausschliesslich nach dem obenstehenden Schema hergestellt ist, trotzdem: es bleibt schlimm, dass die italienische botanische Vereinigung so etwas ohne weiteres hat drucken lassen. Wenn man das Buch nur flüchtig durchblättert, so fällt schon die ärgerliche Unkenntnis, besonders der Arbeiten von SCHIFFNER (die schliesslich in vielen Fällen die Grundlage zur K. MÜLLER's Flora bildeten) auf. SCHIFFNER's neue Exsiccati, meine Hep. Sel. et Crit. sind dem Autor nicht einmal bekannt und diese neueren Exsiccati werden dann — im Gegensatz zu den von aus K. MÜLLER's Flora abgeschriebenen Angaben über Exsiccati — nicht erwähnt. Noch schlimmer ist, dass der Verfasser weder BUCH's neue Arbeiten, noch das M a n u a l o f B r y o l o g y je gesehen hat; auch AMANN's Bryogeographie, die für ihn von direkter Bedeutung gewesen wäre, hat er nicht gelesen .... und doch bringt er uns eine schöne, dicke Flora Italica Hepaticologica. Man kann zwar hiergegen einwenden, dass wir uns freuen müssen, wieder etwas über die italienische Lebermoosflora zu erfahren, und auf diesen Standpunkt

könnten sich mitteleuropaeische Bryo-Floristen vielleicht stellen,
wenn der Verf. nicht so manche Angaben der älteren Autoren mir
nichts dir nichts, ohne Revision und ohne Hilfe von Spezialisten
übernommen hätte.

Es wäre leicht, einige neuere Veröffentlichungen über exotische
Hepaticae scharf zu kritisieren. Wie ich schon früher (1932) betonte,
befinden sich die exotischen Hepaticologen in einer schwierigen Lage.
Will jemand in Indien, Japan, Südafrika oder Neu-Seeland sein wis-
senschaftliches Gewissen absolut rein halten, so ist ihm das unmöglich. Er muss also Konzessionen machen und weniger gewissenhaft
arbeiten, oder er muss das Studium der Lebermoose aufgeben. Das
letzte habe ich zu meinem grossen Bedauern in den letzten 10 Jahren
auch wiederholt erfahren .... und die wenigen exotischen Hepaticologen, die trotzdem weiter arbeiten, dürfen wir nicht ohne weiteres
mit den europäischen Charlatanen vergleichen. Die Schwierigkeiten,
welche ZODDA umging, die er aber hätte überwinden können, sind
für die Bearbeiter exotischer Lebermoosfloren unüberwindlich. Hier
handelt es sich in erster Linie um den Mangel an Typen und sicher
bestimmtem Vergleichsmaterial, weiter fehlt manchmal die notwendige Literatur völlig, und die Kenntnisse in den drei modernen Spra-
chen sind oft ungenügend.

Heute arbeitet man viel zu viel mit Cotypen zweifelhaften Charak-
ters und vergisst, dass STEPHANI, wenn er auf 5 Convolute ein und
denselben Namen schrieb, a priori nicht 5 Exemplare derselben Art
in den Händen gehabt hat, denn sonst hätte er (wenigstens bei den
Jubuleae) verschiedene Namen darauf geschrieben.

Das Bestimmen mit Hilfe solcher Pröbchen ist, ebenso wie das Bestimmen mit Hilfe der Icones Ined. höchst gefährlich, es führt nur
zu einer Vermehrung unserer Revidenda. Nach wie vor muss man die
Typen untersuchen.

10. **Revisionen und Monographien.** Die wesentlichen Fortschritte der taxonomischen Bryologie verdanken wir den Revisionen und Monographien. Welche Forderungen müssen diese aber erfüllen, damit sie zu einem Fortschritt führen und nicht wie allzu oft
zu Rückschritten und Hemmungen weiterer Forschungen werden?

Jeder Typus, worüber Zweifel besteht, muss untersucht werden,
gleichgültig welche Schwierigkeiten sich daraus ergeben; geschieht

dies nicht, so kann die Veröffentlichung besser unterbleiben. Die Untersuchung einer grösseren Anzahl von Typen muss nach der vorläufigen Bearbeitung von neuen Sammlungen derselben Gruppe in Angriff genommen werden, sonst lernt man die Variabilität nicht kennen und weiss nicht, welche Bedeutung den verschiedenen Merkmalen beizumessen ist. Hat man durch eine Revision die Grundlagen für weitere Untersuchungen gelegt, so kann man mit den Vorarbeiten zu einer Monographie beginnen. Wirkliche Monographien sind in diesem Jahrhundert kaum zu schreiben. Abgesehen davon, dass wir nicht genügend Material besitzen, steht die Technik der Taxonomie einer so plastischen Gruppe wie der Lebermoosse noch in den Kinderschuhen. Mann kann wohl Studien herausgeben, die eine Zusammenfassung unserer Kenntnisse darstellen; sind das aber gute Monographien? Dazu kommt noch, dass man auf dieser Weise Ergebnisse, die erst nach Jahrzehnten zu erzielen sind, in hypothetischer Form konstruieren muss. In de Frullaniaceis XV, einer Zusammenfassung unserer Kenntnisse der indomalayischen Holostipae, habe ich absichtlich vermieden, solch eine Pseudomonographie zu schreiben. Musste ich zwischen einer engeren und weiteren Umgrenzung der Sippen entscheiden, so habe ich immer die weitere Umgrenzung bevorzugt, um keine Scheinergebnisse vorzutäuschen.

Bei der Besprechung der Variabilität wird eine Übersicht der Variationsbreite gegeben, besondere Formen werden hervorgehoben und die notwendigsten Experimente angegeben. Ich bin der Meinung, dass die Behandlung einer grösseren Art mit einer Beschreibung ihrer Variabilität ein viel besseres Bild der Population gibt, als wir durch die Gliederung dieser Art in z.B. zwei kleinere Arten und in einige Varietäten und Formen von dieser bekommen können. Dies gilt in besonderem Masse, wenn keine Versuche vorliegen und die Beschreibungen der kleinen Arten, Varietäten und Formen so angefertigt werden, als seien es Gipsmodelle, und nicht Gruppen nahe verwandter oder vielleicht identischer Individuen. Ausführliche Beschreibungen der Art (der sogenannten typischen Form) kann man in vorläufigen Bearbeitungen besser weglassen, sie beanspruchen viel Raum und ihr praktischer Wert ist, in einer nicht wirklich monographischen Arbeit über eine Gruppe von Lebermoosen, welche ohne viel Vergleichsmaterial doch nicht zu bearbeiten sind, sehr problematisch. Die Unterscheidungsmerkmale sind immer in einer besonderen Bemerkung, worin man am besten auch einiges über Verwandtschaft usw. sagt, zu behandeln.

Fundorte, von denen man kein Material untersuchen konnte, sollte man niemals ohne Weiteres erwähnen. Handelt es sich nicht um bedeutende Angaben, so lässt man sie fort. Sonst erwähnt man sie im Text, z.B. unter der allgemeinen Besprechung des Vorkommens und der Verbreitung.

Monographien und auch zusammenfassende Vorarbeiten sind nicht der geeignete Ort, eine grössere Anzahl von neuen Arten zu beschreiben. Die Beschreibung einer neuen Species ist meistens eine Hypothese, die durch spätere Forschungen, zur Wahrscheinlichkeit erhoben wird. Sogar EVANS, der beste der lebenden Hepaticologen, unübertroffen in Beschränkung und Selbstkritik, hat wohl mal eigene Arten einziehen müssen. Wieviele Fehler müssen wir dann im Lauf der Jahre gemacht haben? Man findet selbstverständlich, wenn man eine Revision zu Ende geführt hat, manchmal „neue Sippen", welche, da sie uns Neues über verwandtschaftliche Verhältnisse usw. lehren, zu erwähnen und zu beschreiben sind. Man soll aber in zusammenfassenden Arbeiten nicht unnötig viel neue Arten beschreiben, welche ausschliesslich vom Originalstandort vorliegen. Aber, COLENSO ist leider immer noch nicht gestorben, er lebt auch heute noch unter uns.

11. **Über Exsiccate.** Bryophyten sind meistens nicht gross und wachsen häufig in zahlreichen Exemplaren zusammen. Schon in alten Zeiten kam man dazu, Exemplare einer Art (= manchmal eines Klons) mit gedruckten Etiketten zu versehen und diese durch Verkauf, Tausch usw. an andere Bryologen, Herbarien und Museen zu verteilen. Bei keiner einzigen anderen Gruppe von Pflanzen sind solche Exsiccatenwerke so leicht zusammenzustellen wie bei den Bryophyten. Es handelt sich hier auch um leicht zu konservierende Pflanzen, die weder von Insekten noch von Pilzen vernichtet werden. Aus diesen Gründen haben die Exsiccate für die Bryologen einen besonderen Wert. Die ersten wurden schon vor über einem Jahrhundert von FUNCK, MOUGEOT und NESTLE usw. herausgegeben. Für uns sind die klassischen Hepaticae Europae Exsiccatae von GOTTSCHE und RABENHORST und SCHIFFNER's in keiner Hinsicht zu übertreffenen Hep. Eur. Exsicc. von besonderer Bedeutung.

Alle diese Exsiccate sind an 30—80 Herbarien der alten und neuen Welt verteilt und jeder Hepatikologe dürfte, ohne grosse Schwierigkeiten, in der Lage sein, eine bestimmte Nummer einzusehen. Dies ist wirklich von grösster Bedeutung, da das Studium der manchmal sehr schwierigen Lebermoose ohne gutes Vergleichsmaterial kaum möglich ist.

Im vergangenen Jahrhundert hat man auch wohl Floren etc. herausgegeben, in denen getrocknete und eingeklebte Moose die gewöhnlichen Abbildungen ersetzten.

Die eingeklebten Exemplare waren aber dürftig, und man konnte sie in Folge des Pressens und Einklebens nicht genügend untersuchen. Daher sind diese eigentümlich bebilderten Bücher (z.B. GARDINER 1855, HUSNOT 1882), ebenso wie die „Nature Printed Mosses" und die Chemiebücher mit aufgeklebten Chemicalien wieder ausgestorben.

Gute Exsiccate, d. h. solche, die man als bryologische Veröffentlichung betrachten muss, enthalten unter einer Nummer nur Material von einem Standort. Die verschiedenen Exemplare einer Nummer müssen weitgehend miteinander übereinstimmen, sie sind von Beimischungen, welche zu Irrtümern führen können, zu befreien. Die Etiketten müssen gedruckt werden, da man sonst nie sicher ist, dass die verschiedenen Schedae einer Nummer übereinstimmen. Für die Etiketten ist holzfreies Papier zu benutzen, da sonst die Etiketten nach 20 Jahren schon gelb aussehen und leicht zerfallen.

Die Beschriftung darf nicht zu kurz sein, und da heutzutage das Studium der Modifikationen sehr wichtig ist, wäre es gut, wo möglich einige kurze ökologische Notizen beizufügen. Die Etiketten sind an den Konvoluten festzukleben und dürfen niemals davon getrennt werden, die Konvolute sollen aus erstklassigem, reinem und starkem Papier, wo möglich immer in derselben Grösse angefertigt werden (man benutze nie Zeitungen oder billiges Packpapier). Zarte und kleine terrestrische Species sind vorher noch in ein kleines Innenkonvolut zu packen. Schliesslich soll der Herausgeber sich auch um eine gute Verteilung der Exsiccate kümmern. Findet man in grösseren Gebieten keine Subscribenten, so muss man einem der grössten Herbarien ein Exemplar stiften, damit die Ausgabe ihren wissenschaftlichen Zweck erfüllen kann.

Spezialisten müssen die Exsiccate mit besonderer Sorgfalt redivieren, gute Exsiccatenlisten haben meistens nicht weniger Bedeutung, als lange Diagnosen.

Die Exsiccate gewinnen noch an Bedeutung, wenn sie wie z.B. SCHIFFNER's Hep. Eur. Exsicc. mit kritischen Bemerkungen versehen sind. Hierin müssten auch von Zeit zu Zeit die sich auf ältere Series beziehenden Corrigenda veröffentlicht werden. Vegetationsbilder der Standorte haben keinen wissenschaftlichen Wert, sie können aber einen Eindruck von manchem Moosstandorte geben.

Persönlich habe ich in meinen Hep. Sel. et Crit. und Musci Sel. et Crit. wiederholt die Originale eben aufgestellter Arten herausgegeben. Man hat mir den Vorwurf gemacht, dass ich, der sonst immer Angst vor neuen Moosarten habe, mich hier so fleissig um ihre Verteilung bemühe. Ich habe meine Mitarbeiter immer möglichst vom Beschreiben neuer Arten abgehalten; geschieht dies aber doch, so halte ich es für die Pflicht eines Herausgebers von kritischen Exsiccaten, dazu beizutragen, dass die Typen oder Cotypen einer näheren Untersuchung und Nachprüfung zugänglich gemacht werden.

Exsiccaten erscheinen meistens bei ihren Herausgebern und nicht mit Hilfe guter Verleger. Es gibt einige Antiquariate, die sich sehr um den Zwischenhandel in Exsiccaten bemühen, ohne dass davon die Herausgeber, Käufer und in Einzelfällen auch die Exsiccate selber einigen Nutzen haben. Von einem bekannten Antiquariat und Exsiccatenhändler in Leipzig erfuhr ich in den letzten Jahren so viel, dass man darüber einen Roman schreiben könnte.

Kein Bryologe soll daran mitarbeiten, wenn der Bryologie fernstehende Personen ungeteilte Sammlungen erwerben und diese als „Exsiccate" herausgeben wollen; dies hat schon zu schrecklichen Verwechslungen von Schedae und Material geführt.

12. **Sammeln und Aufbewahren.** Irgendwo ist einmal der Ausspruch gefallen, dass die grossen Sammler auch die besten Kenner seien. Für die Bryophyten ist dieser allgemeine Ausspruch kaum zutreffend, besonders auch, da viele Gruppen so klein sind, dass man kaum weiss, was man sammelt. Doch ist das Sammeln und die darauffolgende Untersuchung der frischen lebenden Hepaticae in manchen Hinsichten (Ölkoerper) recht wichtig. Besonder wenn das Studium der Modifikationen stärker hervortreten wird, muss man mehr

dazu übergehen. Wiederholte Exkursionen in einem kleineren Gebiet (auch auf Auslands- oder Tropenreisen) sind immer sehr wertvoll. Man sei aber vorsichtig und ziehe aus Beobachtungen auf Exkursionen keine weittragenden Schlüsse, dies darf nur in Zusammenhang mit Kulturversuchen geschehen.

Zum Sammeln der Lebermoose nimmt man meistens Leinensäckchen, worin sich eine ganze Anzahl von Exemplaren, aufbewahren lässt. Besonders in den Tropen ist es nicht möglich, jedes Exemplar sofort gesondert aufzubewahren. Der Inhalt der Säckchen wird erst später sortiert und über Herbarkonvolute verteilt. Die Sammelmethode bringt mit sich, dass Lebermoose nicht wie Pteridophyten und Anthophyten von einer „Fieldno." versehen werden können. Es ist für unsere Zwecke viel praktischer, jeden Fundort zu nummerieren; hierdurch wird die Registrierung bedeutend vereinfacht. Man notiert sich die verschiedenen Standorte, an welchen man sammelt und nummeriert sie durchlaufend, dieselbe Nummer wird auf einem Zettelchen den Moosen im Leinensäckchen beigefügt. In besonderen Fällen soll man ökologische Notizen für bestimmte Exemplare gesondert beilegen. Später, wenn das Material getrocknet und sortiert ist, wird der Inhalt des Säckchens über die Convolute verteilt, welche nun abgesehen von eventuellen besonderen Notizen, alle ein und dieselbe Nummer tragen, bezw. alle mit ein und demselben Etiket versehen werden. Man kann diese Etiketten vorteilhaft bei einer kleinen Zeitungsdruckerei unter einander auf lange Streifen drucken lassen (Fig. 1) wobei man dann soviel mehr herstellen lässt, wie für eventuelle Duplikate erforderlich sind. Auf diese Weise kann man eine Sammlung von 1000 Exemplaren von 20 Standorten in wenigen Stunden vollständig und genau etikettieren (Fig. 2); auch spätere Duplikate lassen sich sehr schnell mit den nötigen Angaben versehen. In den Tropen genügt die Verteilung des an einem Tage besuchten Gebiet, in 2—4 „Standorte" meistens vollkommen.

Die Standortnummern sind selbstverständlich für das Zitieren der Exemplare ohne Bedeutung. Wenn die „Nummer" in der Bryologie im allgemeinen auch nicht dieselbe Bedeutung hat, wie in der Anthophytenforschung, so ist es doch manchmal notwendig, ein bestimmtes Exemplar mit einer Nummer zu bezeichnen. Man wähle hierzu die durchlaufenden Herbarnummer und schreibe keine willkürlichen Zahlen auf das Etikett. Die einzige Schwierigkeit ist, dass neue Kollektionen selbstverständlich den Bearbeitern zugehen, bevor sie im Herbar des Besitzers endgültig inseriert sind und also noch keine Nummer tragen. Es ist dann am besten sie zeitweilig mit Bleistiftnummern (=Ausleihensno.) zu versehen, die dann später sowohl im Manuskript der Veröffentlichung wie auf den Schedae durch die endgültigen durchlaufenden Herbarnummern zu ersetzen sind.

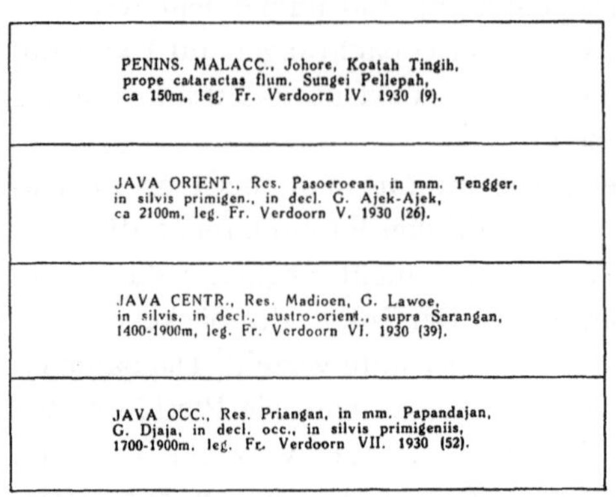

FIG. 1. Vier Standortsetiketten; Verkl. $^2/_3$.

Was nun das Herbarium Bryologicum anbelangt, so ist dies noch viel zu sehr nach dem Beispiel des Anthophytenherbars angeordnet.

Für Privatherbarien (sogenannte Arbeitsherbarien) ist es am besten, wenn die Konvolute (am liebsten in einheitlichen Umschlägen (vergl. Abb. 3) wie Kartothekkarten aufrecht hintereinander gestellt werden.

In botanischen Anstalten und Museen (= Archive) können solche, als Kartothek eingerichteten Herbarien die Jahrhunderte nicht so gut überdauern und es ist besser, die Konvolute hier auf Kartons zu kleben und diese flach übereinander in Schachteln mit beweglicher Vorderseite aufzubewahren. Man klebe immer nur ein Ex. auf einem Karton und benutze entsprechend viel kleinere Kartons und Schachteln als im Antophytenherbar.

Man nehme immer holzfreie Etiketten, gute Tinte, sei vorsichtig mit der Schreibmaschine und benutze nie zu alte Farbbänder. Gebrauche für Konvolute kein Zeitungspapier oder schlechtes Packpapier! Das häufige Benutzen von alten Korrekturbogen, alten Rundschreiben usw. zu Convoluten (sogar in grösseren Museen) bringt auf dem Budget wohl kaum eine Ersparnis.

Verwalte das Herbarium in jeder Hinsicht gut. Lass die Inserenda nie zu sehr anwachsen. Wenn Revisionen usw. erscheinen, muss man nachsehen, ob im Herbar Duplikate der darin zitierten und redivierten Exemplare vorhanden sind und die betreffenden Schedae entsprechend ändern.

Treffen die Sonderdrucke einer neuen Arbeit ein, so kommt es nicht in erster Linie darauf an, diese zu verschicken, sondern erst muss darauf geachtet werden, das die Beweise für jede Angabe im Herbar vorhanden sind und dass neue Sippen genau denselben Na-

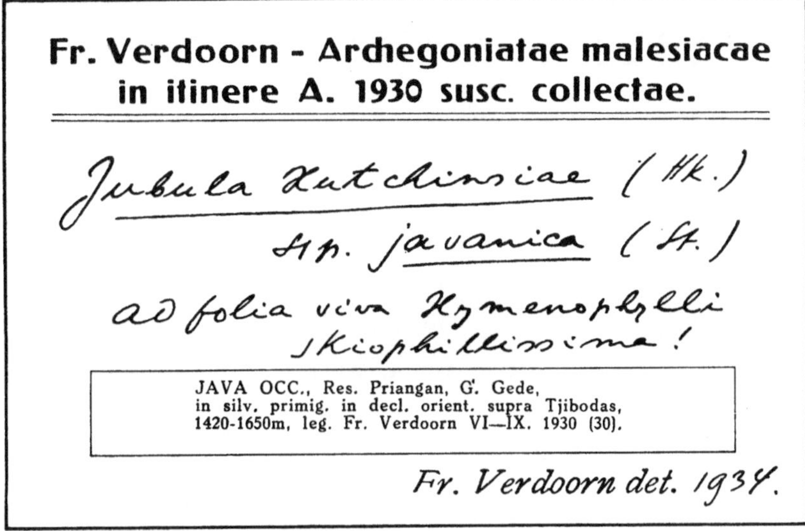

FIG. 2. — Scheda mit eingeklebtem Standortsetikett (cf. Fig. 1); $^1/_1$.

men tragen, der in der Veröffentlichung benutzt wurde. Die Typen sind deutlich als solche zu kennzeichnen.

Bryologische Herbarien sind verhältnismässig reich an Typen und Cotypen. In manchen Fällen ist es gut, diese gesondert aufzubewahren. Spärliche, wertvolle Proben sind zwischen Glimmerplätchen (ca $1^1/_2 \times 2$ cm) zu bewahren, auch bei Beobachtung können sie dazwischen bleiben.

In einzelnen Instituten haben die Konservatoren, in der Absicht auf dieser Weise mehr Vergleichsmaterial zur direkten Verfügung zu haben, Praeparate in Gelatin und anderen Einbettungsstoffen hergestellt. Das ist ganz recht für Anfänger und Vorführungen usw., für officielle Herbarien wird das Material auf unwürdiger Weise verschmiert. Ein Glimmerpraeparat überdauert Jahrhunderte, jedes andere Praeparat nur Jahrzehnte.

Privatherbarien und auch Institute sollen eine zu verwickelte Herbarverwaltung vermeiden. Es ist nicht schwer, sich etwas derar-

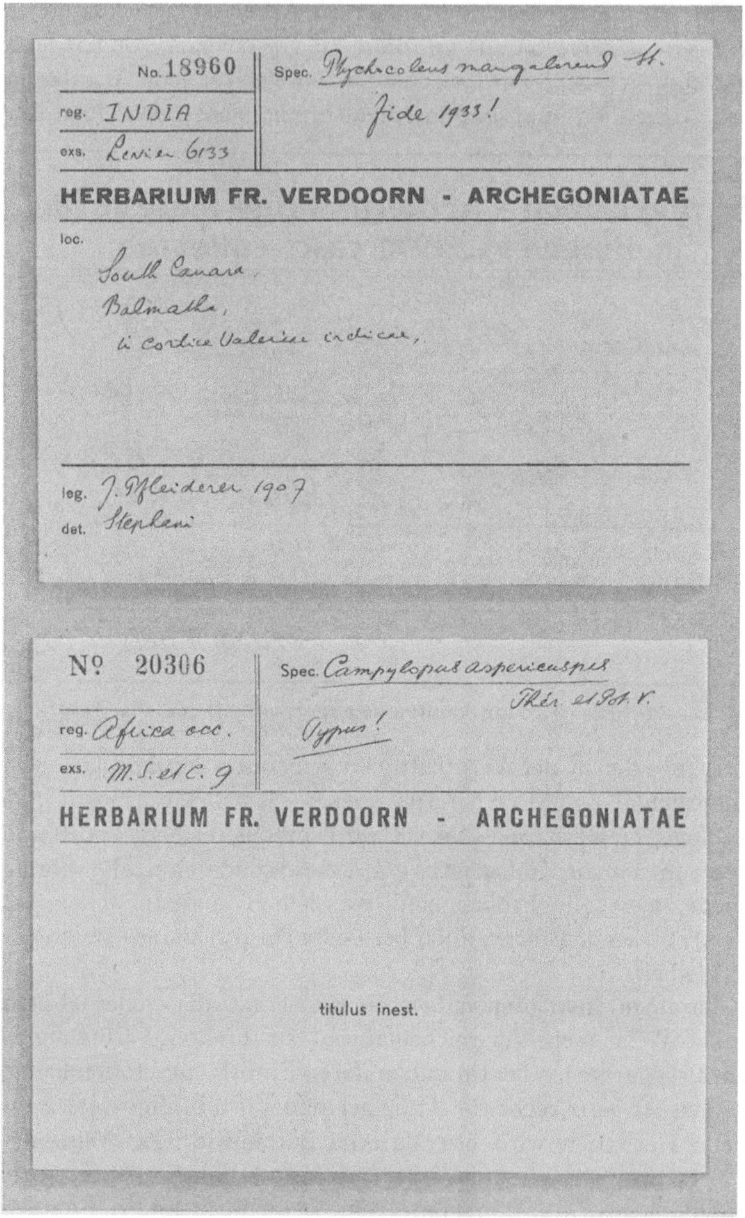

Fig. 3. — Zwei Umschläge (verkl. $^3/_5$), welche ermöglichen, das Herbar als Kartothek einzurichten. Jeder Umschlag (es sind gewöhnliche solide Briefumschläge), enthält ein — all oder nicht von einem Etikett versehenes — numeriertes Convolut.

tiges auszudenken, kann man es aber auch durchhalten? Viele (auch einige grössere) Herbarien sind heute in grösster Unordnung, nur deshalb, weil man das Material anfänglich nicht alphabetisch, sondern nach irgendeinem System einordnete.

Verfügt man über genügend Mittel und hat man die absolute Sicherheit, es auch in schlechten Zeiten zu behalten, dann kann das Herbar des Fieldmuseums in Chicago Ill. (MILLSPAUGH 1926) als Beispiel dienen; hat man diese Sicherheit nicht, so richte man das Herbar ohne weitere Kartothek, ganz einfach als Kartothek ein: Genera nach dem Alphabet, Arten nach dem Alphabet und mehrere Exemplare einer Art von Nord nach Süd.

Ausser dem Herbarium braucht man dann nur noch eine Kartothek seiner sämtlichen wissenschaftlichen Beziehungen, in der man alle Daten über Ausleihen, Tausch und andere Vereinbarungen eintragen kann, die man bei der Korrespondenz immer zur Hand hat und von Zeit zu Zeit völlig durchgeht.

Monographen usw. haben meistens spezielle Kartotheken der zu bearbeitenden Gruppen. Hat man eine solche nicht, dann ist es besonders in Privatherbarien sehr bequem, für Notizen Karten von der Grösse der Konvolute anfertigen zu lassen und diese zusammen mit den Konvoluten einzuordnen. Ich möchte noch ausdrücklich betonen, dass für Privatbryologen ein als Kartothek eingerichtetes Herbar einen sehr grossen Gewinn an Zeit und Arbeit bedeutet (vergl. Fig. 3).

Schliesslich wäre noch darauf hinzuweisen, dass man in grossen Herbarien, wo viele neue Anthophytenkollektionen eintreffen die Lebermoose dadurch „sammeln" kann, dass man das frisch von den Sammlern eingetroffene Material etwas reinigt. Oft sind es nur kleine Epiphyllen, manchmal aber auch grössere Epiphyten. Vergl. VERDOORN 1933.

13. **Referate und Besprechungen.** Die Armut der hepaticologischen Literatur lässt sich am besten durch die folgende Feststellung kennzeichnen: Wir haben keinen Index Kewensis, keinen Index Londinensis, keinen Index Bryologicus (Paris), nur eine Art von Thesaurus (nämlich UNDERWOOD's Index Hepaticarum). UNDERWOOD hat im Jahre 1893 eine verhältnissmässig sehr vollständige Übersicht der hepaticologischen Literatur gegeben, durch seinen tragischen Tod kam er wohl nicht dazu, diesen Index weiterzuführen. STE-

PHANI's Spec. Hepat. stellen nun nicht gerade einen guten Index Specierum dar. Die Literaturliste, welche man in Bd. VI dieses Werkes findet, ist sehr schlecht und wimmelt von falschen und unvollständigen Angaben. SCHIFFNER 1893 hat in ENGLER und PRANTL ed. I einen vollständigen „Index Generum" gegeben.

Die neuere Literatur findet man ziemlich vollständig im Botanischen Zentralblatt, in der Revue Bryologique, in Hedwigia, in Lists of Current Literature: Botany, in Proc. Brit. Bryol. Soc. und in den Biological Abstracts. Die Literaturlisten aus dem botanischen Zentralblatt und die Lists of Current Literature of the U. S. Dept. of Agriculture bringen die neue Literatur am schnellsten.

Listen der neu beschriebenen Sippen und weitere Angaben (Abbildungen etc.) erscheinen manchmal in der Revue Bryologique und in Hedwigia, weiterhin nach p r i n z i p i e l l sehr wertvollen konstanten Schemata in den Biological Abstracts und früher in dem bryologisch auch sehr wertvollen und zu wenig benutzten Just's Botan. Jahresbericht. Ob man aus allen diesen Angaben, wenigstens die der letzten Jahren, einen vollständigen Index Specierum zusammenstellen kann, bezweifle ich. Daher ist jeder Hepaticologe gezwungen, seine eigene Literatur und Species-Kartothek anzulegen. Falls er dies nicht tut, muss seine Arbeit voller Unvollständigkeiten sein.

Die Referate der allgemein bryologischen Veröffentlichungen sind im allgemeinen zu kurz und manchmal werden sie auch von Bryologen geschrieben, die die allgemeine Botanik zu wenig beherrschen, als dass sie die Arbeit verstehen könnten. Über BUCH's *Scapania*-Monographie erschien in einer der führenden bryologischen Zeitschriften ein grosses Referat, darin stand aber kein Wort über die fundamentellen Änderungen in der Methodik, welche zweifellos eine neue Epoche einleiten. In den „Fortschritten der Botanik" fand sich eine völlig unrichtige Wiedergabe eines Abschnittes aus dem „Manual of Bryology". Bei Nachfrage stellte sich heraus, dass die betreffenden Mitteilungen auf einem falschen Verständnis eines Referates in einer anderen Zeitschrift beruhten.

Viel schlimmer steht es noch mit der Kritik. Meistens nimmt man von vornherein eine bewundernde Haltung für den grossen Eifer und viele Arbeit des Verfassers etc. ein. Bisweilen fühlt aber jemand, dass etwas Kritik (gleichgültig, ob sie im rechten Augenblick kommt oder nicht) doch nicht überflüssig wäre. Liest man nun aber die scharfen Kritiken der letzten Jahre noch mal durch, so muten sie doch sehr komisch an. Das Manual of Bryology verdient in mancher Hinsicht eine Menge Kritik. In keiner Rezension sind die wirklich schwachen Stellen auch nur annähernd gezeigt. Dagegen findet man die abwegigsten Bemerkungen. In der „Botanical Gazette" stand eine Rezension, in der, der wahrscheinlich monoglotte Rezensent irregeführt durch das Wort „association" seine Verwunderung darüber äusserte, dass der Abschnitt über Symbiose zwischen Lebermoosen und niederen Organismen (Association des Bryophytes avec d'autres organismes) nicht bei der Sociologie stand.

14. **Besondere Schwierigkeiten.** Es ist ein schönes Wort, die Systematik sei eine Synthese sämtlicher Zweige der Botanik. Theoretisch ist an dieser Behauptung auch vieles wahr. Eine andere Frage ist, ob der Systematiker im allgemeinen in der Lage ist, zu dieser Synthese zu gelangen. „Taxonomists are not made, they are born", dies Wort zeigt ihre ganze Kraft, aber auch ihre Schwäche. Der Nachweis, dass Ergebnisse der Nebenwissenschaften a und b in der Systematik benutzt werden müssen, ist leicht zu führen, eine ganz andere Frage ist, ob der Durchschnittstaxonom geistig darauf eingestellt ist sich, diese Tatsachen zu eigen machen und sie zu verwerten .... und ob andererseits der Botaniker, der dies wohl kann, bereit und imstande ist, taxonomisch zu arbeiten.

Hierin liegt eine grosse Gefahr für die Zukunft unseres Faches. Wir haben gesehen, dass bei den Lebermoosen in Zukunft bestimmte experimentelle Analysen notwendig sein werden. Vorläufig wird es sich besonders um eine Trennung der Modifikationen von den erblichen Variationen handeln. Dann kommen karyologische Untersuchungen und schliesslich werden wir die genetische Analyse in Angriff nehmen müssen. Die Psychologie des Taxonomen ist nicht die des Experimentators; wir werden daher, wie überhaupt überall in der Systematik zu einer Arbeitsteilung kommen müssen, die in der Antophytenforschung übrigens schon deutlich entwickelt ist.

Hier wie auf vielen anderen Gebieten der Naturwissenschaften steht die Zukunft im Zeichen von Synthese und Zusammenarbeit, d.h. im Zeichen der Führung durch kräftige Persönlichkeiten, denn es ist ohne weiteres deutlich, dass das Zusammenarbeiten von Forschern aus den verschiedenen Unterteilen der Biologie nur in grösseren, energisch geleiteten Instituten zu Ergebnissen führen kann. Ein Hepaticologe, der nicht als Bryologe in einem Institut arbeitet und nicht über persönliche Mittel verfügt, kann sogar die einfachen Kultur- und Transplantationsversuche kaum ausführen.

Weiland H. M. HALL betonte vor einigen Jahren die Notwendigkeit einer Liste, in der angegeben wird, wo man die Typen finden kann. In der Bryologie brauchen wir eine solche Liste kaum. Jeder Spezialist weiss, wo er das Material eines betreffenden Autors finden kann. Die Schwierigkeit ist aber, dass die Typen manchmal kaum zu bekommen sind. In den letzten Monaten erfuhr ich wiederholt, dass das Herbarium BROTHERUS (das in einem der grössten skandinavischen Herbarien liegt) der Wissenschaft völlig entzogen ist. Wenn wir Bryologen von einem International Bureau of Plant Taxonomy reden hören, so denken wir in erster Linie an eine Art von Berufungsinstanz. Das Herbar ist doch keine Gemälde-Galerie, sondern ein Archiv, und jeder Besitzer eines Herbariums hat schon deshalb die Pflicht, zuverlässigen Fachgenossen, welche aus diesem Archiv etwas brauchen, behilflich zu sein. Dies ist meiner Meinung nach durch die Internationalen Kongresse auch ausdrücklich anerkannt [1]).

In den letzten Jahren sind einige schlechte hepatikologische Arbeiten erschienen, die viel besser unveröffentlicht geblieben wären und die ihren Autoren auch kaum Freude gemacht haben. Direktoren von Instituten oder einflussreiche Sammler, die von der chaotischen Lage der Lebermoosforschung nichts wissen und, wenn man darüber spricht, nichts verstehen wollen, haben in diesen Fällen einen moralischen Zwang ausgeübt und sind nun an der Vergrösserung des Chaos mitschuldig.

Der Type-Code, welche nun in den Internationalen Regeln eingeführt ist, und den z.B. EVANS schon seit Jahren benutzte, zwingt uns mit Recht sogenannte „type species" zu unterscheiden. Diese „type species" haben eine rein nomenklatorische Bedeutung, man achte darauf, den „type species" in allgemeinen systematischen Betrach-

---

[1]) RECOMMENDATION VII: The utmost importance should be given to the original („type") material, on which the description of a new group is based. The original account should state where this material is to be found.

tungen (z.B. über Verwandtschaft usw.) nie automatisch einen besonderen Wert beizumessen.

Ich muss noch einmal darauf hinweisen, dass es heute noch manche Hepatikologen gibt, die glauben, dass eine von STEPHANI bestimmte Pflanze a priori richtig bestimmt sei (vergl. S. 18). Die letzte Distribution der British Bryol. Soc. enthielt wieder eine Anzahl von diesen Prachtexemplaren, welche man besser in die Themse hätte werfen können, als sie unter den falschen Namen Bryologen und Museen zugehen zu lassen.

15. **Über Specialisten und Specialisierung.** Es lässt sich nicht leugnen, dass die Bryophyten (wie SACHS es ausdrückte) nicht nur ein Pflanzenreich für sich darstellen, sondern dass auch die Bryologen eine Botanikerwelt für sich bilden. Da für eine gute Entwicklung der Bryologie eine Änderung unserer Methodik sehr notwendig ist, macht sich diese Einseitigkeit sehr empfindlich bemerkbar.

Die Ansicht, ein guter Bryologe solle alle möglichen Sammlungen aus vielen Teilen der Welt bearbeiten können, ist noch heute fast Gemeingut. Jeder Bryologe muss selbstverständlich die Familien und die wichtigsten Gattungen kennen, und er wird sich anfänglich auch mit einer lokalen Moosflora in ihrem ganzen Umfang vertraut machen müssen. Will er aber die Bryologie später wirklich fördern, so muss er mit dem Studium einzelner Gruppen anfangen. Er soll auch nicht vergessen, dass er neben der Bryologie auch noch Botaniker ist, und dass es eine ganze Menge nicht-bryologischer Literatur gibt, die indirekt für ihn von grösster Bedeutung sein kann. Durch diese wird er seine engere Arbeit nach Abschluss in einem grösseren Zusammenhang sehen können und, abgesehen von besseren Ergebnissen, wird ihm seine Arbeit, auch mehr Befriedigung schenken.

Wenige Seiten aus den Veröffentlichungen mancher, sonst sehr aktiver Bryologen zeigen zur Genüge, dass ihnen die ganze neuere Botanik fremd ist. Diese traurige Feststellung führte mich dazu, das Manual of Bryology zusammenzustellen, worin nach besten Kräften eine Übersicht über sämtliche Abteilungen der allgemeinen Bryologie gegeben wurde. Praktisch wird das Buch aber viel mehr von allgemeinen Botanikern, Genetikern usw., welche mit Moosen experimentieren, benutzt, als von den Bryologen, für die es bestimmt war. Sie sind so sehr in Anspruch genommen durch die Bearbeitung aller möglicher Sammlungen, dass ihnen die Zeit fehlt, die allgemeinen Ergebnisse kennen zu lernen. Die Revidenda wachsen an Zahl, Menschenleben gehen vorüber, geistig ärmer als notwendig und erwünscht.

Gegen die Spezialisierung hat man sich lange gewehrt, allmählich hat man sich daran gewöhnt, sie als notwendiges Übel zu betrachten. Doch ist in allen Teilen der Kryptogamenforschung eine weit durchgeführte Specialisierung notwendig, ja man sollte sich noch mehr auf einzelne Gruppen konzentrieren, als dies heute der Fall ist, damit man Zeit hat, über seine Methodik nachzudenken, die Methodik zu ändern und zu verbessern, besonders auch um die Ergebnisse in allgemeinem Zusammenhang zu sehen und um schliesslich als Biologe und nicht als Bestimmungsautomat dazustehen.

16. **Die wirtschaftliche Stellung der Bryologen.** Man kann über diesen Abschnitt lächeln, es handelt sich aber um eine bryologisch sehr wichtige Frage. Wir haben gesehen, dass die künftige Entwicklung der Bryologie von verschiedenen recht spezifischen Schwierigkeiten gehemmt wird. Diese Schwierigkeiten kann der einzelne, nicht vermögende Forscher immer weniger überwinden.

Wir haben gesehen, dass in der Zukunft Kulturversuche absolut notwendig sein werden. Einige Privatbryologen mögen noch in der Lage sein, ein gutes Herbar und eine gute Bibliothek zu unterhalten, aber die notwendige Vertiefung ihrer Arbeit werden sie in ihrer Vereinsamung nie erreichen. Auch haben wir gesehen, dass der Bryologe nicht nur mit einigen Stunden am Tag für seine Arbeit auskommt Wir kommen also zu dem Schluss, dass die Bryologie in Zukunft mehr von Fachbryologen, d.h. in botanischen Anstalten, ausgeübt werden muss. Ist das möglich?

Wenn ich eine Liste der 100 besten Bryologen zusammenstelle, so finde ich, dass noch keine 20% von ihnen an einem Institut, Museum oder Herbarium angestellt sind. Die übrigen 80% bestehen zum geringeren Teil aus studierten Botaniker, man findet weiter Ärzte, Journalisten, Rechtsanwälte, Bahnhofsvorsteher etc.

Es ist für die Zukunft der Bryologie notwendig, dass diese kaum 20% bedeutend vermehrt werden. Ich möchte keine Namen nennen, denke hier aber mit Wehmut an etwa Zehn junge Botaniker aus verschiedenen Teilen der Welt, besonders Deutschland (wo es der Pflan-

zensystematik sehr schlecht geht), die gezeigt haben, dass sie vorzüg-
liche bryologische Arbeit leisten können, und die alle durch das Fehlen
von persönlichen Mitteln und die Unmöglichkeit als Bryologe weiter-
zukommen für unsere Wissenschaft verloren gegangen sind. Nun
ist in diesem Falle auch die offizielle Botanik nicht ganz ohne
Schuld. Die meisten dieser Jüngeren sind durch ihre Lehrer zu
schnell zur eigentlichen Arbeit gedrängt worden, sie haben nicht gelernt, die Lokalflora der Moose selbständig mit Hilfe von etwas eige-
ner Literatur, eigenen Notizen und einem kleinen eigenen Herbarium s e l b s t ä n d i g zu erforschen. Studenten, welche man in die
Bryologie einführen will, muss man zwingen, die einheimische Flora
zu untersuchen, ein eigenes Herbar und eine kleine Sammlung von
eigenen Büchern, Sonderdrucken, Kopien usw. zusammenzubringen,
damit sie lernen, selbständig zu arbeiten. Es macht nichts aus, ob die
spätere Doktorarbeit dann kürzer und vielleicht auch schlechter geworden wäre, man hätte Selbständigkeit gelernt, und der Schüler
konnte im Leben (als Lehrer, Apotheker usw.) weiterarbeiten und
zur Förderung der Bryologie beitragen.

Aber weshalb konnte nicht e i n e r dieser jungen Leute eine Stellung als Bryologe bekommen?

In einigen der grössten Herbarien findet man Bryologen, sonst be-
gegnet man ihnen in Museen und Herbarien nur wenig, ganz einfach,
weil man den Bryologen nicht zutraut, dass er sich mit etwas anderem
als mit Moosen beschäftigen kann. Nun gibt es jedoch 8–-10 Bry:lo-
gen, welche allein mittelgrosse, allgemeine (d.h. nicht rein bryologische) Herbarien selbstständig leiten. Dass diese Herbarien in Unordnung sind oder, dass die Antophyten da vernachlässigt oder
maltraitiert werden, ist bestimmt nicht wahr. Viele Anthophy-
tenforscher sind im Verhältnis nicht weniger spezialisiert als die
Bryologen, und sie leiten Hunderte von Herbarien. Die einzig mögli-
che, wenn auch kaum aussichtsreiche, Arbeitsbeschaffung ist dann
auch, dass Bryologen etwas mehr als bisher als Konservator mittel-
grosser Herbarien auftreten dürfen. Es gibt übrigens grosse Herbarien,
welche Jahrzehnte lang von Kryptogamenforschern geleitet wurden
und werden. Da, wo Universitäten und Herbarien mit einander verbunden sind, muss dies aber eine Ausnahme bleiben.

Ändert sich das Verhältnis zwischen Bryologen und anderen Syste-
matikern nicht um einige Prozente zu Gunsten der Erstgenannten, so

werden alljährlich gute, vielleicht die besten Kräfte unserer Forschung entzogen und die chaotische Lage, in der wir uns befinden kann sich ungehindert vergrössern und von einer besseren Methodik ist keine Rede.

17. **Das System der Lebermoose.** Die Hauptzüge dieses Systems dürften für die nächsten Jahre festliegen. Mann kann die selbständige Stellung der *Sphaerocarpales* aufgeben und sie an irgend einer Stelle bei einer anderen Gruppe einfügen, man kann die Reihenfolge vieler Gruppen ändern oder umstellen, aber grosse Änderungen sind kaum zu erwarten.

Ganz anders steht es mit der Systematik der kleineren Einheiten, sowie mit ihrer Gruppierung in Unterfamilien und Familien. In manchen Fällen wird erst eine Revision der Arten vorangehen müssen, bevor man viel über die Verhältnisse und Gliederung der Gattungen und Familien sagen kann. In fast allen grösseren Familien wird man überrascht von einer Fülle von netzförmigen Verbindungen, sogar zwischen Genera ziemlich scharf getrennter Unterfamilien, und man kann sich leicht zu HAYATA's Betrachtungen angezogen fühlen und sich zu einer ganz anderen Auffassung der Begriffe Homologie und Analogie, Konstitutionsmerkmale und Adaptivmerkmale bekennen. Diese stimmt hier (wie bei den Antophyten) meistens aber nur für die kleinsten Einheiten. Auch wäre es gut, wenn wir uns (ganz abgesehen von der sogenannten dynamischen Theorie) weniger um phylogenetische Betrachtungen und mehr um Tatsachen kümmerten. Das von mir im Manual of Bryology gegebene System ist ebenfalls noch viel zu phylogenetisch. Dass hier GOEBEL's Hypothese über die Phylogenie des *Marchantiales* und VON WETTSTEIN's Auffassungen über die verwandtschaftlichen Beziehungen der Archegoniaten zum ersten Male auf das ganze System angewendet sind, hat man kaum bemerkt.

Durch KNAPP's Untersuchungen ist deutlich gezeigt, dass *Macvicaria* zu den *Porellaceae* gehört. REIMERS l.c. kritisiert meine Auffassung, dass die *Goebeliellaceae* zu den Jungermanieae gehören, scharf. Die Sporogone, welche definitiv entscheiden müssen, sind noch unbekannt. Die länglichen, scharf dreikantigen, an der Spitze nicht zusammengezogenen Perianthien unterscheiden sie vorläufig doch allzusehr von den immer mit einem Rostrum versehenen *Jubuleae*, als dass ich sie damit vereinigen könnte.

18. **Literatur.** AMANN, J., 1931, Étude des Mousses au microscope polarisant, Ann. Bryol. IV: 1—48; AMANN J., 1932, Bryométrie, Bull. Soc. Vaud. Sc. Nat. 57: 413—476; BUCH H., 1920, Physiologische und experimentell morphologische Studien an beblätterten Lebermoosen I und II, Öfv. Finska Vet. Soc. Förh. 62, Sep. p. 1—46; 1922, die Scapanien Nordeuropas und Sibiriens I, Comm. Biol. Soc. Sc. Fenn. I, 4, Sep. p. 1—21; 1928, idem II, Comm. Biol. Soc. Sc. Fenn. III, I, Sep. p. 1—173; 1929, Eine neue moossystematische Methodik nebst einigen ihrer Resultate und ein neues Nomenklatursystem, det 18. Skand. Naturforskermøde, Sep. p. 1—4; 1932, Experimentelle Morphologie, Manual of Bryology, p.73—89; BURGEFF, H., 1930, Über die Mutationsrichtungen der Marchantia polymorpha und die Entwicklungsreihen der Marchantiaceen, Zeitschr. für Ind. Abst. und Vererbungslehre 54: 239—243; COCKERELL, T. D. A., 1934, What is a binomial? What is a forma?, Torreya 34: 42; CORDA, A. K. J., 1828, Genera Hepaticarum, Beitr. zur Naturgeschichte I: 643—655; 1829, Monographia Rhizospermarum et Hepaticarum, Prag; 1830, Lebermoose in STURM, Deutschlands Flora u.s.w. II, Sep. p. 1—16; DARLINGTON, C. D., 1932, Recent advances in Cytology, London; DAVY DE VIRVILLE, A., 1927, L'action du milieu sur les mousses, Paris; DIELS, L., 1921, Die Methoden der Phytographie und der Systematik der Pflanzen in ABDERHALDEN's Handbuch der biologischen Arbeitsmethoden XI, 1, 2, Berlin und Wien; DOUIN, CH., 1916, Les variations du gamètophyte chez les Céphaloziellacées, Rev. gén. bot. 28: 251—352; EVANS, A. W., 1982, An arrangement of the genera of Hepaticae, Transact. Conn. Ac. VIII: 262—280; 1919, A taxonomic Study of Dumortiera, Bull. Torrey Bot. Club 46: 167—182; Fortschritte der Botanik vol. I und II herausgegeben von F. VON WETTSTEIN, Berlin 1932 und 1933; GARDINER, W., z.B. 1852, Twenty lessons on british mosses etc., 4th ed., London; GODDIJN, W. A., 1934, On the species conception in relation to taxonomy and genetics, Blumea I: 75—89; HAUPT, G., 1932—1933, Beiträge zur Zytologie der Gattung Marchantia I und II, Zeitschr. für ind. Abst. und Vererbungslehre 62: 367—428 und 63: 390—419; HEIMANS, J., 1924, Polytrichum piliferum Schreb. mut. psilocorys, New Phytologist 23: 150—153; HEITZ, E., 1926, Der Nachweis der Chromosomen, Zeitschrift für Botanik 18: 625—681; 1927, Der bilaterale Bau der Geschlechtschromosomen und der Autosomen von *Pellia Fabbroniana*, *Pellia epiphylla* und einigen anderen Jungermaniaceen, Planta 5: 725—768; HITCHCOCK, A. S., 1925, Methods of descriptive systematic botany, New York and London; HOWE, M. A., 1894—1895, Chapters in the early history of Hepaticology I—IV, Erythea II and III; HUSNOT, T., 1882, Flore des Mousses du Nord-Ouest, éd. II, Cahan par Athis (Orne); JENSEN, C., 1883, Analoge Variationer los Sphagnaceerne, Botan. Tidskrift XIII; 1887, Les Variations analogues des Sphagnacées, Rev. Bryol. 14, 3, Sep. p. 1—10; LINDBERG, S. O., 1877, Hepaticologiens Utveckling från äldsta tider till och med Linné, Helsingfors; 1884, Kritisk Granskning af Mossorna uti Dillenii Historia Muscorum, Helsingfors; LOESKE, LEOP., 1910, Studien zur vergleichenden Morphologie und phylogeneti-

schen Systematik der Laubmoose, Berlin; LORBEER, 1932, in Annotationes ad Hepat. Sel. et Crit. Series III et IV, Ann. Bryol. V: 142; Mc. LEOD, J., 1927, Quantitative description of ten British Species of the Genus Mnium, Linn. Soc. Journ. Bot. p. 44—58; 1926, The quantitative method in biology, Manchester; MAGNUSSON, A. H., 1933, Gedanken über Flechtensystematik und ihre Methoden, Meddel. från Göteb. Bot. Trädg. VIII: 49—76; MILLS-PAUGH, C. F., 1925, Herbarium Organisation, Field Museum of Natural History, Publ. 229, Chicago; MÜLLER, K., frib. 1905, Monographie der Lebermoosgattung Scapania, Nova Acta Leop. Carol. Ac. 83: 1—312; 1906—1916, Lebermoose in RABENHORST's Kryptogamenflora VI: I und II, Leipzig; MUSCHLER, R., 1912, A manual flora of Egypt I und II, Berlin; NEES VON ESENBECK, C. G., 1841, Vorwort zu einer Neudruck von RADDI, Jungermanniografia Etrusca, Bonn; N o m e n c l a t u r e , I n t e r n a t i o n a l   R u l e s   o f   B o t a n i c a l   —, Supplement to the Journal of Botany, June 1934; P r o c e e d i n g s   F i f t h   I n t e r n a t .   B o t .   C o n - g r e s s , Cambridge 1931; RADDI, G., 1820, Jungermanniografia Etrusca, Mem. di Matem. e di Fisica della Soc. Ital. delle Sci. Modena 18: 14—56; DU RIETZ, G. E., 1930, The fundamental units of biological taxonomy, Sv. Bot. Tidskr. 24: 333—428; SCHIFFNER, V., 1893, Hepaticae in ENGLER und PRANTL, die Nat. Pflanzenfamilien I, III; 1906, Über die Formbildung bei den Bryophyten, Hedwigia 45: 298—304; 1917, Die systematisch-phylogenetische Forschung in der Hepaticologie etc., Progr. Rei Botan. V: 387—520; SMITH, W. W., 1933, Hooker Lecture, Somes aspects of the bearing of cytology on taxonomy, Proc. Linn. Soc. 1932—1933, part IV, pp. 151—182; SPRUCE, R., Hepaticae of the Amazon and of the Andes of Peru and Ecuador, Transact. and Proc. Bot. Soc. Edinb. XV; STEPHANI, 1898—1924, Species Hepaticarum vol. I—VI, Genève 1898; TISCHLER, 1934, Allgemeine Pflanzenkaryologie, ed. II in LINSBAUER's Handbuch der Pflanzenanatomie, Berlin; TURESSON, 1922, The genotypical response of the plantspecies to the habitat, Hereditas III: 211—350; UNDERWOOD, L. M., 1893, Index Hepaticarum, vol. I, Bibliography, Mem. Torrey Bot. Club IV, 1; VERDOORN, FR., 1927—1934, de Frullaniaceis I—XIV, cf. pag. 40; 1932, The future of taxonomic Hepaticology, Ann. Bryol. V: 121—124; Classification of hepatics, Manual of Bryology, p. 413—433; 1933, Epiphytische Bryophyten im Anthophytenherbar, Ann. Bryol. VI: 92—94; ZODDA, G., 1934, Hepaticae, Flora Ital. Cryptogama IV, I, Firenze.

19. Zusammenfassung — Summary. 1. Will man sich über nomenklatorische Fragen in der Bryologie ein genaues Urteil bilden, so muss man die Veröffentlichungen der Bryologen, die zwischen 1753 und 1844 arbeiteten, unbedingt genau kennen und die Typen ihrer Gattungen feststellen. Auch sind allgemeine Kenntnisse über die Arbeiten der Forscher vor LINNAEUS nicht überflüssig. — 2. Die „Species Hepaticarum" von STEPHANI sind kein Fortschritt, sondern eher eine Fessel für die Hepaticologie. — 3. Bei der Bearbeitung der letzten Teile der „Species Hepaticarum" war STEPHANI höchstwahrscheinlich nicht mehr zurechnungsfähig im gesetzlichen Sinne. — 4. Trotzdem ist es unmöglich, die „Species Hepaticarum" in ihrer Gesamtheit für ein Opus excludendum zu erklären. — 5. Die Untersuchungen der STEPHANI' schen Typen ist sehr wichtig. Hoffentlich lassen sich die Schwierigkeiten, die sich bei dieser Untersuchung ergeben könnten, durch Zusammenarbeit und freundschaftliche Übereinkünfte aus dem Wege räumen. — 6. Die Bryologen müssen nach anderen Methoden der Artbegrenzung suchen. — 7. Es ist sehr unvorsichtig, die Verbreitung ohne weiteres als Merkmal für eine systematische Einheit zu verwenden. Noch schlimmer ist es, schwierige Sippen auf geographischer Grundlage (z.B. nach Erdteilen) in kleinere Gruppen zu zerlegen. Diese sogenannte „geographische Methode" führt zur Verschleierung pflanzengeographischer Tatsachen. — 8. Eine Kombination geographischer und genetischer Methoden (TURESSON) ist für die Taxonomie der Lebermoose vorläufig nicht von Interesse. — 9. Eine karyologische Untersuchung der Lebermoose ist nicht schwierig; die Untersuchung der Karyotypen hat für die Taxonomie unmittelbare Bedeutung. Diese Bedeutung beruht aber nur teilweise auf der Chromosomenzahl. — 10. Eine rein genetische Analyse der *Jungermanieae acrogynae* ist vorläufig so schwierig, dass von ihr praktische Resultate für die Taxonomie nicht zu erwarten sind. — 11. Viele Lebermoosklone besitzen, wie sich aus Experimenten in Gewächshäusern und der Natur ergibt, eine derartig grosse Modifikationsbreite, dass diese besondere Aufmerksamkeit verdient. — 12. Die sogenannte „experimentell-morphologische Methode" von BUCH ist unter den heutigen Umständen am geeignetsten um in der Systematik der Lebermoose Fortschritte zu erzielen. — 13. Die von BUCH angegebene Weise, Modifikationen mit feststehenden Namen zu bezeichnen, hat für die Praxis grosse Bedeutung; diese Namen haben jedoch mit Nomenklatur nichts zu tun. — 14. Aus verschiedenen Tatsachen ergibt sich, dass das Unterscheiden sogenannter Kleinarten in der Lebermooskunde zur Zeit nicht erwünscht ist. — 15. Viele rezente hepaticologische Veröffentlichungen enthalten zahlreiche Fehler und Revidenda. Diese Tatsache ist der sehr geringen Literatur- und der schlechten Sprachenkenntnis der verschiedenen Forscher zuzuschreiben. Ausserdem spielt bei Vielen eine ungenügende Grundlage auf dem Gebiete der allgemeinen Botanik eine Rolle. — 16. Lebermoosforscher, die nicht in Europa oder den Vereinigten Staaten wohnen, können beim besten Willen keine vollkommene Arbeit leisten. Ihre Kollegen in Europa und den Vereinigten Staaten haben die Pflicht, ihnen mit allen Mitteln zu helfen. — 17. Vorläufig kann die Lebermooskunde ausschliesslich durch Revisionen wesentlich gefördert werden. In ihnen darf kein auch nur irgendwie zweifelhafter Typus unberücksichtigt bleiben. — 18. Lebermoosforscher dieses Jahrhunderts können unmöglich echte Monographien schreiben. Hält man sich bei Revisionen zu sehr an die Form der Monographie, so ergeben sich Pseudo-Monographien mit Scheinresultaten — 19. Die Beschreibung einer neuen Art ist eine Hypothese, die im Laufe der Zeit zur Wahrscheinlichkeit werden kann. Sind derartige Beschreibungen für den Zusammenhang der Arbeit nicht nötig, so lasse man sie in zusammenfassenden Bearbeitungen weg. — 20. Exsiccate spielen in der Bryologie die Rolle von Veröffentlichungen. Sie können wertvolle Veröffentlichungen darstellen, falls sie bestimmten Ansprüchen genügen. — 21. Es ist vielfach undurchführbar und unpraktisch, Lebermoosen Sammelnummern zu geben. Will man unbedingt eine Nummer haben, so verwende die laufenden Herbariumnummer. — 22. Die Sammelmethode von Lebermoosen ermöglicht eine sehr einfache Etikettierung. (Siehe S. 23—25). — 23. Lebermoosherbarien in Privatbesitz richtet man am besten als Kartotheken ein. Als Verpackung für die Konvolute verwendet man einheitliche Briefumschläge und stellt sie senkrecht hintereinander in die Kästen. Zwischen diese Umschläge kann man Kartothekkarten für Aufzeichnungen einordnen. — 24. Der Lebermooskunde fehlen genügende zusammenfassende Arbeiten und zuverlässige Referierzeitschriften, die eine zuverlässige Aufzählung neuer Arten usw. geben. — 25. Ein internationales „Bureau of Plant Taxonomy" hat für den Lebermoosforscher besonderes Interesse als Berufungsinstanz, wenn ihm das erforderliche

Originalmaterial verweigert wird. 26. Niemand darf sich durch die Einwirkung einflussreicher Direktoren oder Sammler dazu verführen lassen, ganze Sammlungen exotischer Lebermoose zu bestimmen. Jede derartige Bearbeitung erhöht das Chaos der Revidenda. — 27. Man vergesse nie, dass der Begriff „Typenart" ausschliesslich nomenklatorische Bedeutung besitzt. — 28. Spezialisierung ist ein notwendiges Übel. In der Kryptogamenforschung gibt es noch viel zu wenig Spezialisten. Der Kryptogamenforscher bleibt jedoch auch Botaniker. Auf dem Gebiete der allgemeinen Botanik erfolgen so viele neue Entdeckungen, die für uns indirekt Bedeutung haben, uns lehren unsere Resultate im allgemeinen Zusammenhang zu sehen und uns die Befriedigung schenken können, dass wir Biologen bleiben und nicht zu Determinationsautomaten werden. — 29. Die Zahl der berufsmässigen Bryologen ist zu klein. Das Zahlenverhältnis zwischen den an Herbarien und ähnlichen Einrichtungen beschäftigten Bryologen und den Bearbeitern der anderen Gruppen ist zu ungünstig. Solange sich dieser Zustand nicht ändert, besteht keine Aussicht, dass wir jemals aus unserem heutigen Chaos herauskommen oder unsere Methodik wesentlich verbessern könnten. — 30. Studierende, die an einem Institut auf dem Gebiete der Bryologie arbeiten, müssen wegen der geringen Aussicht jemals eine Stellung als Bryologe erhalten zu können, in erster Linie lernen, selbständig zu arbeiten. Auf die Dicke und den wissenschaftlichen Wert ihrer Veröffentlichungen kommt es erst in zweiter Linie an. — 31. Das System der Lebermoose kann in der Zukunft vor allem durch die Bearbeitung kleinerer Einheiten verbessert werden. Viele Genera, Familien und Subfamilien sind ungenügend untersucht und wahrscheinlich falsch begrenzt.

1. To make accurate decisions on questions of nomenclature in bryology it is necessary to have a knowledge of the writings of bryologists who worked between 1753 and 1844 and to determine the types of their genera. A general acquaintance with the work of pre-Linnean authors is also useful. — 2. STEPHANI's "Species Hepaticarum" has hindered rather than helped the progress of taxonomic hepaticology. — 3. During the compilation of the latter part of the "Species Hepaticarum" STEPHANI was in all probability not in full possession of his faculties. — 4. Nevertheless it is impossible to set aside the whole of the "Species Hepaticarum" as an *opus excludendum*. — 5. The study of STEPHANI's types is of great importance. It is to be hoped that friendly agreement will dispose of any obstacles which may arise during this investigation. — 6. Bryologists should try to find new methods of deliminating species. — 7. The practice of using distribution by itself to characterize a systematic unit is much to be deprecated. To subdivide difficult groups on a geographical basis (e.g. according to the major divisions of the world) is even more deplorable. This so called "geographical method" can only succeed in obscuring phytogeographical relationships. — 8. A combination of geographical and genetical methods as advocated by TURESSON is not at present a practical possibility in the taxonomy of hepaticae. — 9. The cytological investigation of hepaticae is not difficult and its results have an immediate bearing on taxonomic problems. This significance for taxonomy does not rest exclusively on chromosome numbers. — 10. A purely genetical analysis of the *Acrogynae* would at present be so difficult that practical results for taxonomy cannot be expected from it. — 11. Experiments in greenhouses and in Nature show that many hepatic clones have a morphological plasticity so great as to deserve special study. — 12. BUCH's so called "experimental morphological method" is under present day conditions the one which is most likely to lead to progress in the taxonomy of hepaticae. — 13. BUCH's method of naming modifications on a uniform system is of great practical importance but it has no connection with botanical nomenclature. — 14. On several grounds it is not desirable at present to

describe so-called micro-species of hepaticae.—15.Many recent hepaticologic-
al works are full of errors and revidenda, owing to the authors' imperfect
knowledge of foreign languages and the literature of the subject and often also
to their insufficient general knoledge of botany. — 16. Owing to the lack of
the necessary facilities it is almost impossible for workers living outside
Europe and the States to bring taxonomic work on the hepaticae to com-
pletion. All the more then, it is the duty of their colleagues in the favoured
countries to do their utmost to help them. — 17. At present the taxonomic
study of hepaticae can only be advanced by means of revisions. In these no
species, above all no doutbful species. should be omitted from consideration.
— 18. It is impossible for hepaticologists of the present century to write
monographs and if in making revisions the form of a monograph is adhered
to too strictly, the result will probably be unsatisfactory. — 19. A newly
described species is an hypothesis which in course of time may become a
probability. New species should not be described in comprehensive works
unless it is essential to the coherence of the work. — 20. In bryology *ex-
siccata* play the part of publications and are of great value so long as they
fulfil certain conditions. — 21. For hepaticae running herbarium numbers
are for many reasons preferable to collecting numbers. — 22. The method of
collecting hepaticae makes possible a very simple type of labelling (cf. pag.
23–25). — 23. Private herbaria of hepaticae are best arranged in the form of a
card index. The packets should be placed inside envelopes of a standard size
and arranged vertically in the drawers. Guide cards, cards for notes etc. may
be placed between these envelopes. — 24. Hepaticology suffers from a lack
of adequate comprehensive works and of reliable periodicals enumerating all
recently described species. — 25. An International Bureau of Plant Taxonomy is much to be desired by the bryologist, especially as a court of appeal
when he is unable to obtain essential type material. — 26. The bryologist
should not let influential collectors or herbarium authorities persuade him
into undertaking the naming of entire collections of exotic hepaticae:
working on such lines only adds to the chaos of revidenda. — 28. Specializa-
tion is a necessary evil. In cryptogamic botany there are not nearly enough
specialists. The cryptogamic specialist must remember that he remains at
the same time a botanist. Countless discoveries are continually being made
in the field of general botany which have an indirect bearing on his work:
they help him to see his own results in their true perspective and save him
from becoming a mere identifying machine. — 29. The number of professional bryologists is too small and the proportion of bryologists to specialists
in other groups in herbaria and kindred instutions is not high enough. While
this state of affairs lasts, there is small hope of improving the methods of
taxonomic hepaticology or of bringing order into the present chaos.—30.
Because of their slight chance of obtaining professional appointments as
bryologists, students working in laboratories or herbaria on bryological
problems should make it their first aim to learn how to work independently,
rather than to publish a great volume of scientifically valuable work. — 31.
In the future the improvement of the systematic arrangement of the hepaticae
will be chiefly effected by the intensive study of the smaller units. Many
genera, families and subfamilies are quite inadequately investigated and
often wrongly demarcated.

DE FRULLANIACEIS XV

Die Lejeuneaceae Holostipae der Indomalaya unter Berücksichtigung sämtlicher aus Asien, Australien, Neu-Seeland und Ozeanien angeführten Arten.

Einleitung. In vorliegender Arbeit — d e F r u l l a n i a c e i s
X V [1]) — habe ich versucht, eine möglichst vollständige Bearbeitung
der *Lejeuneaceae Holostipae* aus der Indomalaya zu geben. Mit nur
sehr wenigen Ausnahmen konnte ich sämtliche von Asien, Austra-

---

[1]) de Frullaniaceis I, Kritische Studie der inl. Frullaniasoorten, Nederl.
Kruidk. Arch. Jrg. 1927, S. 160—170 (1928); de Frull. II, Über einige ameri-
kanische Frullaniaceae, Ann. de Crypt. Exot. I: 213—221 (1928); de Frull. III,
Kritische Bemerkungen über asiatische und ozeanische Frullania-Arten aus
dem Subgenus Homotropantha, Revue Bryol. N. S. I: 109—123 (1928); de
Frull. IV, Frullaniaceae in V. Schiffner, Expos. Plant. etc. Ser. III, Ann.
Bryol. II: 117—154 (1929); de Frull. V, Revision der von Java und Sumatra
angeführten Frullaniaceae, Ann. Bryol. II: 156—164 (1929); de Frull. VI,
Einige morphologische Notizen über Frullania, Ann. Jard. Bot. Buitenz. 40:
139—145 (1929); de Frull. VII, die Frullaniaceae der Indomalesischen In-
seln, Ann. Bryol. Suppl. vol. I (1930); de Frull. VIII, Revision der von
Ozeanien angeführten Frullaniaceae, Ned. Kruidk. Arch. Jrg. 1930, S. 155—
175 (1930); de Frull. IX, Neue Beiträge zur Kenntnis indomalesischer
Frullaniaceae, Bull. Jard. Bot. Buitenz. III, XII: 53—54 (1932); de Frull.
X, Über einige neue Frullania-Sammlungen, Ned. Kruidk. Arch. Jrg. 1932,
S. 484—500 (1932); de Frull. XI, die von V. Schiffner und von Fr. Verdoorn
auf den indomalesischen Inseln gesammelten Lejeuneaceae Holostipae, Rec.
Trav. Bot. Néerl. XXX: 212—233 (1933); de Frull. XII, Revision der von Java
und Sumatra angeführten Lejeuneaceae Holostipae, Ann. Bryol. VI: 74—87
(1933); de Frull. XIII, Über zwei neue Gattungen der Lebermoose, Ann.
Bryol. VI: 88—91 (1933); de Frull. XIV, Revision der von Ozeanien, Australien und Neu Seeland angeführten Lejeuneaceae Holostipae, Blumea I:
216—240 (1934). Cf. auch 1930, Symbolae Sinicae vol. V; 1930, Nova Guinea
vol. XIV, livr. 4; 1934, Nova Guinea vol. XVIII, livr. 1 und 1930—1934,
Hepaticae Selectae et Criticae, Series I—VII.

lien, Neu Seeland und Ozeanien angeführten Arten ebenfalls untersuchen und berücksichtigen.

Der einleitende Abschnitt, der dieser Arbeit vorausgeht (S. 1—39), enthält viele Bemerkungen und Angaben, welche sich besonders auf diese *Lejeunea*-Arbeit beziehen und viele Gedanken, die mir beim Studium der *Lejeuneen* kamen. Die Synonymenregister, vielleicht das wichtigste Ergebnis der Arbeit, enthalten nur nomina nuda, wenn diese sich in mehreren Herbarien vorfinden.

Für ihre guten Sorgen um das sprachliche Gewand dieser Arbeit bin ich den Herren Drs. H. HIRSCH (Utrecht) und Dr. H. CARL (Eisenach) sehr verbunden. Herrn Drs. J. A. C. TELLIER (Utrecht) danke ich herzlichst für seine photographischen Aufnahmen.

Material. Die Fundortlisten enthalten nur Angaben von Materialien, welche ich selbst untersucht habe.

Für die Überlassung ihres Materials und weitere Hilfe schulde ich den Herren A. H. G. ALSTON (London), K. W. ALLISON (Rotorua), Dr. P. ARENS (Hilversum), Dr. J. G. B. BEUMÉE (Buitenzorg), J. CHARRIER (La Chataigneraie), R. S. CHOPRA (Lahore), H. N. DIXON (Northampton), Prof. W. M. DOCTERS VAN LEEUWEN (Leersum), Prof. AL. W. EVANS (New Haven Conn.), Dr. R. P. FOREAU S. J. (Shembaganur), Prof. MAX FLEISCHER †, Prof. K. VON GOE-·BEL †, Dr. H. VON HANDEL-MAZZETTI (Wien), Prof. TH. HERZOG (Jena), H. HESTERMAN (Tjibitoe), Mrs. E. A. HODGSON (Turiroa), Prof. I. HORIKAWA (Hiroshima), Dr. M. A. HOWE (New York N.Y.), E. JACOBSON (Bandoeng), Prof. S. R. KASHYAP (Lahore), Dr. L. P. KHANNA (Rangoon), G. K. KJELLBERG (Tullinge), HJ. MÖLLER (Stockholm), W. E. NICHOLSON (Lewes), Dr. H. REIMERS (Berlin), P. RICHARDS (Cambridge), Prof. V. SCHIFFNER (Wien), Dr. T. R. SIM (P. Maritzburg), H. SASAOKA (Tokyo), Dr. K. SAKURAI (Tokyo), Dr. C. VAN STEENIS (Buitenzorg) und Prof. H. A. WAGER (Pretoria) herzlichen Dank, ausserdem den Direktionen der Herbarien in Adelaide, Berkeley Cal., Berlin-Dahlem, Brüssel, Buitenzorg, Cambridge Mass., Copenhagen, Charcov, Firenze, Genf (Herb. Boissier), Honolulu (B. P. Bishop Museum), Kew, Leiden, Manila, Melbourne, New York N.Y., Oslo, Peradeniya, Paris (Lab. de Cryptogamie), Singapore, Stockholm, Strassbourg, Sydney, Utrecht und Wien (Naturh. Museum).

Die Gattungen. Ich halte es hier nicht für angemessen, an dieser Stelle die Merkmale der *Lejeuneaceae* und die Gliederung der Familie in 2—4 Unterfamilien zu besprechen. In SPRUCE's Hepaticae Amazonicae et Andinae, in SCHIFFNER's Bearbeitung der Lebermoose in ENGLER und PRANTL's Nat. Pflanzenfamilien ed. 1 und in K. MÜLLER's Lebermoosflora Mitteleuropa's findet man die wichtigsten Angaben. Für eine bessere Gliederung der Gattungen und Unterfamilien ist ein eingehendes Studium der afrikanischen und neotropischen Arten so notwendig, dass ich —- nur nach dem Studium eines Drittels der Holostipae —- weder etwas über verwandtschaftliche Beziehungen, noch über ihre Gliederung sagen darf. Der folgende Bestimmungsschlüssel führt gleich auf die in unserem Gebiet vertretenen Gattungen. Bei der Behandlung jeder Gattung sind die Beziehungen zu anderen Gattungen usw. möglichst vorsichtig angegeben und die wichtigste neotropische Literatur soweit von Bedeutung erwähnt. Weiter habe ich die Originaldiagnosen der Gattungen aus unserem Gebiete wiedergegeben, da diese meistens an Stellen veröffentlicht sind, welche den in Asien arbeitenden Untersuchern kaum zugänglich sind. Dadurch findet man wiederholt eine falsche Auffassung über die von SPRUCE und EVANS doch ganz deutlich angegebene Abgrenzung der Gattungen.

1. Die ♀ Infl. tragen keine Innovationen. Sie entstehen fast immer terminal an kurzen Seitenästen   2
Die ♀ Infl. tragen einseitige oder beiderseitige Innovationen, sie entstehen terminal an Hauptästen und Stämmen   4
2. Perianthien glatt, ohne fransig gezähnte Kiele, auf Querschnitten rund, von 3—10 glatten, schwach aufgeblasenen Kielen gerippt. Postikaler Lobulusrand eingekrümmt . . . .   IX. **Ptychocoleus**
Perianthien auf Durchschnitt flach, 3—4 kantig   3
3. Perianthien fast flach, im Querschnitt 4-kielig. Kiele geflügelt oder grob gezähnt. Lobulus ohne deutliche apikale Zähne. Lobuszellen regelmässsig, ziemlich stark verdickt . . . .   VI. **Lopholejeunea**
Perianthien 3-kielig mit glatten oder gezähnten Kielen. Lobulus läuft in einen länglichen, aus mehreren Zellen bestehenden Zahn aus. Lobuszellen mit deutlichen Trigonen . . . .   III. **Caudalejeunea**
4. Perianthien mit einem deutlichen ventralen Kiel (im Querschnitt also dreikantig   5
Perianthien ohne ventralen Kiel oder mit mehreren Kielen (auf Querschnitten flach oder 4—10 kantig)   7
5. Ventraler Kiel scharf, deutlich   6
Ventraler Kiel undeutlich, breit . . . . . .   IV. **Dicranolejeunea**

I. **Archilejeunea** Spruce

Bemerkung: Verf. konnte nur die aus Asien, Australien und Ozeanien angeführten Arten redivieren. So lange die afrikanischen und neotropischen Arten nicht besser bekannt sind, kann die Synonymik nicht richtig angeführt worden. Deshalb bleibt hier auch Spruce's Gliederung des Genus in zwei Subgenera unberücksichtigt.

Lejeunea p.p. Syn. Hepat. 1845, p. 310; Mitt. 1855 p.p., Fl. Nov. Zel. II: 155 etc.

Phragmicoma p.p. Mitt. 1871, Fl. vitiensis p. 412.

Thysananthus p.p. Tayl. 1846, L. Journ. of Bot. V: 383.

Symbyezidium p.p. Trev. 1877, Mem. R. Ist. Lomb. III, IV: 403.

Lejeunea subg. *Archilejeunea* Spr. 1884, Hepat. Amaz. et Andin. p. 88.

Archilejeunea Spr. 1884, Hep. Amaz. et Andin. p. 89; Schffn. 1893, Nat. Pflanzenf. I, III: 130; Evans 1907, Torreya VII: 226—227; 1908, Bull. Torrey Bot. Club 35: 165; Steph. 1911, Spec. Hepat. IV: 703.

Beschreibung: Spruce 1884, l.c.; Evans 1908, l.c.; Steph. 1911, l.c.

Originaldiagnose von Spruce: Plantae sat elatae speciosae rufescentes, raro subluridae viridesve, in sicco tam forma quam colore parum mutatae, ramicolae et corticolae, caespites v. plagulas dilatatas sistentes, raro aliis hepaticis muscisque consociatae. Caudex longe repens, caules pro more assurgentes, v. ultra matricem (saepe fruticis ramulum), patulos stratificatosque v. pendulos, vage — rara subpinnatim — ramosos, ramis plerumque paucis inaequilongis, in pl. ♀ iteratim innovando elongatis, raro dichotomis, subarhizos proferens. Folia magna (0.75—2.25 mm) — in unica specie (*clypeata*) parvula-imbricata, subrotunda v. saepissime oblonga sublinguaeformia, valde obtusa rotundatave, nunquam acuta, integerrima; lobulus majusculus (= folii $^1/_3$—$^1/_2$) subrhomboideus, acutus, apiculatus, bidentulusve, margine (raro totus) planus integerrimus, ad carinam subinflatus, neque vero saccatus; cellulae parvulae mediocresve, raro majusculae, subconformes, leptodermes, v. pariete ad angulos subincrassato, pellucidae, solum ambitu opacae. Foliola foliis subaequilata, breviora tamen, orbiculata v. reniformia, basi exciso-amplexantia v. cordata, integerrima, haustoria scopaeformia rarissime proferentia. Flores dioci, in paucis monoici: ♀ in ramo iteratim innovando-prolifero terminales, rarissime (in speciebus paucis monoicis) e caulis apice dichotomo, florescentiam magnam, ♀ vel ♂, in furca gerente, ad brachia monotrope innovanda seriatim secundi. Bracteae foliis parum diversae, integerrimae; bracteola integra v. aliarum sp. breviter bifida. Perianthia emersa pyriformia pellucida, ex apice rotundato retusove (nunquam obcordato) rostellata subcompressa 4(—5)-quetra, rarissime antice posticeque 2—3-carinulata, carinis raro laevissimis, plerumque ala rudimentaria interrupte limbatis v. saltem exasperatis — nunquam tamen denticulatis ciliatisve. Androecia rami apicem medium vetenentia; bracteae pro more plurijugae foliis paulo minores subinaequilobae, diandrae. (*Brachio-Lejeunea* ab *Archi-Lejeuna* differt: ramificatione in plantis fertilibus tota fere dichotoma, in sterilibus saepe laxe pinnata; foliis saepe acutis, lobuli saccati margine transverso crenulato; foliolis saepe insigniter decurrentibus; florescentia normali paroica et autoica; bracteis denticulatis; perianthiis raro subaequaliter 4—5-gonis saepius 7—10-plicatis, carinis plicisve omnibus sublaevissimis.)

VARIABILITÄT: Näheres darüber ist unter *A. mariana*, der einzigen verbreiteten Art in unserem Gebiet, nachzulesen. Diese Art dürfte für künftige Versuche von besonderem Interesse sein, da sie, obwohl praktisch nicht gerade auffallend variabel, sehr plastisch sein kann. Lobi und Lobuli von verschiedenen Ästen nur einer Pflanze, welche doch unter sehr konstanten Umständen aufgewachsen sein müssen, zeigen manchmal Unterschiede, die in anderen Sippen nur zwischen verschiedenen Spezies gefunden werden.

UNTERSCHEIDUNGSMERKMALE: EVANS hat drei Gattungen (*Cyrtolejeunea*, *Anoplolejeunea* und *Leucolejeunea*) abgetrennt. Nach dieser Bereinigung macht die Gattung einen viel einheitlicheren Eindruck und ist leichter zu definieren. Von der am nächsten verwandten Gattung *Leucolejeunea* durch stärker verdickte Zellecken, gefärbte Membranen, proximale Stellung der Papille und ganz besonders durch die Androezien, welche terminal an gewöhnlichen Ästen (nicht an ganz kurzen Seitenästen) entstehen, zu unterscheiden. Die wesentlichen Merkmale der Gattung: Lobi und Amphigastrien ganzrandig; Lobulus in ein oder meistens zwei Zähne auslaufend; ♀ Infl. terminal an Stämmen oder Hauptästen mit beiderseitigen oder meistens einseitigen Innovation; Perianthien mit zwei Ventralkielen, trennen sie gleich von allen verwandten Gattungen. Am leichtesten könnte man sie noch mit *Ptychocoleus* verwechseln, wo die ♀ Infl. jedoch an kurzen Seitenästen ohne Innovationen entstehen.

BEMERKUNGEN: Die oft wiederholte Angabe *Anoplolejeunea conferta* (Meissn.) Evs. sei in der Indomalaya und auch im weiteren

Asien gefunden worden, beruht immer auf falschen Bestimmungen
(cf. SCHIFFNER 1898, Conspectus p. 315), diese Gattung ist — so weit
heute bekannt — rein neotropisch.

Eine schöne endemische, isoliert stehende Art aus Japan hat
HORIKAWA 1932 (J. Hirosh. Univ. B, II; I : 129) als *Lopholejeunea
kiushiana* beschrieben und abgebildet. Sie erinnert an *Leucolejeunea*,
die Stellung der Androezien weist aber zweifellos auf *Archilejeunea*
hin, vergl. HORIKAWA's Abbildungen.

Archilejeunea ist eine der wenigen *Holostipae*-Genera, welche in
Australien und Neu Seeland mehrere endemische Arten gebildet
haben. Ausser der mit *A. mariana* vicariierenden *A. australis* Steph.
finden wir daselbst so gute Arten, wie *A. olivacea* (Tayl.) [1]), die stark
an *A. indica* c.s. erinnert, ohne damit nun so ausgesprochen verwandt zu sein, wie man aus der Gestalt des Lobulus schliessen könnte. Nahe verwandt sind *A. Etesseana* (Steph. als *Brachiolejeunea*) und
A. Wattsiana Steph. (nec. *Mastigolej.*!). Wieder etwas weiter von den
malayischen Arten entfernt sich *A. scutellata* (Tayl.) [2]), identisch damit ist *Mastigolej. Novae Zelandiae* Steph., nahe verwandt ist *A. robusta* (Steph.) — Näheres in „de Frull. XIV."

Nicht zu *Archilejeunea* gehören: **Archilej. Brotheri** Steph. (=
Ptychocoleus); **Archilej. calcarata** (Mitt.) Steph. (= *Mastigolejeu-
nea*); **Archilej. caledonica** Steph. (= *Spruceanthus*); **Archilej.
denticulata** Steph. pl. in sched. (= *Spruceanthus*); **Archilej.
Graeffei** Jack. et Steph. (= **Phragmicoma recondita** Jack in
sched. = *Pycnolejeunea*); **Archilej. Hossei** Steph. (= *Leucolejeunea*);
Archilej. japonica Horik. (= *Leucolejeunea*); **Archilej. Kaern-
bachii** Steph. (= *Lopholejeunea*); **Archilej. Micholitzii** Steph. (=
Pycnolejeunea); **Archilej. Novae Caledoniae** (= *Pycnolejeunea*);
Archilej. Nymanii (nec **Nymannii**) Steph. (= *Ptychocoleus*);
Archilej. recurvimarginata Steph. in sched. (= *Thysananthus*);
Archilej. sikkimensis Steph. (= *Leucolejeunea*); **Archilej. tahi-
tensis** Steph. (= *Mastigolejeunea*); **Archilej. turgida** (Mitt.) Steph.
(= *Leucolejeunea*); **Archilej. vanicorensis** Steph. (= *Mastigole-
jeunea*).

Zwei Arten **Archilej. bilabiata** (Mitt. 1871, Fl. vitiensis p. 413 als
Phragmicoma) Steph. und **Archilej. planiuscula** (Mitt. 1861, Hep.

---

[1]) = *Brachiolej. Heussleri* St.
[2]) = *Brachiolej. Eavesiana* St. = *Brachiolej. Kirkii* St.

Ind. Or. als *Lejeunea*) Steph. konnte ich leider nirgends auffinden; die zweite wird wohl zu *Ptychocoleus* gehören, vergl. S. 126.

Alle anderen Arten aus Asien, Australien und Ozeanien findet Typus: *Archilej. porelloides* (Spr.) man näher im Text erwähnt. Schffn.

VORKOMMEN UND VERBREITUNG: Tropisches Amerika und Tropisches Afrika, in beiden Gebieten mit · südlichen Ausstrahlungen; Asien, von Japan bis Papuasien; Ozeanien; Australien. Die meisten Arten stehen einander ziemlich nahe. In Australien einige auffallende Endeme. Besonders auf Rinde, selten auf Steinen und Felsen; manchmal in geschlossenen Überzügen; seltener an exponierten Stellen.

1. Bei schwacher Vergrösserung und ohne Praeparation sieht man an den grossen (nicht eingerollten) Lobuli gleich zwei schräg nach vorn gerichtete Zähne. Nur aus Vorderindien bekannt   **1. Archilej. indica**
Lobuli fast unentwickelt, oder falls entwickelt meistens etwas eingerollt ohne zwei sofort sichtbaren Zähnen 2
2. Amphigastrien flach angeheftet, ca 600 × 450 μ, häufige Art. . . . . .
                     3. Archilej. mariana
Amphigastrien mit deutlichen Basallappen, Insertion ¹/₄, ca 1000 × 800 μ. Neu Guinea . . . .   **2. Archilej. macrostipula**

1. **Archilejeunea indica** Steph.

Archilejeunea indica Steph. 1911, Spec. Hepat. IV: 728.

BESCHREIBUNG: Steph. 1911, l.c.
UNTERSCHEIDUNGSMERKMALE: Das mir vorliegende spärliche Material ist völlig steril und schlecht entwickelt. Höchst wahrscheinlich handelt es sich tatsächlich um eine *Archilejeunea*; völlig überzeugt bin ich davon aber nicht. Es handelt sich wahrscheinlich um eine Pflanze, die in den Formenkreis von *A. brachyantha, A. pusilla, A. bidentata* usw. gehört. Bei allen diesen Arten sind die Lobuli im Verhältnis zu den Lobi grösser als bei *A. mariana* c.s., ausserdem immer gut ausgebildet, flach. Die beiden Zähne sind stark entwickelt, bestehen aus mehreren Zellen, sind nicht oder nur wenig eingekrümmt und schräg nach vorn gerichtet. Der Blattkiel ist stark gebogen, wodurch die Lobuli einen *Ptychocoleus*-artigen Eindruck machen. Lobi kurz, abgerundet. Von den drei verwandten Arten sind die beiden japanischen Species (*A. pusilla* Steph. und *A. bidentata*

Horik.) viel kleiner, ihre Lobi sind nur 0.4—0.5 mm lang, während *A. indica* über 1 mm lange Lobi aufweist. Bei *A. brychyantha* Jack et Steph. aus Neu Kaledonien sind die Lobuli schmaler, der Kiel ist gerade, die Zähne sind länger. Dazu ist die Pflanze etwas kleiner und die Amphigastrien sind 2–3 mal so breit wie der Stamm, bei *A. indica* 5-fach.

STANDORT: V o r d e r i n d i e n: Mangalore (Pfleiderer, Typus!).

2. **Archilejeunea macrostipula** (Steph.) Verd.

Mastigolejeunea macrostipula Steph. 1912, Spec. Hepat. IV: 767.
Archilejeunea macrostipula Verd. 1934, Nova Guinea 18: 3.

BESCHREIBUNG: Steph. 1912, l.c.

UNTERSCHEIDUNGSMERKMALE: Diese auf Neu Guinea endemische Art unterscheidet sich leicht von der verwandten *A. mariana* (die ebenfalls auf Neu Guinea vorkommt) durch die Grösse aller Teile (a u c h d e r Z e l l e n!). Die gewöhnlichen robusten Formen von *A. mariana* haben immer zugespitzte Lobi, *A. macrostipula* hat Lobi, welche im oberen Teil abgerundet sind. Die Lobuli sind fast völlig unentwickelt. Die sehr grossen (1000 × 800 μ), flachen, kreisförmigen Amphigastrien sind tief inseriert mit semi-freien Basallappen.

STANDORT: N e u-G u i n e a: Mc Cluer Bai (Naumann 1875, Typus!).

3. **Archilejeunea mariana** (Gottsche) Steph.

Lejeunea mariana Gottsche 1845, Spec. Hepat. p. 337.
Archilejeunea mariana Steph. 1911, Spec. Hepat. IV: 729; Verd. 1934, de Frull. XIV: 219.
Lejeunea samoana Mitt. 1871, Flora vitiensis S. 415.
Archilejeunea samoana Steph. 1911, Spec. Hepat. IV: 731.
Archilejeunea caramuensis Steph. 1895, Hedwigia 34: 59; 1910, Denkschr. Ak. Wiss. Wien 85: 27; 1911, Spec. Hepat. IV: 725; Verd. 1933, de Frull. XI: 214; Schffn. 1933, Ann. Bryol. VI: 131—132.
Archilejeunea falcata Steph. 1895, Hedwigia 34: 60; 1911, Spec. Hepat. IV: 726; Verd. 1933, de Frull. XII: 81.
Archilejeunea Treubiana Schffn. 1900, nom. nud., Hedwigia 39: 207; Verd. 1933, de Frull. XII: 80.
Archilejeunea Eberhardtii Steph. 1911, Spec. Hepat. IV: 725.
Archilejeunea gibbiloba Steph. 1911, Spec. Hepat. IV: 727; Verd. 1934, Nova Guinea 18: 1.

Archilejeunea owahuensis (Gottsche msc.) Steph. 1911, Spec. Hepat. IV: 730.
Archilejeunea apiculifolia Steph. 1924, Spec. Hepat. VI: 558.
Archilejeunea subaloba Herz. 1931, Mitt. Inst. allg. Botan. Hamburg VII: 196.
Archilejeunea serricalyx Herz. 1931, Mitt. Inst. allg. Botan. Hamburg VII: 196.
Archilejeunea Corbierei Schffn. in sched.

BESCHREIBUNG: Gottsche 1845 l.c.; Steph. 1911 ll. cit.

ABBILDUNGEN: HERZOG 1931 l.c., diese Abb. geben etwas abweichende, extreme Formen wieder.

VARIABILITÄT: In „de Frull. XI" (1933 l.c.) schrieb ich schon: „Stumpfe und zugespitzte, ganzrandige und gezähnte Lobi treten manchmal an einem Stämmchen auf. Die Ausbildung des Ventralteiles des Perianthiums ist nicht konstant. Die zwei Ventralfalten fliessen manchmal zu einer breiten glatten Falte zusammen, seltener beobachtet man bei sonst ganz typischen Pflanzen accessorische Falten, wodurch die Perianthien a v e n t r e denen eines *Ptychanthus* nicht unähnlich sind." Die Lobi sind auch sehr variabel, oder besser sie sind meistens nicht völlig ausgebildet. Bei Pflanzen von feuchten Standorten sind sie sogar fast unentwickelt (*A. subaloba* Herz.), bei anderen Pflanzen sind sie dagegen gross, eingerollt und gehen allmählich in den (in diesem Falle auch etwas eingerollten) postikalen Lobusrand über. An gut entwickelten Lobuli lassen sich zwei deutliche Zähne unterscheiden. Amphigastrien von verschiedener Grösse, flach oder mit zurückgebogenen Seiten (charakteristischer Habitus!), ganzrandig oder schwach gezähnt. Der Blütenstand ist anscheinend immer monoezisch. Die ♀ Involucralblätter sind ganzrandig oder schwach entfernt gezähnt. Das Amphig. invol. int. ist meistens undeutlich gezähnt. Auffallend sind die Unterschiede in der Form der Lobi, Lobuli und Involucralblätter, welche man an ein und derselben Pflanze beobachten kann. SCHIFFNER (1933, l.c.) hat neuerdings noch zwei Varietäten beschrieben, eine var. *denticulata*, bei der die Stamm- und Involucralamphigastrien schwach gezähnt sind und eine var. *bidentula*, bei der die Involucralamphigastrien einen kurzen Einschnitt aufweisen.

UNTERSCHEIDUNGSMERKMALE: In der engeren Indomalaya hat *A. mariana* keine Verwandten, nur achte man auf Verwechslung mit zarten, mehr oder weniger ganzrandigen Formen von *Spruceanthus*

polymorphus. A. falcifolia St., welche nur von Bougainville bekannt
ist, unterscheidet sich durch das stets scharf gezähnte ♀ Involucrum,
man darf diese Art nicht ohne Weiteres mit den schwach entfernt
gezähnten Formen von *A. mariana* vergleichen (z.B. *A. serricalyx*
Herz.). Nahe verwandt ist auch *A. australis* Steph., die in Australien
als vicariierende Art auftritt. Die Unterscheidungsmerkmale sind in
„de Frull. XIV" angegeben, daselbst findet man auch Näheres über
A. incrassata Steph. aus Neu Kaledonien (= *Lopholej. caledonica*
Steph. in sched.).

BEMERKUNGEN: In STEPHANI's Zeichnungen findet man bei *A.
apiculifolia* (= *A. mariana*) irrtümlich „India occidentalis" als
Standort angegeben, die Pflanze stammt aber aus Britisch Indien. Daselbst ist als Original von *Archilejeunea samoana* ein *Ptychocoleus* (Samoa, leg. SCHAUINSLAND, comm. BROTHERUS) abgebildet
Das Originalmaterial von MITTEN (Samoa, leg. POWELL) ist auch abgebildet (ohne die Bemerkung nov. spec.). In MITTEN's Originaldiagnose wird angegeben, die Amphigastrien zeigten einen Einschnitt,
dies trifft jedoch nicht zu, ich konnte MITTEN's Material aus dem
New Yorker Herbarium untersuchen.

In fast allen alten Kollektionen aus der Indomalaya fehlt *A. ma-
riana*, erst im Jahre 1900 wird die Gattung *Archilejeunea* s.s. für
Java erwähnt, doch handelt es sich keineswegs um eine seltene
Pflanze.

VORKOMMEN UND VERBREITUNG: Ganze Indomalaya von Siam,
Annam und Vorderindien bis Marianen und Hawaii, auch auf Formosa; in Australien durch eine vicariierende Art vertreten. Besonders
in der Ebene und im niedrigen Mittelgebirge, nicht an sehr exponierten Stellen, hauptsächlich auf Rinde, selten an Felsen. — Fig. 23.

STANDORTE: F o r m o s a : Botel Tohago Isl. (Miyake 1899); V o r d e r-
i n d i e n: im Gebirge über Palamcottah (Foreau 1930); Kudremukh (Pfleiderer 1911); S i a m: Koh-Chang (Schmidt 1899—1900); A n n a m:
(Eberhardt 1910); S u m a t r a: Sungei Beramei (Massart 1895); P. P e-
n a n g: 50 m, (Schiffner 1893); J a v a: Depok, 50 m (Fleischer 1898);
110 m (Schiffner 1894); Buitenzorg, häufig, 250 m (Schiffner 1893—94;
Nyman 1897; Fleischer 1898; Massart 1894; Verdoorn 1930; Renner 1931);
Tjikeumeuh, 250 m (Schiffner XI. 1893); Gadok, 400 m (Schiffner 1894);
Kampong Bauten Djatti, 230 m (Schiffner 1894); G. Boender, 250 m (Schiff-
ner 1893); Tjiapoes Schlucht, 600 m (Schiffner 1894); G. Pantjar, 600 m
(Schiffner 1893); G. Gede, Artja, 840 m (Schiffner 1894); idem, Tjibodas, nur

im Berggarten, 1420 m (Schiffner 1894); Kembangan (Fleischer 1901); G. Semeroe, bei R. Daroengan, 1100 m (Verdoorn 1930); W e s t B o r n e o: Boekit-Mehipit, 800 m (Winkler 1924); Poetoes Sibau (Winkler 1925); S a r a w ak (Micholitz); P h i l i p p i n e n: Caramuan (Micholitz); C e l e b e s: Menado (Riedel); N e u - G u i n e a: Kaiser Wilhelmsland (Kärnbach 1889; Fleischer 1903; Lauterbach 1896); idem, Madang (Blum 1924); Brit. N. G. (Micholitz); M i o k o: (Fleischer 1903); M a r i a n e n (Mertens, Typus!); Y a p (Volkens); N e u K a l e d o n i e n (Buso 1908); S a l o m o I n s e l n: (Micholitz); S a m o a: (Powell); Upolu (Graeffe 1864; Rechinger 1905); C o o k I n s e l n (Saverner 1933); T a h i t i: an mehreren Stellen (Setchell and Parks 1922); H a w a i i: (Baldwin); Maui (Forbes 1917); K a n a i (Faurie 1910); Oahu, 1000 (Bartram 1931).

Exsicc.: Hep. Sel. et Crit. 231, 232, 233.

II. **Brachiolejeunea** Spr.

Frullanoides p.p. Raddi 1823, Jungerm. Etrusca p. 38.

Jungermania p.p. L. et L. 1832, Pugillus IV: 50; Nees 1833 p.p., Fl. brasil. I, I: 349; etc.

Lejeunea p.p. Nees 1839, in Montagne, Florula boliv. p. 66; etc.

Phragmicoma p.p. Syn. Hepat. 1845, p. 294; etc.

Ptychocoleus p.p. Trev. 1877, Mem. Ist. Lomb. III, IV: 405.

Lejeunea subg. *Brachiolejeunea* Spr. 1884, Hep. Amaz. et And. p. 129.

Brachiolejeunea Spr. 1884, Hep. Am. et Andin. p. 130; Schffn. 1893, Natürl. Pflanzenf. I, III: 128; Evs. 1908, Bull. Torrey Bot. Cl. 35: 155; Steph. 1912, Spec. Hepat. V: 110.

Mastigolejeunea p.p. Steph. 1889, Hedwigia 28: 29; etc.

BESCHREIBUNG: Spr. 1884 l.c.; Schffn. 1893 l.c.; Evs. 1908 l.c.; Steph. 1912 l.c.

ORIGINALDIAGNOSE VON SPRUCE: Habitu, statura, etc. *Homalo-Lejeunea* persimilis. Florescentia typica probabiliter eadem, sc. monoica (autoica et paroica), saepe autem ex abortione dioica. — Plantae ♀ eodem modo brachiato-dichotomae, steriles tamen elongatae laxe pinnatae, ramis alternis. Folia fere constanter integerrima, lobulo magno, saepe = folii $^1/_2$, margine 3—7-crenulato, crenulis pro more opacis, raro obsoletis. Bracteae aliarum sp. alatae, saepe integerrimae.

Perianthia parum compressa, 3—10-carinata-plicatave — primum (ut videtur) 3—4-gona, plicis intermediis adjectis, in aliis sp. 8—10-plicata fiunt.

Homalo-Lejeunea Mackaii et *Brachio-Lejeunea laxifolia* nexum praebent inter has duas sectiones, vix pro subgeneribus distinctis habendas; quum in *L. Mackaii* folia integerrima obtusissima inveniuntur, contra affinium indolem; in *L. laxifolia* perianthium, carinis posticis interdum tam approximatis obtusatisque ut in unicam latam fere confluunt, exinde trigonum evadit, itaque ab eo *L. Mackaii* paulo discrepat.

VARIABILITÄT: Vergl. S. 55.

UNTERSCHEIDUNGSMERKMALE: Steht der Sekt. *Regulares* von *Ptychocoleus* am nächsten, ist davon aber gleich durch die einseitig oder beiderseitig innovierten, terminal an Stämmen oder Ästen sitzenden ♀ Infloreszenze zu unterscheiden. Durch die mit einer grösseren Anzahl regelmässig entwickelten kleinen Zähnchen versehenen Lobuli von allen anderen Gattungen mit terminal gestellten ♀ Involucra zu unterscheiden. Die Gattung *Ptychanthus*, welche wegen der glatten, mit zahlreichen Kielen versehenen Perianthien wohl mit *Brachiolejeunea* verwechselt wurde, unterscheidet sich gleich durch Grösse und Habitus, Lobulus und zugespitzte, meistens gezähnte Involucralblätter. Über *Trocholejeunea* cf. S. 189.

BEMERKUNGEN: STEPHANI führt in seinen Species Hepaticarum nicht weniger als 26 Arten für Asien und Australien an. Hier gebe ich die Revision:

37. **Brachiolej. Wardiana** (Mitt.) = *Mastigolejeunea repleta.*

38. **Brachiolej. tylimanthoides** St. = *Mastigolejeunea repleta.*

39. **Brachiolej. Miyakeana** St. = *Archilejeunea mariana.*

40. **Brachiolej. andamana** St. = *Ptychanthus striatus.*

41. **Brachiolej. flavovirens** St. = *Thysananthus planus.*

42. **Brachiolej. Frauenfeldii** (Reich.) St. = *Mastigolejeunea Frauenfeldii.*

43. **Brachiolej. gibbosa** (Aongstr.) St.=*Mastigolejeunea Frauenfeldii.*

44. **Brachiolej. miokensis** St. = *Mastigolejeunea humilis.*

45. **Brachiolej. molukkensis** St. = *Mastigolejeunea humilis.*

46. **Brachiolej. Etesseana** St. = *Archilejeunea Etesseana.*

47. **Brachiolej. recondita** St. = vergl. S. 54 und 56.

48. **Brachiolej. papilionacea** St. = *Hygrolejeunea* verg. S. 75.

49. **Brachiolej. Levieri** St. = *Trocholejeunea infuscata.*

50. **Brachiolej. pluriplicata** St. = *Trocholejeunea pluriplicata.*

51. **Brachiolej. tortifolia** St. = *Ptychocoleus.*

52. **Brachiolej. sexplicata** St. = *Brachiolej. sandvicensis.*

53. **Brachiolej. sandvicensis** (Gottsche) Evs. = vergl. S. 54.

54. **Brachiolej. Micholitzii** St. = *Ptychocoleus* sp., cf. pag. 144.

55. **Brachiolej. polygona** (Mitt.) St. = *Brachiolej. sandvicensis.*

56. **Brachiolej. innovata** St. = *Brachiolej. sandvicensis.*

57. **Brachiolej. erectiloba** St. = *Ptychocoleus* sp., cf. pag. 147.

60. **Brachiolej. Heussleri** St. = *Archilejeunea olivacea.*

61. **Brachiolej. Eavesiana** (Gottsche et Müll.) St. = *Archilejeunea scutellata.*

62. **Brachiolej. Kirkii** St. = *Archilejeunea scutellata.*

63. **Brachiolej. plagiochiloides** St. = keine *Brachiolej.*, cf. de Frull. XIV: 221.

64. **Brachiolej. robusta** St. = *Archilejeunea robusta*.

65. **Brachiolej. Thozetiana** (Gottsche et Müll.) St. = Konnte ich leider nirgends auffinden.

Weiter gehört **Brachiolej. aliena** St. zu *Thysananthus*, **Brachiolej. birmensis** St., zu *Trocholejeunea*, **Brachiolej. apiculata** St. zu *Thysananthus*, **Brachiolej. Wattsiana** Steph. in sched. zu *Mastigolejeunea.*

Ptycholejeunea recondita St. wurde von Luzon beschrieben. Mit *Brachiolejeunea Levieri* (cf. Steph., Spec. Hepat. V: 134) hat sie nichts zu tun.

Typus: *Brachiolej. laxifolia* (Tayl.) Schffn.

Vorkommen und Verbreitung: Mehrere Arten sind aus Amerika bekannt, wo die Gattung nach Evans (1908 l.c.) von Florida bis Patagonien vorkommt. Auch in Afrika soll sie durch mehrere Arten vertreten sein. Von den 26 Arten, welche Stephani für Asien, Australien und Ozeanien anführt, bleiben nur ein oder zwei Arten übrig. Die erste, *B. sandvicensis*, kommt nur im südlichen und im nördlichen Teil des Gebietes vor, die andere, *B. recondita*, von den Philippinen ist noch ungenügend bekannt und kann auch wohl zu den *Brachiolejeuneoides* von *Phychocoleus* gehören. Aus Australien und der engeren, südlichen Indomalaya habe ich keine *Brachiolejeuneae* gesehen. An Rinde, seltener auf Felsen.

1. Lobuli mit mehreren gleichmässig entwickelten Zähnchen, in Nordostasien und Ozeanien stellenweise häufige Art. . . 1. **Brachiolej. sandvicensis**
Lobuli mit nur einem kleinen Zähnchen, Philippinen selten. Vergl. auch *Ptychoc. brachiolejeunoides* . . . . 2. **Brachiolej. recondita**

1. **Brachiolejeunea sandvicensis** (Gott.) Evs.

Phragmicoma sandvicensis Gottsche 1857, Ann. Sc. Nat. IV, VIII: 344; Aongstr. 1872, Öfv. Kgl. Sv. V. Ak. 1872, No. 4, 23

Phragmicoma subsquarrosa Aust. 1869, Proc. Ac. Nat. Sci. Phil. for Dec. 1869, p. 225; Evs. 1900, Transact. Conn. Ac. X: 419.

Lejeunea subsquarrosa Aust. 1874, Bull. Torrey Bot. Cl. V: 15.

Mastigolejeunea sandvicensis Steph. 1889, Hedwigia 28: 29; 1897, Bull. Herb. Boissier V: 842.

Phragmicoma polygona Mitt. 1891, Trans. Linn. Soc. III: 204.

Lejeunea sandvicensis Evs. 1892, Trans. Conn. Ac. VIII: 253.

Brachiolejeunea Gottschei Schff. 1894, Hedwigia 33: 186; 1898, Conspectus, p. 283; 1899, Oest. Bot. Zeitschr. 49: 390; Evs. 1900, Trans. Conn. Ac. X: 419; Levier 1906, Bryol. Schensiana p. 48; Paris 1908, Rev. Bryol. 35: 129; Steph. 1912, Spec. Hepat. V: 136; Reim. 1931, Hedwigia 71: 39.

Brachiolejeunea chinensis Steph. 1895, Hedwigia 34: 63; 1912, Spec. Hepat. V: 136.

Brachiolejeunea innovata Steph. 1895, Hedwigia 34: 63; 1912, Spec. Hepat. V: 138 (nec 130 ut in ind.).

Brachiolejeunea japonica Steph. 1897, Bull. Herb. Boiss. V: 842.

Lejeunea (Acrolejeunea) sandvicensis Steph. 1898, J. de Bot. XII, Sep. p. 4.

Brachiolejeunea sandvicensis Evs. 1900, Transact. Conn. Ac. X: 419; 1906, Proc. Wash. Ac. Sc. VIII: 157; Steph. 1912, Spec. Hepat. V: 136; Herz. 1930, Symb. Sinic. V: 46; Reim. 1931, Hedwigia 71: 39; Verd. 1933, de Frullan. XII: 82; 1934, de Frull. XIV: 222.

Mastigolejeunea formosensis Steph. 1912, Spec. Hepat. IV: 769.

Brachiolejeunea sexplicata Steph. 1912, Spec. Hepat. V: 136.

Brachiolejeunea polygona Steph. 1912, Spec. Hepat. V: 138; Reim. 1931, Hedwigia 71: 39.

Phragmicoma japonica Gottsche in sched.

Ptychanthus japonicus Steph. in sched.

BESCHREIBUNG: Gottsche 1857 l.c.; Schffn. 1894 l.c.; Evans 1900 l.c.; Steph. 1912 l.c.

ABBILDUNGEN: Gottsche 1857 l.c., Tab. 15: 10—24; Schffn. 1894 l.c. Tab. 8—9: 20—31.

UNTERSCHEIDUNGSMERKMALE: Von allen *Ptychocoleus*-Arten, welche durch Bau der Lobuli mit *Brachiolejeunea* übereinstimmen, durch die echte einseitige Innovation zu unterscheiden. Ueber die Unterschiede zwischen sterilem *Ptychocoleus fertilis* und steriler *B. sandvicensis* vergl. S. 145. Andere verwandte Arten fehlen in Asien, Ozeanien und Australien völlig. Über verwandte südamerikanische Arten vergl. SCHIFFNER 1894 l.c. und EVANS 1900 l.c.

VARIABILITÄT: Die Pflanze variiert nicht stark. Die Exemplare aus dem südlichen Teil der Areals haben meistens hellere Zellen mit dünneren Wandverdickungen, die sich manchmal (besonders an den Blattkielen) mamillös vorwölben. In Einzelfällen entwickelt sich eine zweite Innovation, solche beiderseitigen Innovationen sind aber sehr selten.

BEMERKUNG: *Brachiolej. Gottschei* Schffn. wurde nach von WICHURA gesammeltem Material beschrieben, anfänglich wusste man nicht gut, ob die Pflanze aus Java oder aus China oder Japan stammte. In der engeren Indomalaya ist nie eine *Brachiolejeunea* gefunden worden, alle Angaben beruhen auf falschen Bestimmungen. Ich halte es besonders nach REIMERS' Bemerkungen über die WICHU-RA-Sammlung (Beitr. zur Moosfl. China's I, Hedwigia 71—1931) für ausgeschlossen, dass WICHURA's Pflanze aus Buitenzorg stammt.

Die Angabe von MONTAGNE (1846, Voyage Bonité, Bot. I: 223) über das Vorkommen von *Phragmicoma bicolor* auf Hawaii bezieht sich auf *B. sandvicensis*.

Vergl. auch noch YOSHINAGA 1901, Bot. Mag. Tokyo 15: 92.

VERBREITUNG: Das Areal dieser Art ist sehr interessant, es gibt ein Verbreitungsgebiet in Ozeanien (Hawai und Tahiti) und ein zweites in Ost-Asien, wo sie von Japan und China bis Vorderindien, Annam und Tonkin gefunden wurde. Bis heute ist sie in der engeren Indomalaya nie beobachtet worden. In Vorderindien bis auf 5000', in China bis 1200 m gefunden. An Felsen und Rinde, oft zwischen anderen Moosen. — Fig. 31.

STANDORTE: J a p a n: Stellenweise häufig (Inoue; Makino; Warburg; Okamura; Miyake; Yoshinaga); F o r m o s a (Faurie); C h i n a: Stellenweise häufig (Giraldi; von Handel Mazzetti; Chung; Sin und Whang; Wichura); T o n k i n (Bon); A n n a m (Eberhardt); V o r d e r-I n d i e n (Pfleiderer); Perumalmalai, Palni Hill, 5000' (Foreau 1924, 1932); T a h i t i (Lépine); H a w a i: häufig (Gaudichaud, Typus!); Didrichsen; Cooke; Andersson; Heller; Baldwin; Hildebrand; Mann und Brigham; Faurie; Bartram).

2. **Brachiolejeunea recondita** (Steph.) Steph.

Ptycholejeunea recondita Steph. 1896, Hedwigia 35: 122; 1912, Spec. Hepat. V: 134—135 (sub no. 47 et 49).
Brachiolejeunea recondita Steph. 1912, Spec. Hepat. V: 134.

BESCHREIBUNG: Steph. 1912, l.c.

UNTERSCHEIDUNGSMERKMALE: Durch fast halb so kleine Lobuszellen und die nur mit einem kleinen Zähnchen versehenen Lobuli sofort von *Brachiolej. sandvicensis* zu unterscheiden. Durch echte, einseitige Innovationen von allen *Ptychocolei* im allgemeinen, von *Ptychoc. brachiolejeuneoides* im besonderen durch Lobuli, welche eben so lang wie breit, flach, im oberen Teil abgerundet und mit einem einzelligen Zahn versehen sind, zu unterscheiden.

BEMERKUNG: Ich führe diese Art, von der mir nur einige schlecht entwickelte (mod. mesod. virid.) Stämmchen zur Verfügung standen, mit Zögern als *Brachiolejeunea* an. Die Form der Lobuli (nicht aber die Randzähnung) stimmt besser mit *Brachiolejeunea* überein, als dies mit meinem *Ptychoc. brachiolejeuneoides* der Fall war. Neuere Aufsammlungen werden darüber entscheiden müssen, ob die Art zu *Brachiolejeunea* oder zu den *Brachiolejeuneoides* von *Ptychocoleus* zu stellen ist. Mit *Trocholejeunea* ist sie nicht verwandt.

STANDORT: P h i l i p p i n e n: (Micholitz 1884—85, Typus!).

III. **Caudalejeunea** Steph.

Lejeunea p.p. Syn. Hepat. 1845, pag. 326.
Phragmicoma p.p. Gottsche 1845, Syn. Hepat. p. 301; etc.
Ptychocoleus p.p. Trevis. 1877, Mem. Ist. Lomb. III, IV: 405.
Lejeunea subg. *Lopholejeunea* B Spruce 1884, Hepat. Amaz. et Andin,
S. 120.
Thysananthus p.p. Steph. 1887, Engl. Botan. Jahrb. VIII: 93.
Odontolejeunea p.p. Mitt. 1887, J. Linn. Soc. 22: 324.
Caudalejeunea Steph. 1890, Hedwigia 29: 18; Schffn. 1893, Nat. Pflan-
zenf. I, III: 129; Evs. 1907, Bull. Torrey Bot. Cl. 34: 553; Steph. 1912, Spec.
Hepat. V: 9.

BESCHREIBUNG: Steph. 1890 l.c.; Schffn. 1893 l.c.; Evs. 1907
l.c.; Steph. 1912 l.c.

ORIGINALDIAGNOSE VON STEPHANI: Eine kleine Gruppe, welche wegen
ihrer dreikantigen gezähnten Perianthien der Gattung *Thysano-Lejeuna*
sehr nahe steht, sie weicht von ihr ab durch die endständige, nicht innovi-
rende Blüthe, welche von einem auffallend grossen abstehenden Involucrum,
Blätterschopf, umhüllt wird; bereits das sechste Blattpaar sammt Amph.
unterhalb der Blüthe tritt in den involucralen, von den gewöhnlichen Sten-
gelblättern abweichenden Character ein, d.h. die Blätter werden allmählich
länger und spitzer, oft auch gesägt, gezähnt, das sonst ganzrandige Amph.
wird erst ausgerandet und allmählich ausgeschnitten, zweispitzig und gezähnt. Im übrigen gleichen die Pflanzen den *Thysano-Lej.* sehr, auch hin-
sichtlich des Zellbaues; diese Gruppe, welche ich wegen ihres schopfigen,
höchst characteristischen, an Laubmoose erinnernden Involucrums *Cauda-
Lejeunea* nenne, enthält neben unserer 395. *Lej. Lehmanniana* noch *Thysananthus africanus* St. Engl. Bot. Jahrb. VIII, Heft 2, ferner eine von LEI-
BOLD in Cuba gesammelte, sehr schöne Planze: *Cauda-Lej. Leiboldii*. St. ms.,
ferner *Lej. recurvistipula* G., *Lej. harpaphylla* Sp. und die folgende: *Lejeunea
Crescentiae* L. & G. — 396. Mirador 273, Liebmann 6187. — Diese Gruppe,
von der ich den mir z. Zt. einzigen bekannten Repräsentanten zu *Thysananthus* gestellt hatte, während Dr. SPRUCE seine *Lej. harpaphylla* der Gattung
Lopholejeunea anschloss, ist überhaupt erst zu Tage gefördert worden, dass
ich mich weigerte, meine Planze zu *Lopholej.* zu stellen, während Dr. SPRUCE
mich darauf aufmerksam machte, dass sie zu *Thysananthus* nicht wohl ge-

bracht werden könne, wolle man dieses Genus in der von ihm umschriebenen Weise bestehen lassen. Ich erwähne das, um den Antheil, den mein scharfsichtiger Freund an dem Subgenus hat, ihm nicht vorzuenthalten.

VARIABILITÄT: Diese Gruppe erinnert mich stark an *Rhododendron*, wo man bei einer grösseren Anzahl von Formen dieselben Merkmale immer wieder findet, aber in ganz anderer Kombination. Nur ist bei *Rhododendron* über die Geschichte dieser Formen und Hybriden so viel bekannt, dass man die vielen Sippen doch einigermassen analysieren kann. Ob es bei *Caudalejeunea* auch Hybriden gibt, wissen wir selbstverständlich nicht; dass es sich bloss um ein Gemisch von Modifikationen handelt, halte ich für ausgeschlossen. Cf. auch S. 60.

UNTERSCHEIDUNGSMERKMALE: Von *Thysananthus* durch die innovationsfreien, meistens an Seitenästen entstehenden ♀ Infloreszenzen, zwar dreikantige aber doch flachere, in unserem Gebiet mit lateralen Flügeln versehenen Perianthien sofort zu unterscheiden. Von *Lopholejeunea* durch die zugespitzten und gezähnten Lobi, die zweispaltigen, oft gezähnten Amphigastrien, die dreikantigen Perianthien, sowie kaum gefärbte Membranen leicht zu trennen.

BEMERKUNG: **Caudalejeunea longistipula** Steph. gehört zu *Thysananthus*.

Typus: *Caudalej. Lehmanniana* (Gottsche).

VORKOMMEN UND VERBREITUNG: Nach EVANS 1907 l.c. und STEPHANI 1912 gibt es in Süd-Amerika nur eine Art, STEPHANI führt für Afrika 4 Arten und für Asien und Ozeanien 10 Arten an. Dort findet man aber nur vier Arten, welche von Siam bis zu den Marianen, Queensland und Tahiti verbreitet sind. Auf lebenden Blättern und an Rinde.

1. Die Amphigastrien an den Stammspitzen vergrössern sich auffallend und erreichen stets eine Breite von über 1.5 mm. Stämmchen schneckenartig eingerollt . . . . 3. **Caudalej. circinata**
   Amphigastrien kleiner, Stämmchen nicht eingerollt 2
2. Lobi ganzrandig, kurz und kaum zugespitzt . . 2. **Caudalej. Stephanii**
   Lobi mehr oder weniger deutlich gezähnt, zugespitzt. . . . . ·
   1. **Caudalej. reniloba**

1. **Caudalejeunea reniloba** (Gottsche) Steph.

Phragmicoma reniloba Gottsche 1845, Syn. Hepat. p. 301; Sde Lac. 1856,
Syn. Hepat. Javan. p. 57; 1863—64, Ann. Mus. Bot. Lugd. Bat. I: 308.
   Lejeunea recurvistipula Gottsche 1845, Syn. Hepat. p. 326; Sde Lac. 1856,
Syn. Hepat. Jav. p. 62; 1863—64, Ann. Mus. Bot. Lugd. Bat. I: 308.
   Phragmicoma contractilis Mitt. 1871, Fl. vitiensis, p. 412.
   Ptychocoleus renilobus Trevis. 1877, Mem. Ist. Lomb. III, IV: 405.
   ?Thysanolejeunea reniloba Spr. 1884, Hepat. Amaz. et Andin. p. 106.
   Caudalejeunea recurvistipula Steph. 1890, Hedwigia 29: 19, Schffn. 1893,
Nat. Pflanzenf. I, III: 129; 1898, Conspectus p. 296; Steph. 1912, Spec.
Hepat. V: 15; Verd. 1933, de Frull. XII: 82; 1934, de Frull. XIV: 222.
   Thysananthus renilobus Schffn. 1898, Conspectus p. 306.
   Caudalejeunea reniloba Steph. 1912, Spec. Hepat. V: 16; Verd. 1933, de
Frull. XI: 215; 1934, Nova Guinea 18: 3; 1934, de Frullan. XIV: 222.
   Caudalejeunea miokensis Steph. 1912, Spec. Hepat. V: 15; Verd. 1934,
Nova Guinea 18: 2.
   Caudalejeunea serrata Steph. 1912, Spec. Hepat. V: 17; Herz. 1931, Mitt.
Inst. Allg. Bot. Hamb. 7: 199; Verd. 1933, de Frull. XI: 215; 1933, de Frull.
XII: 82.
   Caudalejeunea sumatrana Steph. 1912, Spec. Hepat. V: 18; Verd. 1933, de
Frull. XII: 82.
   ?Odontolejeunea contractilis Steph. 1913, Spec. Hepat. V: 182.
   Caudalejeunea Bakeri Herz. 1931, Ann. Bryol. IV: 90.

BESCHREIBUNG: Gottsche 1845 l.c.; Steph. 1912 l.c.
ABBILDUNG: Herz. 1931, l.c., Fig. 4: *a—g*.
VARIABILITÄT: Ursprünglich habe ich in diesem Formenkreise
mehrere Arten unterschieden (cf. de Frull. XI), das Studium reichli-
cheren Materials, besonders auch der neotropischen *Caudalej. Lehmanniana* und ihres Formenkreises hat mich davon überzeugt, dass
dies nicht richtig ist. Ich habe fast alle Formen gezeichnet, es ist aber
unmöglich, auch nur zwei Merkmale anzugeben, die mit einander verknüpft sind. Gleichgültig ob man in diesem Formenkreise 2 oder 10
Kleinarten unterscheiden will, kann man sie nur durch ein einzelnes
Merkmal höchst künstlich definieren. Die Lobi können symmetrisch
oder asymmetrisch sein mit geradem oder gebogenem postikalen
Rande. Die Lobuli tragen meistens etwa 5 Zähne, wovon der vordere
am grössten und meistens mehrzellig ist; sie sind immer eingerollt,
ein Teil des postikalen Lobusrandes kann gleichfalls eingerollt sein.
Die Amphigastrien sind deutlich zweispaltig. Ränder von Blättern
und Amphigastrien sind meistens gezähnt, der ganze Lobusrand oder

nur der postikale Lobusrand kann gezähnt sein; diese Zähnung kann aber auch mehr oder weniger verschwinden. Die Amphigastrien sind bei mehreren Formen ganzrandig. Sie vergrössern sich bei manchen Formen an den Stammenden, sowohl an sterilen Ästen als an solchen mit ♀ Infl., erheblich. Die ♀ Involucralblätter sind bei den meisten Formen länglich, stark zugespitzt und verschiedenartig gezähnt. Heteroezisch.

UNTERSCHEIDUNGSMERKMALE: In unserem Gebiet vielleicht nur mit einem *Thysananthus* zu verwechseln, davon aber sofort durch Zellen, Lobuluszähne, innovationsfreie ♀ Infl., flachere Perianthien mit lateralen Flügeln zu unterscheiden. Über die beiden Verwandten *Caudalej. circinata* und *Caudalej. Stephanii* ist bei diesen nachzulesen. Über *Caudalej. samoana* St. vergl. de Frull. XIV: 223.

BEMERKUNG: Will man in diesem Formenkreise Kleinarten unterscheiden, so kann man am besten erst *Caudalej. sumatrana* (wozu dann HERZOG's *C. Bakeri* zu stellen wäre) herausnehmen. Diese Sippe wäre dann durch asymmetrische Lobi mit ganzrandigem gerade verlaufenden postikalen Lobusrand und kurze (nicht länglich zugespitzte oder sichelförmige) ♀ Involucralblätter zu „unterscheiden".

VORKOMMEN UND VERBREITUNG: Indomalaya (auch Siam) bis Ozeanien (nicht auf Hawaii), auch in Queensland. Fast immer auf lebenden Blättern, dem Substrat nicht oder nur teilweise flach angepresst, auch auf Rinde von Stämmen und Ästen.

STANDORTE: S i a m (J. Schmidt 1899—1900); A n d a m a n e n: P. Blair (Mann 1894); S u m a t r a : (Kehding); Palembang (Teysmann); S. W. K., Panti, 300 m (Jacobson 1930); J a v a: Banten (Blume, Typus!); G. Salak, 2100 m (van Steenis 1929); Tjiapoesschlucht (Massart 1894); G. Megamendoeng, Tjigoentoer, 1000 m (Verdoorn 1930); idem, Toegoe, 1000 m (Schiffner 1894); Telaga Warna, 1400 m (Schiffner 1894); G. Gede, über Tjibodas, 1500 m (Fleischer 1913); G. Goentoer, 1600 m (Verdoorn 1930); M a l a y i s c h e H a l b i n s e l: Perak (Ridley 1908); Pahang, G. Tembeling (Henderson 1929); P h i l i p p i n e n: Luzon (Baker 1914); Mindanao (Weber 1911); B o r n e o: W. B., Boekit Raja, 1250 m (Winkler 1924); M. O. B. (Endert 1925); B. N. B., Mt. Kinabalu, Tenompok, 5000—7000' (Clemens 1931—32); C e l e b e s: (de Vriese); C e r a m (Weber v. Bosse); N i e d e r l. N e u - G u i n e a: am Mamberamo, 50 m (Docters van Leeuwen 1926); am Doorman Rivier, 350 m (Lam 1930); Prauwenbivak, 100 m (Lam 1920); K a i s e r W i l h e l m s l a n d: am Jagei Fluss (Lauterbach 1896); M i o k o (Micholitz 1893); M a r i a n e n (Mertens; Gaudichaud); A u s t r a l i e n: Queensland (Bailey 1889); N e u K a l e d on i e n (Deplanche; Le Rat); F e r g u s o n I s l. (Herb. Steph., Micholitz leg.?); T a h i t i (Setchell and Parks 1922); ADMIRALTY ISLANDS (Masely 1875); S a m o a (Powell).

2. **Caudalejeunea Stephanii** (Spr.) Steph.

Caudalejeunea Stephanii (Spr. msc.) Steph. 1907, Denkschr. Ak. Wiss. Wien 81: 296; Steph. 1912, Spec. Hepat. V: 17; Verd. 1933, de Frull. XI: 216; 1933, de Frull. XII: 82; 1934, Nova Guinea 18: 3.
   Caudalejeunea Lessonii Steph. 1895, Hedwigia 34: 233; 1912, Spec. Hepat. V: 14.

BESCHREIBUNG: Steph. 1912 l.c.

UNTERSCHEIDUNGSMERKMALE: Charakterisiert durch mehr oder weniger oder völlig ganzrandige, schräg nach vorn gerichtete, stumpfe Lobi, kurze am postikalen Rande kaum gezähnte Lobi inv. ♀. Das Originalmaterial ist monoezisch. Durch Übergänge mit *Caudalej. reniloba* verbunden, manchmal aber deutlich zu unterscheiden.

VORKOMMEN UND VERBREITUNG: Sumatra, Java, Philippinen, Neu-Guinea. Wahrscheinlich immer in der Ebene und an Rinde.

STANDORTE: S u m a t r a: S. O. K., Sei Poetih bei Galang, 60 m (Arens 1928); J a v a: Buitenzorg, im Garten, 250 m (Schiffner 1894); bei Krawang, 400 m (Fleischer 1898); P h i l i p p i n e n: Dapitan (Micholitz 1884—1885, Typus!); N e u - G u i n e a: (Lesson).

3. **Caudalejeunea circinata** Steph.

Caudalejeunea circinata Steph. 1912, Spec. Hepat. V: 13; Verd. 1933, de Frull. XI: 215.
   Ptychanthus plagiochiloides Herz. 1931, Mitt. Inst. Allg. Bot. Hamb. VII: 197.
   Cyclolejeunea acrotoca Herz. 1931, Mitt. Inst. Allg. Bot. Hamb. VII: 201.

BESCHREIBUNG: Steph. 1912 l.c., Herz. 1931 l.c. pag. 201 (nec p. 197).

UNTERSCHEIDUNGSMERKMALE: In typischer Gestalt leicht von *Caudalej. reniloba* zu unterscheiden durch die schneckenartig eingerollten Stämmchen; durch Lobi, welche fast doppelt so lang als breit, symmetrisch und nur im oberen Teil gezähnt sind; durch die Amphigastrien, welche sich an fast allen Stammenden auffallend vergrössern und eine Breite von 2.7 mm erreichen können!

BEMERKUNG: Über die interessanten Brutkörper vergl. HERZOG l.c. S. 201.

Ptychanthus plagiochiloides Herz. ist eine von den Formen, von denen man eigentlich nicht sagen kann, ob sie zu *C. circinata* oder zu *C. reniloba* gehören. Die ziemlich grossen Amphigastrien, verlängerte symmetrische Lobi, die lockeren mehr isodiametrischen Zellen deuten aber auf *C. circinata*.

VORKOMMEN UND VERBREITUNG: Indomalaya, Ozeanien. Besonders an Rinde. Ebene und Gebirge.

STANDORTE: J a v a: G. Megamendoeng, Toegoe, 1300 m (Schiffner 1894) B o r n e o: Sambas (Micholitz, Typus!); West B., Djotta, 100 m. (Winkler 1924); Br. N. B., Mt. Kinabalu, Tenompok, 5000—7000′ (Clemens 1931—32); C e r a m: (de Vriese); N e u - K a l e d o n i e n: Poindimié (Le Rat 1910).

IV. **Dicranolejeunea** Spruce

Jungermania p.p. Nees 1833, Flora brasil. I: 348.
Lejeunea p.p. Mont. et Nees 1836, Ann. Sc. Nat. II, V: 59.
Phragmicoma p.p. Syn. Hepat. 1847, S. 745.
Symbyezidium p.p. Trevis. 1877, Mem. Ist. Lomb. III, IV: 403.
Ptychocoleus p.p. Trevis. 1877, Mem. Inst. Lomb. III, IV: 405.
Lejeunea subg. *Dicranolejeunea* Spr. 1884, Hepat. Amaz. et Andin. p. 138.
Dicranolejeunea Spr. 1884, Hepat. Amaz. et Andin. p. 139; Schffn. 1893,
Nat. Pflanzenf. I, III: 128; Steph. 1912, Spec. Hepat. V: 156.

Beschreibung: Spr. 1884 l.c.; Schffn. 1893 l.c.; Steph. 1912 l.c.

Originaldiagnose von Spruce: Caules e caudice prostrato tenui ramoso,
cito dissoluto, ascendentes pendulive caespitosi elatiusculi (1—4-pollicares)
graciles flexuosi, fere arhizi, pinnati, pinnis alternis distantibus — hinc saepe
pro parte deficientibus — superioribus iteratim dichotomis, flore ♀ in furcis.
Folia majuscula (.75—1.6 mm) parum imbricata decurva, siccando involuta,
semicordato-ovata, subtriangularia, acuta, apice argute paucidentata-serra-
tave, raro integerrima, ad plicam decurrentia; lobulus (= $^1/_5$—$^1/_2$ folii) inflatus, margine saepius unidenticulatus, apice v. dentiformi v. confluente;
cellulae mediocres parvulaeve pachydermes pellucidae, utriculo pro more
collapso. Foliola foliis subduplo breviora — in unica sp. fere aequimagna —
oblonga, rotunda, reniformiave, decurrentia integerrima, radicellas fasciatas
apice subdivergentes (nec in orbem radiantes) perraro proferentia. Flores
monoici (paroici)-interdum dioici(?): ♀ dichotomiales. Bracteae foliis raro lon-
giores, lanceolatae acutae spinulosae ciliataeve, minutissime (vel non) lobula-
tae, in unica sp. lobulo magis distincto, carina alata; bracteola latior, longius
ciliata, apice integra v. emarginato-truncata. Perianthia emersa obcordata
compressa brevirostria, margine alata ciliataque, postice late obtuse unicari-
nata, vel rarissime carinis 2 subspinosis percursa. (Perianthium revera in dorso
primitus bicarinatum est, carinis obtusis basi haud longe dissitis, superne con-
niventibus, apiceque confluente 1— (raro pluri —) spinis inermibusve, fructu
autem maturato, obsoletis, indeque perianthium dorso alte convexum ecari-
natum videtur. Calyptra perianthio fere duplo brevior pyriformis, tenuis
rufula, ultra medium in valvulas 3 regulares, tertia paulo latiore fissa. Capsula globosa tenuis pellucida, ultra $^1/_2$ quadrivalvis, cellulis bistratis, externis
magnis quadrato-hexagonis, internis intus nodosis saepe ex parte dissolutis.

Elateres pauci subapicales, cujusque valvulae sub 6 (utrinque 3), e cellulis valvularum marginalibus, caeteris duplo minoribus quadratis, orti, praelongi, capsula haud multo breviores, unispires, apice lato truncati. Androecia hypogyna; bracteae foliis rami fertilis parum mutatis constantes, monandrae. Cum *Odonto-Lejeunea* convenit perianthiis obcordatis, ala ciliata spinosave marginatis, et foliis dentatis; certe tamen distat caulibus a matrice liberis caespitosis; foliis decurvis in sicco involutis solum apicem versus (nec toto fere margine) dentato-serratis, lobulo turgidiore; foliolis semper integerrimis, radicellis (perraris) penicillatis, nec in discum expansis; florescentia paroica; floribus ♀ constanter dichotomialibus; bracteis ♂ foliis conformes monandris (nec multo minoribus diandris, ac in *Odonto-Lejeunea*).

UNTERSCHEIDUNGSMERKMALE: Gekennzeichnet durch im oberen Lobusteil fein gezähnte Blätter, terminal gestellte ♀ Infl. mit einseitigen oder beiderseitigen Innovationen, flache Perianthien mit zwei grossen gezähnten lateralen Kielen und 2 niedrigen nicht immer entwickelten ventralen Kielen, Androezien, welche an kurzen sich nach dem *Radula*-Typus entwickelnden Ästen stehen, grosszellige Rinde von Stamm und Ästen. Die Gattung wäre vielleicht mit *Caudalejeunea* und *Lopholejeunea* zu verwechseln, welche sofort durch die prinzipiell abweichende Stellung der ♀ Infl. (ohne Innovationen und meistens an Seitenästen) zu unterscheiden sind. Dazu hat *Lopholejeunea* nie gezähnte Lobi und *Caudalejeunea* Lobi, welche nicht nur im obersten Teil gezähnt sind. Nahe verwandt ist *Dicranolejeunea* noch mit *Odontolejeunea*, welche besser nicht mehr zu den Holostipae zu stellen ist und in Asien auch nicht vorkommt. Vergl. EVANS 1904, Bull. Torrey Bot. Cl. 31: 183 seqq.

BEMERKUNGEN: **Dicranolejeunea japonica** Steph. gehört zu den Schizostipae; **Dicranolejeunea Didericiana** Steph. zu *Lopholejeunea*. Typus: *Dicranolej. axillaris* (Mt.) Spr.

VORKOMMEN UND VERBREITUNG: Im tropischen Amerika und Afrika angeblich durch mehrere Arten vertreten. **Dicranolejeunea africana** Steph. von Mauritius gehört zu *Caudalejeunea*.

In unserem Gebiet nur durch eine Art vertreten:

1. **Dicranolejeunea javanica** Steph.

Dicranolejeunea javanica Steph. 1912, Spec. Hepat. V: 169; Verd. 1933, de Frull. XI: 216.
    Cyclolejeunea Fleischeri Steph. 1913, Spec. Hepat. V: 184.

BESCHREIBUNG: Steph. 1912, l.c.

VARIABILITÄT: Diese Art wächst anscheinend niemals unter extremen Umständen, sie tritt wenigstens immer in ungefähr derselben Mofikation auf. Meistens ist sie bis 5 cm lang, man beobachtet jedoch auch reichlich fruchtende, bis 8 cm lange Exemplare. Die Lobi tragen in ihrem oberen Teil 2—4(—7) feine, gleichmässig entwickelte Zähnchen, es kann aber auch nur ein oder gar kein Zahn entwickelt sein. Die Lobuli zeigen meistens zwei kurze Zähnchen, von denen eines oder beide fehlen können. An der Basis der Lobusspitze kann sich ein tiefer Sinus entwickeln. Die lateralen Flügel sind verschiedenartig entwickelt, bei stark skiophilen Formen können sie entweder ganzrandig oder fast cilienartig gestachelt sein. Bei exponierten Formen sind die Zähne kurz, an der Basis aber mehrere Zellen breit. Eine in West-Java nicht seltene Form hat ungefähr ganzrandige Lobi, sehr schmale Amphigastrien und eingerollte Ränder an Lobi und Amphigastrien. Verzweigung nach dem *Radula*- oder nach dem *Frullania*-Typus. Anscheinend immer monoezisch.

UNTERSCHEIDUNGSMERKMALE: Auf Java kaum mit einer anderen Art zu verwechseln und durch die grosszellige Stammrinde und die fein gezähnten Lobusspitzen sofort zu erkennen. Die einzige asiatische Verwandte, *Dicranolej. sikkimensis* Steph. aus Sikkim hat grössere, eingerollte Lobuli, am Stamm herablaufende Amphigastrien, einen deutlichen Lobulus im ♀ Involucrum (bei *Dicranolej. javanica* ist der Lobulus invol. ♀ sehr klein), mit vielen zilienartigen Zähnen versehene laterale Perianthkiele, deutlich entwickelte ventrale Kiele und einen dioezischen Blütenstand. Von *Dicranolej. gilva* Gottsche konnte ich nur ein Fragment aus Darjeeling (leg. WICHURA) untersuchen. Es handelt sich um eine Kümmerform, welche zu *D. javanica, D. sikkimensis* oder einer anderen Art gehören kann.

VORKOMMEN UND VERBREITUNG: Nur aus West-Java bekannt, an Steinen, Felsen, Rinde von Stämmen und Ästen; sehr selten zwischen Gräsern usw. auf blosser Erde. 600—1700 m.

STANDORTE: J a v a: G. Salak (Nyman, Typus !); Tjiapoesschlucht, 600—800 m (Schiffner 1894); G. Megamendoeng, Tjigoentoer, 900—1100 m (Verdoorn 1930); idem, über Toegoe, 1300 m (Schiffner 1894); G. Gede, G. Mandalawangi, bei Tjisaroea, 1200 m (Verdoorn 1930); Telaga Warna, 1400 m (Verdoorn 1930); G. Gede, Artja, 1000 m (Schiffner 1894); im Berggarten Tjibodas, 1420 m (Schiffner 1894); bei den Tjibeureumfällen, 1400 m (Verdoorn 1930); über Perbawati, 1700 m (Verdoorn 1930); Selabintana, 1500 m (Fleischer 1910); Daradjat bei Garoet, 1700 m (Schiffner 1894); G. Goentoer K. Kamodjan, 1500—1700 m (Verdoorn 1930); G. Papandajan, 1600 m (Schiffner 1894); G. Telaga Bodas, 1800 m (Schiffner 1894).

Exsicc.: Hep. Sel. et Critic. no. 234—238.

V. **Leucolejeunea** Evans

Jungermania p.p. Schwein. 1821, Spec. Fl. Am. Sept. Crypt. p. 12; 1833, Lehm. und Lindenb., Pugillus V: 8.

Lejeunea p.p. Syn. Hepat. 1845, pp. 330—331; Sull. 1848, in Gray's Manual, Ed. I, p. 685.

Archilejeunea p.p. Spruce 1884, Hep. Amaz. et Andin. p. 91; Schffn. 1895 p.p., Nat. Pflanzenf. I, III: 130.

Leucolejeunea Evs 1907, Torreya VII: 225; 1908, Bull. Torrey Bot. Club 38: 171; Steph. 1911, Spec. Hepat. IV: 736; Horikawa 1933, J. Fac. Sc. Hiroshima Univ. B, II; I: 199.

BESCHREIBUNGEN: Evs. 1907 l.c. (cf. infra); Steph. 1911 l.c.

ORIGINALDIAGNOSE VON EVANS: Plants medium-sized to robust, pale-green or glaucous, neither glossy nor pigmented but sometimes becoming brownish with age or upon drying: stems prostrate, copiously and irregularly branched, the branches prostrate or slightly separating from the substratum, similar to the stem: leaves loosely to densely imbricated, the lobe widely spreading but scarcely falcate, ovate-oblong to subrotund, more or less convex and often revolute at the rounded to very obtuse apex and along the postical side, margin entire or subdenticulate from projecting cells; lobule inflated throughout, the free margin more or less strongly involute to or beyond the apex, the opening into the water-sac being largely formed by the sinus, apical tooth varying from blunt to long-acuminate, hyaline papilla marginal, borne at the distal base of the apical tooth and more or less displaced from the terminal cell; leaf-cells plane or convex, thin-walled or with the free outer walls a little thickened, trigones small, mostly triangular with concave sides, intermediate thickenings occasional or rare; ocelli none: underleaves distant to imbricated, orbicular to reniform, entire, broad and undivided at the rounded apex, abruptly narrowed to subcordate at the base: inflorescence mostly autoicous: ♀ inflorescence sometimes borne on a short branch, sometimes on a leading branch, innovating on one side or occasionally on both, the innovations mostly short and sterile but sometimes again floriferous; bracts similar to the leaves, unequally bifid and complicate, the keel mostly rounded but sometimes narrowly winged; bracteole free, rounded to slightly retuse at the apex, obovate; perianth obovoid, scarcely compressed, rounded to the subretuse at the apex with a distinct beak, five-keeled, antical keel low and sometimes indistinct, lateral keels sharp, postical keels rounded to sharp, keels smooth or minutely and irregularly crenulate or denticulate from projecting cells, rarely obscurely winged: ♂ inflorescence occupying a short branch; bracts mostly two to six pairs, imbricated, strongly inflated, slightly and subequally bifid with rounded lobes and a strong arched keel, diandrous; bracteoles similar to the underleaves but smaller, limited to the base of the spike. (Name from λευκὸς, white, and *Lejeunea*, in allusion to the pale color of the plants.)

In distinguishing *Archilejeunea* and *Leucolejeunea* from each other the most important of the differential characters are those derived from the vegetative organs and the antheridial spikes. The species of *Archilejeunea*, for example, show a marked distinction between a creeping caudex and secondary stems, whereas in *Leucolejeunea* no such distinction is apparent.

In *Archilejeunea* the plants are more or less pigmented, the hyaline papilla of the lobule is borne at the proximal base of the apical tooth, the trigones of the leaf-cells are large and conspicuous, the intermediate thickenings are scattered throughout the lobe, and the pits are narrow. In *Leucolejeunea*, on the contrary, there is no pigmentation, the hyaline papilla is borne at the distal base of the apical tooth, the trigones are small, the intermediate thickenings are few and far between (except sometimes at the base of the lobe), and the pits are wide. The antheridial spikes in *Archilejeunea* are terminal or intercalary on leading branches and the bracteoles are borne throughout their entire length, while in *Leucolejeunea* the spikes occupy short branches and the bracteoles are limited to the base. In both genera the leaves are rounded to very obtuse at the apex, the underleaves are undivided, the female branch bears one or two subfloral innovations, and the perianth is five-keeled.

It is probable that *Leucolejeunea*, in spite of its undivided underleaves, bears a certain relationship to the genera *Cheilolejeunea* and *Pycnolejeunea* of the Lejeuneae Schizostipae. In some cases it resembles them so strongly in habit and general appearance that it is difficult to distinguish it from them in the field. It differs from *Cheilolej.* in its five-keeled perianth and in the structure of the lobule, the hyaline papilla although distal being displaced into the sinus. In *Pycnolejeunea* the papilla is proximal in position.

VARIABILITÄT: Vergl. S. 71.

UNTERSCHEIDUNGSMERKMALE: Unter den Holostipae ist *Leucolejeunea* nur mit *Archilejeunea* verwandt, unterscheidet sich aber leicht durch die Androezien, welche sich an kurzen Seitenästen entwickeln und nur im unteren Teil Amphigastrien tragen. Andere, weniger wesentliche Unterscheidungsmerkmale sind am Ende der Originaldiagnose angegeben. Als typisches Merkmal wären vielleicht auch die auffallend grossen Oelkörper anzusehen, darüber ist aber noch nichts Näheres bekannt (cf. z.B. Fig. 11 auf Tafel XI in HORIKAWA's Studies VI—1932, wo *Leucolejeunea japonica* abgebildet ist).

Man braucht dazu frisches Material, das übrigens auch für Untersuchungen über die Stellung der Papilla Lobuli sehr wertvoll ist. Zweifellos sind mehrere *Leucolejeuneen* auffallend verwandt mit *Pycnolejeunea-* und *Euosmolejeunea*-Arten. So lange eine Revision der asiatischen *Schizostipae* noch aussteht, möchte ich darüber lieber nichts sagen. Nur wäre vielleicht noch zu betonen, dass die Einteilung der *Lejeuneaceae* in *Schizostipae* und *Holostipae* usw. nie so verstanden werden darf, als ob unter den *Schizostipae* keine Lejeuneen mit nicht eingeschnittenen Amphigastrien und unter den *Holostipae* keine mit eingeschnittenen Amphigastrien auftreten dürfen. Die *Holostipae* und *Schizostipae* sind zwei Gruppen, welche jeweils eine Anzahl verwandter Gattungen enthalten. Es wäre aber ein ganz falscher und anachronistischer Gedankengang, die beiden Gruppen nur nach der Form der Amphigastrien zu definieren.

BEMERKUNG: Ich besitze von Borneo, der malayischen Halbinsel, Java etc. eine ganz Anzahl Pflanzen, deren Stellung erst nach einer Revision der *Schizostipae* und einer näheren Definition der Unterschiede zwischen *Leucolej.*, *Pycnolej.* und *Euosmolej.* klar sein wird.

Mit Sicherheit konnte ich jedoch (vergl. Ann. Bryol. VI: 92) eine kleine *Leucolejeunea*-Art für Neu-Guinea nachweisen. Das Material war aber für eine genaue Beschreibung zu dürftig. Es handelte sich jedoch um eine Verwandte der kleinen amerikanischen Arten, über welche wir durch EVANS' genaue Arbeiten gut unterrichtet sind. In denselben Formenkreis gehört eine *Leucolejeunea*, welche HORIKAWA vor kurzem als *Archilejeunea japonica* Horik. 1932, J. Sc. Hirosh. Univ. B, II, I: 84 beschrieb. Ganz neuerdings wurde noch eine *Leucolej. planifolia* Horik. 1933, J. Sc. Hirosh. Univ. B, II, I: 199 beschrieben, welche der Abbildung nach nicht hierher gehören kann.

Typus: *Leucolej. xanthocarpa* (Lehm. und Lindenb.) Evs.

VORKOMMEN UND VERBREITUNG: Im tropischen und subtropischen Amerika durch mehrere Arten vertreten. Weiter sind einzelne Arten bekannt geworden von Zentral-Afrika, Süd-Afrika, Madagaskar, Indomalaya (auch Neu-Guinea), Himalaya, China und Japan. Die Gattung fehlt in Australien und Ozeanien.

Die afrikanischen und asiatischen Arten stehen den neotropischen Arten nahe oder sind damit identisch. — An Rinde (Stämme, Äste), seltener auf Steinen, meistens spärlich.

In unserem Gebiet nur eine Art:

1. **Leucolejeunea xanthocarpa** (Lehm. und Lindenb.) Evs.

Jungermania xanthocarpa Lehm. und Lindenb. 1833, Pugillus V: 8.
Lejeunea xanthocarpa Lehm. und Lindenb. 1845, Syn. Hepat. p. 330; Sde
Lac. 1856, Syn. Hepat. Jav. p. 62; Gottsche 1867, Mex. Leverm. p. 289;
Husn. 1875, Rev. Bryol. XI: 4.
?Phragmicoma xanthocarpa Underw. 1884, Bull. Ill. State Lab. II: 74.
Lejeunea (Archilejeunea) xanthocarpa Pears. 1887, Krist. Vid. Selsk. For-
handl. IX: 4; Steph. 1890, Hedwigia 29: 20.
Archilejeunea xanthocarpa Schffn. 1898, Conspectus S. 316; Evs 1902,
Mem. Torrey Bot. Club VIII: 117, 127.
Leucolejeunea xanthocarpa Evans 1907, Torreya VII: 229; 1908, Bull. Tor-
rey Bot. Cl. 35: 172; 1911, Bull. Torrey Bot. Club 38: 220; Steph. 1911, Spec.
Hepat. IV: 739; Reimers 1931, Hedwigia 71: 39; Verd. 1933, de Frull. XI:
216; 1933, de Frull. XII: 77.

BESCHREIBUNG: Lehm. und Lindenb. 1832 l.c., Evans 1907 l.c.,
Steph. 1911 l.c.

ABBILDUNGEN: Pears. 1887 l.c., Tab. I: 14—24; Evs 1908, Bull.
Torrey Bot. Cl. Vol. 35, Taf. 7: 12—23.

VARIABILITÄT: Obwohl diese Art sowohl in der Palaeotropis, als
auch in den Neotropis weit verbreitet ist, ist sie doch wenig variabel. Der Lobusrand kann etwas mehr oder etwas weniger eingerollt
sein, die Lobusspitze kann schlecht entwickelt sein, die Grösse der
Amphigastrien kann etwas schwanken, die Perianthkiele können
mehr oder weniger hervortreten — im grossen und ganzen macht
unsere Art aber einen starren Eindruck. Übergänge zu anderen Arten kommen nicht vor, in Nord-Amerika könnte man bei oberflächlicher Untersuchung vielleicht extreme Formen von *Leucolej. un-
ciloba* (Lindenb.) (= *Archilej. Sellowiana* Steph.) mit ihr verwechseln. *Leucolej. xanthocarpa* selbst bildet an exponierten Standorten
nie eine colorata modif., sondern die äusseren Zellwände wölben
sich mamillenartig empor. Im unserem Gebiet findet man selten
Formen mit flachen Lobi, diese sind mit Vorsicht von *Leucolej. turgida* (Mitt.) zu trennen.

UNTERSCHEIDUNGSMERKMALE: Verwandte Arten fehlen in der engeren Indomalaya völlig. Im Himalaya (Sikkim, Khasia) und in Siam
wächst aber eine verwandte Art *Leucolejeunea turgida* (Mitt. 1861,
Hep. Ind. Or. p. 110 als *Lejeunea*) Verd., welche STEPHANI (Spec.
Hepat. IV: 733) irrtümlich zu *Archilejeunea* stellte. Identisch damit

sind *Archilej. Hossei* Steph. und *Archilej. sikkimensis* Steph. Sie unterscheidet sich von der auch in Kontinentalasien vertretenen *Leucolej. xanthocarpa* durch konstant flache Blätter (Lobulus „geht nicht im Lobusrand über"), welche im Verhältnis länger und im oberen Teil etwas zurückgebogen sind. Die Amphigastrien sind mehr kreisförmig mit ventrad eingekrümmten Rändern. Auch die Zellen weichen durch sehr grosse dreieckige Verdickungen und runde Lumina ab. Perianthien länglicher, mehr aus den Hüllblättern hervorragend, mit breiten, glatten Kielen.

BEMERKUNG: Besonders in Borneo gibt es *Schizostipae* (*Pycnolejeunea* und *Euosmolejeunea*), welche bei oberflächlicher Untersuchung leicht mit *Leucolej. xanthocarpa* zu verwechseln sind.

VORKOMMEN UND VERBREITUNG: An Stämmen und Ästen, seltener an Felsen und Steinen, meistens spärlich. Nach EVANS 1907, l.c. S. 229 in Amerika aus Mexico und West-Indien bis Peru und Brasilien (loc. typ!) verbreitet, auch in Florida gefunden. In Afrika von den hohen Gebirgen in Zentral-Afrika bis Süd-Afrika verbreitet. Auch auf Madagaskar gefunden. In Asien: Indomalaya, China, Japan. Fehlt in Ozeanien und Australien. — Fig. 27.

ASIATISCHE STANDORTE: J a p a n, Taitum (Faurie 1903); C h i n a : K w a n t u n g, Lofaushan (Merrill 1917); Kwangsi, Yaoshan (Sin und Whang 1928); C e y l o n (nach REIMERS l. c. p. 39; haud vidi); J a v a : (Junghuhn, Teysmann); G. Gede, im Berggarten Tjibodas, 1420 m (Schiffner 1894; Docters van Leeuwen 1929; Verdoorn 1930); G. Telaga Bodas, 1500 m (Schiffner 1894); G. Malabar, 2000 m (Verdoorn 1930); G. Lawoe, 1750 m (Verdoorn 1930); K a r i m a t a : G. Djoeng djoeng doelang (Teysmann 1875); B. N. B o r n e o: Mt. Kinabalu, Tenompok, 5000′ (Clemens 1931—1932); C e l e b e s: Minahasa, Poso, Poena (Steup 1931).

EXSICCAT: Hep. Sel. et Crit. 239.

VI. **Lopholejeunea** Spr.

Jungermania p.p. R., Bl., N. 1824, Nova Acta XII: 210; Nees 1830, Hepat. Javan. p. 36; etc.

Phragmicoma p.p. Nees 1838, Naturg. Eur. Leberm. III: 248; etc.

Lejeunea p.p. Nees; Lindenberg; etc. in Syn. Hepat. 1845, pag. 314 etc.; Tayl. 1846, Lond. J. of Bot. V: 391; etc.

Symbyezidium p.p. Trevis. 1877, Mem. Ist. Lomb. III, IV: 403.

Lejeunea subg. *Lopholejeunea* Spr. 1884, Hepat. Amaz. et Andin. p. 119.

Lopholejeunea Spr. 1884, Hepat. Amaz. et Andin. p. 120; Schffn. 1893, Nat. Pflanzenf. I, III: 129; Evans 1907, Bull. Torrey Bot. Cl. 34: 21; Steph. 1912, Spec. Hepat. V: 60.

BESCHREIBUNG: Spruce 1884 l.c., Schffn. 1893 l.c.; Evans 1907 l.c.; Steph. 1912 l.c.

ORIGINALDIAGNOSE VON SPRUCE: Mediocris, rufescens, raro virescens, siccando saepe fuscidula, in plagas densas saepe latas effusa, raro stratificata, in arborum cortice, ramulisque, nec raro aliis hepaticis muscisque irrepentes. Caules 1—2-pollicares pinnatim ramosi; rami inaequilongi saepe assurgentes, alii apice indiviso floriferi. Folia 0.5—1.0 mm longa imbricata, subdistiche patula, apice solo decurva plus minus oblonga raro subrotunda, interdum subfalcata, pro more rotundata raro subacuta, semper integerrima; lobulus mediocris, in una eademque specie major et minor, inflato-saccatus (rarius subplanus) apice v. acuto incurvo v. saepe lato obtuso in lobum sensim transiens; cellulae parvulae-in unica specie fere magnae-paulo incrassatae, subplanae. Foliola pro more magna, raro tamen folia aequantia, reniformi-rotunda, planiuscula. Flores monoici rarius dioici: ♀ in ramo brevi longioreve terminales, sine ulla innovatione. Bracteae foliis caulinis majores serrulatae, raro laciniatae lobulo parvo, interdum subnullo; bracteola magna saepius orbiculata patelliformis apice lata integra. Perianthia plerumque emersa pyriformis turbinatave sat compressa, 4-carinata, carinis omnibus saepissime late alatis, alis profunde laciniatocristatis. Androecia longispica, ramum totum v. ejus apicem solum tenentia.

Platylejeunea, quoad species minores, *Lopholejeunea* sat similis, differt habitu serpentino; caulibus pro more elongatis paucirameis; foliolis decurrentibus; floribus ♀ minutis, ramulo brevissimo laterali constantibus, semper tamen innovatione parva suffultis; bracteis minutis fere aequaliter bilobis;

perianthio parvo magis compresso, aliarum imo complanato — margine plus
minus laciniato-ciliato, faciebus (postica praecipue) apicem versus pro more
carinulatis cristilatisque.

VARIABILITÄT: Die Grösse aller Teile kann bei den *Subfuscae* und
Eulophae stark schwanken; dazu kommt noch, dass die Grösse und
Form der Amphigastrien nicht nur absolut, sondern auch im Verhältnis zu den Blättern stark variiert. Zwei so grundverschiedene
Arten, wie *L. eulopha* und *L. subfusca* können (in West-Java) in
ihren extremen Formen einander so nahe kommen, dass sie in sterilem
Zustand nur mit Vorsicht voneinander zu trennen sind. Die Lobi
sind meistens ziemlich konstant, nur bei den *Apiculatae* können sie
ausser in den für diese Gruppe charakteristischen, zugespitzten Form
auch stumpf sein, dies trifft aber immer nur für Teile einer bestimmten Pflanze zu. Die Lobuli sind auch recht konstant, jede Art kann
selbstverständlich Modifikationen mit flachen oder mehr oder weniger
aufgeblasenen Lobuli bilden. Die Amphigastrien variieren sehr in
Grösse und im Verhältniss zwischen Breite und Länge. Die Anwesenheit oder das Fehlen von Lobuli in den ♀ Infl. ist für manche Arten
charakteristisch; bei anderen Sippen kann dieses Merkmal auffallend
schwanken. Dasselbe trifft für die Zähnung sämtlicher ♀ Involucralblätter und Perianthkiele zu. Bei den *Subfuscae* muss man diese
Merkmale mit grösster Vorsicht benutzen, bei anderen Sippen ist
die Randzähnung der ♀ Involucralblätter und die Bewaffnung des
Perianths ungemein charakteristisch. Meistens monoezisch,
manchmal heteroezisch; bei mehreren asiatischen Arten auch rein
dioezisch.

UNTERSCHEIDUNGSMERKMALE: Gekennzeichnet durch die bei den
meisten Formen stark verdickten und typisch gefärbten Zellwände;
durch die mit einem kleinen, meistens eingebogenen Zähnchen versehenen Lobuli; besonders aber durch die terminal an kurzen oder
längeren Ästen stehenden, innovationslosen ♀ Infloreszenzen. Perianthium völlig flach mit 4 scharfen, je mit ein oder zwei gezähnten
Flügeln versehenen Kielen. In Einzelfällen ist auch noch ein dorsaler
Kiel entwickelt.

Von *Caudalejeunea* durch die Zellen, die ganzrandigen Lobi und
Amphigastrien, die kaum gezähnten (ein Zahn) Lobuli und flachen
Perianthien leicht zu unterscheiden. Sonst könnte man *Lopholej.*
nur noch mit *Archilejeunea, Mastigolejeunea, Dicranolejeunea* und

Symbyezidium verwechseln. Alle diese Arten besitzen terminal am Stamm oder an den Hauptästen stehende,deutliche Innovationen tragende, ♀ Infloreszenzen. *Archilejeunea* hat andere Zellen, deutlicher gezähnte Lobuli und ein mehr oder weniger glattes Perianth ohne gezähnte Flügel. *Mastigolejeunea* hat meistens ein oder mehrere scharfe Zähne an den Lobuli und glatte, scharf dreikielige Perianthien. Die Perianthien von *Dicranolej.* und *Symbyezidium* könnte man mit denen von *Lopholej.* verwechseln. Ausser durch die Innovationen ist *Dicranolej.* durch die länglichen, allmählich zugespitzten und an der Spitze mit einigen feinen Zähnchen versehenen Lobuli sowie durch weniger flache, mehr dreikielige, nicht so kräftig bewehrte Perianthien zu unterscheiden. *Symbyezidium*, das in der engeren Indomalaya fehlt, entwickelt seine ♀ Infl. an verkürzten Seitenästen mit einer einseitigen, kleinblättrigen Innovation. Das Perianthium ist umgekehrt herzförmig ohne ventrale Kiele und dergl. Das Studium der verwandtschaftlichen Beziehungen zwischen *Lopholejeunea* und *Ceratolejeunea* und besonders auch *Hygrolejeunea* dürfte später zu sehr interessanten Ergebnissen führen.

BEMERKUNGEN: Es gibt eine Anzahl von Arten, welche oberflächlich den Eindruck von ganz typischen Lopholejeuneen erwecken. Es sind:

Hygrolejeunea latistipula Schffn. 1890, Forschungsreise Gazelle IV: 31 (Taf. VI: 26—28), die SCHIFFNER 1893 (Nova Acta 60: 229) und 1898 (Conspectus p. 292) zu *Lopholejeunea* stellt. STEPHANI 1914, der anscheinend ♀ Infl. gesehen hat, stellt sie wieder zu *Hygrolejeunea* [1]).

Archilejeunea Kaernbachii Steph. 1910, Denkschr. Ak. Wiss. Wien 85: 195.

Brachiolejeunea papilionacea Steph. 1895, Hedwigia 34: 64.

Lopholejeunea inermis Steph. 1912, Spec. Hepat. V: 92; Verd. 1934, Nova Guinea 18 : 4.

Lopholejeunea papiliostipula Steph. in sched. et in ic. ined.

Lopholejeunea densiloba Horik. 1929, Proc. Toh. Imp. Univ. IV, IV : 421 (fig. 13).

Diese Arten, mit Ausnahme von *Lopholej. inermis* St. (wovon ich die ♀ Infl. erst neuerdings erhielt) sind mir nur steril bekannt; die

---

[1]) Die var. *minor* Schffn. ist wohl eine häufige *Lopholejeunea* Form, wahrscheinlich *L. eulopha.*

beiden letzten kenne ich nur nach Abbildungen, so dass ich mich hierin sehr gut irren kann. Ich bin davon überzeugt, dass die meisten dieser Arten nichts mit den *Holostipae* zu tun haben, ohne dass ich dies für alle beweisen kann. Ich kenne die *Schizostipae* nicht so gut, als dass es mir möglich wäre, ihre richtige Stellung mit Sicherheit anzugeben, das ist für uns auch nicht von grosser Bedeutung. In wieweit diese 5 Arten miteinander verwandt sind, ist auch besser später durch *Schizostipae*-Kenner zu entscheiden.

Weiter gehören zu anderen Gattungen: **Lopholej. caledonica** Steph. in sched. (= *Archilejeunea*); **Lopholej. infuscata** (Mitt.) Steph. (= *Trocholejeunea*); **Lopholej. kiushiana** Horik. (= *Archilejeunea*); **Lopholej. Robinsonii** Steph. pl. in sched. et in ic. ined. (= *Mastigolejeunea*).

Leider konnte ich die folgenden Arten nicht untersuchen: *Lopholejeunea ? renistipula* (Mitt.) Steph. (*Phragmicoma renistipula* Mitt. 1871, Fl. vitiensis p. 412) und *Lopholejeunea dentistipula* Schffn. 1898, Conspectus p. 291 (*L. Sagraeana* var. *dentistipula* Schffn., Gazelle Exp. IV: 27).

Über *Lopholejeunea oceanica* Steph. findet man das Nötige in de Frull. XIV: 228.

Sonst konnte ich alle bisher aus Asien, Australien, Neu Seeland und Ozeanien angeführten Lopholejeuneen berücksichtigen. Die afrikanischen und neotropischen Arten kenne ich leider kaum.

Typus: *Lopholej. Sagraeana* (Mt.) Schffn.

Vorkommen und Verbreitung: In Amerika von Florida bis Chile und in Afrika (nicht in Südafrika) durch eine ganze Anzahl von Arten vertreten, von denen wahrscheinlich ein oder zwei auch in unserem Gebiet vorkommen. In Asien kommen von Japan und China bis überall in Ozeanien zahlreiche Arten vor. Aus Australien und Neu Seeland sind Verwandte von den asiatischen Arten und isoliertere Typen bekannt. Meistens an Rinde, dem Substrat meistens eng angepresst; auch aber epiphyll und an feuchten Felsen.

1. Die meisten Stamm- und fast alle Astlobi sind deutlich zugespitzt   2
   Sämtliche Lobi stumpf abgerundet   4
2. Lobuli länglich, im unteren Teil aufgeblasen, im oberen Teil flach, erreichen auch an den gut entwickelten Stammlobi etwa die halbe Lobuslänge. Selten, nur auf den Philippinen. . .   13. **Lopholej. Loheri**
   Lobuli kürzer   3

3. Amphigastrien überall etwa rund, ungefähr dreimal so breit wie der Stamm. Nicht alle Lobi sind zugespitzt. Dunkel gefärbte Pflanzen. . . 15. **Lopholej. nigricans**

Amphigastrien breiter als lang, können fast so gross sein wie die Lobi. Alle Lobi zugespitzt. Meistens etwas blasse Pflanzen. . . . . 14. **Lopholej. applanata**

4. Lobuli gross, in der Mitte deutlich eingeschnürt 5
Lobuli nicht eingeschnürt 6

5. Engere Indomalaya. Lobuli an der Basis breit, dem Stamm anliegend. Der obere Teil des Blattkiels ohne tiefen Sinus. . . . . 10. **Lopholej. Herzogiana**

Neu Guinea. Lobuli an der Basis verschmälert. Oberer Teil des Blattkiels mit tiefem Sinus . . . . 11. **Lopholej. Pullei**

6. Amphigastrien ebenso gross, oder auch etwas grösser oder etwas kleiner als die Lobi. 7
Amphigastrien höchstens halb so gross wie die Lobi. 10

7. Bis mehrere cm lange, wenig verzweigte, meistens blassgrüne Pflanzen. Amphigastrien grösser als die Lobi. Aufgeblasener Teil der Lobuli dem Stamm anliegend. Zellen in der Lobusmitte ungefähr isodiametrisch, mit blassen, regelmässigen Wandverdickungen . . . . 12. **Lopholej. Zollingeri**

Robuste, kurze oder lange, meistens schwärzliche Pflanzen. Zellen in der Lobusmitte nicht isodiametrisch, keine, auffallend regelmässigen und dazu meistens dunklen Wandverdickungen 8

8. Lobuli nicht oder nur wenig länger als breit, erreichen bis $^1/_3$—$^1/_4$ der Lobuslänge 9
Lobuli erreichen die Hälfte der Lobuslänge. Selten, nur aus Neu-Guinea bekannt . . . . 9. **Lopholej. Evansiana**

9. Amphigastrien rund oder meistens breiter als lang. ♀ Involucralblätter, auch das Amphigastrium höchst auffällig fein und regelmässig gezähnt 8. **Lopholej. eulopha**

Amphigastrien kaum breiter als lang. ♀ Involucralblätter ganzrandig, fein oder grob, nie aber sehr regelmässig gezähnt. . . . . Robuste Formen von 1. **Lopholej. subfusca**

10. Man praepariere einige gut entwickelte Lobi frei. Diese sind flach, ebenso breit wie lang oder etwas breiter als lang, ohne stark distad verlaufendem Kiel. Lobuli erreichen $^1/_5$—$^1/_3$ der Lobuslänge, wenig oder nicht breiter als lang. 11
Lobuli erreichen die Hälfte der Lobuslänge. Lobi meistens länglich, konvex mit distad verlaufendem Blattkiel 12

11. Häufige Art, meistens 1—1.5 mm breit . 1. **Lopholej. subfusca** [1]
Vegetativ mit *L. subfusca* übereinstimmend, nur 0.5—0.7 mm. breit, fast unverzweigt. Nur aus Borneo bekannt. 2. **Lopholej. borneensis**

---

[1] Vergl. auch 3. **Lopholej. javanica.**

12. Javanische Arten mit länglichen convexen, im oberen Teil eingekrümm-
    ten, im unteren Teil weit am Stamm herablaufenden Lobi   13
    Ceylon oder Neu Guinea. Lobi nicht weit am Stamm herablaufend   14
13. Aus der Ebene. ♀ Involucrum ganzrandig.   6. **Lopholej. horticola**
    Aus dem Gebirge. ♀ Involucrum gezähnt.   7. **Lopholej. Schiffneri**
14. Ceylon. Von *Lopholej. subfusca* nur durch verlängerte, mit einem deut-
    lichen Zahn versehene Lobuli zu unterscheiden. . . . .
                                                  4. **Lopholej. ceylanica**
    Neu Guinea. Nicht mit *Lopholej. subfusca* verwandt. Lobulus ohne Zahn
    am freien Rande mit auffallend unverdickten, äusseren Zellwänden.
    Laterale Perianthkiele stark geflügelt. Lobi und Lobuli zugespitzt. . .
                                                  5. **Lopholej. latilobula**

Sect. nov. 1. **Subfuscae** Verd.

Lobi stumpf. Lobuli nicht oder nur wenig länger als breit. Amphigastrien viel kleiner als die Lobi. Lobus inv. ♀ stumpf. Typus:
Lopholej. subfusca (Nees) Steph.

1. **Lopholejeunea subfusca** (Nees) Steph.

Jungermania subfusca Nees 1830, Hep. Jav. p. 36.
Phragmicoma subfusca Nees 1838, Naturgesch. europ. Leberm. III: 248.
Lejeunea subfusca Syn. Hepat. 1845, p. 315; Zolling, 1854, Syst. Verz. I:
19; Sde Lac. 1856, Syn. Hepat. Javan. p. 61; Gottsche 1867, Mex. Leverm.
p. 280; Reich. 1870, Reise der Novara p. 155; Mitt. 1871, Hep. Ind. Orient.
p. 110; Rep. on the Challenger Exp., Bot., I, III: 214; Steph. 1897, J. de
Bot. XII, Sep. p. 6.
Symbyezidium subfuscum Trevis. 1877, Mem. Ist. Lomb. III; IV: 403.
Lopholejeunea sundaica Steph. 1896, Hedwigia 35: 112; 1912, Spec.
Hepat. V: 89.
Lopholejeunea Sagraeana (Mont.) Spr. var. *subfusca* Schffn. 1898, Conspec-
tus p. 294.
Lopholejeunea subfusca Steph. 1890, Hedwigia 29: 16 (nec. Spr. 1884, Hep.
Amaz. et And. p. 122); Schffn. 1897, Bot. Jahrb. 23: 593; Evans 1907, Bull.
Torrey Bot. Cl. 34: 26; Steph. 1912, Spec. Hepat. V: 86; Herz. 1931, Mitt.
Inst. Allg. Bot. Hamb. VII: 201; Verd. 1933, de Frull. XI: 219; 1933, de
Frull. XII: 77; 1934, Nova Guinea 18: 5; 1934, de Frull. XIV: 229.
Mastigolejeunea Andreana Steph. 1912, Spec. Hepat. IV: 778.
Lopholejeunea asiatica Steph. 1912, Spec. Hepat. V: 82; Reimers 1929,
Hedwigia 69: 114—115; Verd. 1933, de Frull. XII: 82.
Lopholejeunea pyriflora Steph. 1912, Spec. Hepat. V: 88; Verd. 1933, de
Frull. XII: 83; 1934, de Frull. XIV: 228.
Lopholejeunea Levieri (nec *Levieriana* Mass.) Schffn. 1933, Ann. Bryol. VI:
134.

BESCHREIBUNG: Nees 1830 l.c.; Schffn. 1897 l.c.; Steph. 1912 l.c.

VARIABILITÄT: Diese Art tritt nicht nur in sehr verschiedenen Modifikationen auf, sondern auch in mehreren, zweifellos verschiedenen Variationen, worunter sich einige, mehr oder weniger durch ein eigenes Areal charakterisierte Kleinarten finden. Die Dimensionen aller Teile, besonders der Amphigastrien; die Gestalt der Amphigastrien (besonders auch im ♀ Involucrum); die Entwicklung der Lobuli im ♀ Involucrum, die Gestalt der Perianthkiele und der (meistens monoezische) Blütenstand können auffallend variieren. Besonders in Ozeanien werden auf den verschiedenen Inseln lokale Fazies gebildet, Pflanzen aus Tahiti z.B. ähneln einander immer sehr und sind durch eine starke Entwicklung der tief und wiederholt eingeschnittenen Perianthkiele gekennzeichnet. Auf Java gibt es auffallende Unterschiede zwischen den montanen Formen und denen aus der Ebene, diese montanen Formen, unterscheiden sich nicht nur durch ihre Grösse, sondern haben auch relativ breitere Amphigastrien (besonders im ♀ Involucrum), relativ breitere Lobi invol., die, ebenso wie die Kiele des Perianths, stärker bewaffnet sind, als bei den Formen aus der Ebene. Die extremsten Formen sind hier aber auch durch eine lückenlose Reihe von Übergängen verbunden. Die Lobuli zeigen immer die gleiche Gestalt und tragen einen seitlich gebogenen Zahn, sie können flach, etwas oder ziemlich stark aufgeblasen sein; die Entwicklung des Lobulus am ♀ Involucrum schwankt anscheinend unabhängig von den auffallendsten Variationen der anderen Merkmale; er kann fast fehlen oder die halbe Länge des Lobus erreichen, ist zugespitzt oder stumpf, seltener sogar etwas gezähnt.

UNTERSCHEIDUNGSMERKMALE: Steht *Lopholej. Sagraeana* (Mont.) zweifellos am nächsten und ist davon eigentlich nur durch eine andere Variabilität zu unterscheiden. Niemand wird bestimmte Formen von *L. Sagraeana* und *L. subfusca* ohne Standortsangaben spezifisch trennen können; vielleicht stellt sich später heraus, dass beide Arten besser zu einer pantropischen Sippe zu vereinigen sind. STEPHANI 1890 l.c. vereinigte sie schon; SCHIFFNER 1897 schreibt über *L. subfusca*: „sie ist aber doch ganz leicht von der typischen Form [1]) an folgenden Merkmalen zu unterscheiden: Pfl. schmächtiger, Bl. schmäler, meistens undeutlich gespitzt, foliola entfernt und kleiner, vor-

---

[1]) Von *Lopholej. Sagraeana.*

züglich aber durch die eiförmigen gespitzten Bracteen, die nicht viel grösser als die oberen Bl. sind, schief aufrecht abstehen und einen sehr deutlichen bis zur Blatthälfte reichenden zylindrisch eingerollten Lobulus besitzen". Bei der Untersuchung eines grösseren Materiales bleibt von diesem Unterschiede nur wenig über. Im folgenden Jahre (Conspectus, p. 294) führt SCHIFFNER *L. subfusca* denn auch als Varietät von *L. Sagraeana* an. EVANS 1907 l.c. trennt die beiden Arten, da er meint, *L. subfusca* habe immer flache Lobuli. Dies ist nicht richtig, ich konnte auf Java leicht feststellen, dass jede der verschiedenen Formen Modifikationen mit im unteren Teil stark aufgeblasenen Lobuli bilden kann. REIMERS 1929 l.c. trennt beide Arten „vorläufig" und „aus praktischen Gründen". STEPHANI, der sie ursprünglich zusammenfasste, hat sie dann in seinen Species Hepaticarum getrennt, dort führt er die häufige indomal. Sippe auch noch als *Lopholej. sundaica* an, während die robusten Forme den Namen *Lopholej. asiatica* bekommen. Da ich persönlich die afrikanischen und neotropischen Lopholejeuneen nicht genügend kenne, kann ich nicht darüber urteilen, ob man *L. Sagraeana* einziehen und zu *L. subfusca* stellen muss.

In unserem Gebiete gibt es eine Menge nahe verwandter Arten; die meisten kommen in den Randgebieten des Areals vor. Nur drei stammen aus dem inneren Teile des Verbreitungsgebietes; es sind *L. ceylanica*, die zweifelhafte *L. javanica* (cf. p. 84) und eine endemische Borneo-Pflanze *Lopholej. borneensis* (Steph.), welche halb so gross ist wie die kleinsten Formen von *Lopholej. subfusca*. Die kleinen, runden Amphigastrien sind nur dreimal so breit wie der Stamm, die Lobuli sind flach, im ♀ Involucrum deutlich entwickelt und mit einigen Zähnchen versehen. Das bis 0.7 mm breite Pflänzchen, das sonst in allen Merkmalen genau mit *L. subfusca* übereinstimmt, wächst auf Blättern und Rinde, dem Substrat eng angepresst.

Von den Arten aus den Randgebieten ist *Lopholej. yapensis* Steph. wohl kaum als eigene Art aufrecht zu halten, vergl. de Frull. XIV: 230. *Lopholej. Finschiana* Steph. von den Marschall-Inseln unterscheidet sich durch ein grosses rundes, das Perianthium völlig bedeckendes Amphig. invol., sowie durch ein kleines, rundes Perianth mit grob gestachelten Kielen. *Lopholej. parva* Steph. von Samoa ist nur 0.7 mm breit und bis 1 cm lang, sie erinnert an *L. borneensis*. Diese ist jedoch eine typische, verkleinerte *L. subfusca*, während *L.*

parva durch ein grosses, rundes, das Perianthium fast völlig bedek-
kendes Amphigastrium charakterisiert sein dürfte. Amphigastrien
am Stamm sehr klein, nur dreimal so breit wie dieser. *Lopholej. subnuda* (Mitt.) Steph. aus Hawai, welche EVANS 1900 (Transact. Conn.
Ac. X: 414) ausführlich beschrieben und abgebildet hat, ist viel breiter als die ozeanischen Formen von *L. subfusca,* die Lobuli sind länger, die Amphigastrien grösser und breiter, die ♀ Involucralblätter
haben keinen Lobulus, der Lobus ist stumpf, länger als breit, völlig
oder fast ganzrandig, die länglichen, fast glatten (nie zilienartige
Zähne tragenden) Perianthien ragen weit aus den Hüllblättern
hervor. Identisch mit dieser Art sind *Lejeunea gibbosa* Aongstr., *Lejeunea Mannii* Aust., *Lopholej. owahuensis* Steph., *Lopholej. gibbosa*
Steph., *Lopholej. Mannii* Steph., *Lopholej. hawaica* Steph. und
Mastigolej. honoluluana Steph. (cf. de Frull. XIV). Eine andere von
STEPHANI aus Hawai beschriebene Art *Lopholej. proxima* ist sehr
wahrscheinlich spezifisch von *L. subnuda* zu trennen (Vergl. de Frull.
XIV: 228). *Lopholej. hispidissima* Steph. eine gute endemische Art
aus Neu-Kaledonien ist durch die stark zugespitzten Lobi und Lobuli
inv. ♀ und die mächtig entwickelten, in zahlreiche verzweigte zilienartige Lappen auslaufenden Perianthkiele leicht zu unterscheiden.
STEPHANI 1912 l.c. stellt sie zu den *Acutifoliae,* was ich für unrichtig
halte.

Lopholej. subfusca kommt nicht in Australien und Neu-Seeland
vor. *Lopholej. australis* St. ist wohl die nächste Verwandte (cf. de
Frull. XIV: 225). Viel stärker weicht ab die häufige *Lopholej. plica-
tiscypha* Tayl. (= *L. tecta* Mitt) mit ganzrandigen stumpfen Involucralblättern und kurzen Perianthien mit einfach, grob (nicht scharf)
gezähnten Kielen; wahrscheinlich gehört hierher auch *Lopholej.
Knightii* Steph. (= *L. grossealata* Steph. = *L. falcifolia* Steph.),
vergl. de Frull. XIV: 227. Aus Kontinentalasien und Japan sind drei
verwandte Arten beschrieben: *Lopholej. sikkimensis* Steph. (= L.
aemula Schffn. 1933, Ann. Bryol. VI: 132), *Lopholej. tonkinensis*
Steph. und *Lopholej. brunnea* Horik. (cf. p. 85). Ob *L. sikkimensis*
wirklich eine eigene Art darstellt, kann ich nicht mit Sicherheit sagen, da mir nur einige dürftige Stämmchen zur Verfügung stehen. Es
handelt sich jedenfalls um eine ganz andere Form, als man in den indomalayischen Gebirgen findet. Die Lobuli sind vielleicht etwas mehr
aufgeblasen und laufen weiter am Lobus herab. Die Amphigastrien

des ♀ Involucrum sind breiter als lang, völlig ganzrandig mit etwas eingekrümmtem oberen Rande. *Lopholej. tonkinensis* Steph. ist durch die Amphigastrien, welche $1^1/_2$-mal so breit wie lang sind und immer ventrad eingekrümmte Ränder besitzen (auch im ♀ Involucrum), durch laterad gerichtete, kräftig zugespitzte, gezähnte Lobi inv. ♀ usw. deutlich zu unterscheiden.

BEMERKUNGEN: Was SPRUCE 1884 (Hep. Amaz. et Andin. p. 122) als *Lopholej. subfusca* Nees? anführt, gehört nicht hierher, cf. Evans 1907, Bull. Torrey Bot. Cl. 34: 26. Die von STEPHANI und vielen anderen Autoren als *Lopholej. Sagraeana* bestimmten Exemplaren (vergl. auch noch Steph. 1907, Denkschr. Ak. Wiss. Wien 81: 296) gehören zu *Lopholej. subfusca*. Die MITTEN'sche Angabe (1871 l.c.) über das Vorkommen in Khasia (3—4000') bezieht sich wohl auf *Lopholej. sikkimensis*. VAN DER SANDE LACOSTE's Bestimmungen: *L. subfusca* beziehen sich meistens auf *L. Zollingeri* Steph., während er die *L. subfusca* als *L. nigricans* bestimmte.

Das Originalmaterial habe ich nicht gesehen.

VORKOMMEN UND VERBREITUNG: Indomalaya und Ozeanien, von der Ebene bis über 2000 m aufsteigend, meistens an Rinde aber auch rein epiphyll und an Felsen.

STANDORTE: V o r d e r i n d i e n : (Wight); Kodaikanal (André 1909; Foreau 1932); Shembaganur, 6000' (Foreau 1932); Perumalmalai, 6000' (Foreau 1932); C e y l o n (Gardner, nach Mitten 1861 l. c., haud vidi); Kalutara, 10 m (Schiffner 1894); S u m a t r a : (Teysmann; Junghuhn; Massart); P. Pandjang, 770 m (Schiffner 1894); Fort de Kock, 920 m (Jacobson 1929); G. Singalang, 1160—2500 m (Beccari 1878; Schiffner 1894; S. K. H. Leopold III, 1922); Dollok Baroes, 1700—1950 m (Verdoorn 1930); Petani Fälle bei Brastagi, 1350 m (Verdoorn 1930); Soengei Poetih bei Galang, 60 m (Arens 1929); Prapat, 1700 m (Arens 1929); P. P e n a n g : 2—50 m (Schiffner 1893); K r a k a t a u : 5—600 m, Docters van Leeuwen 1922, 1928, 1929 J a v a : Buitenzorg, 260 m (Schiffner 1893—94; Verdoorn 1930); Tjikeumeuh, 250 m (Schiffner 1893); Gadok, 400 m (Schiffner 1894); Kp. Baroe, 230 m (Schiffner 1894); Dessa Dramaya, 200 m (Schiffner 1893); Kp. Nangran, 250 m (Schiffner 1894); Kotta Batoe, 300 m (Schiffner 1894); Goenoeng Pasir Angin, 500 m (Schiffner 1894); Tjigombong, 500 m (Verdoorn VI. 1930); G. Pantjar (Schiffner XII. 1893); G. Boender, 200—300 m (Schiffner 1893); G. Salak, 500—1000 m (Schiffner 1893—94; van Steenis 1932); G. Megamendoeng, 1200—1300 m (Schiffner 1894); Telaga Warna und Poentjak, 1400—1500 m (Schiffner 1894; Verdoorn 1930); G. Gede, Artja, 900—1040 m (Schiffner 1894); G. Mandalawangi, 1200 m (Verdoorn 1930); G. Gede, 1425—1720 m, von Tjibodas bis über Tjibeureum (Schiffner 1894;

A. Strelin 1909; Docters van Leeuwen 1929; Verdoorn 1930); Sindanglaija, 1085 m (Schiffner 1894; van Steenis 1932); Perbawati am Süd-Gede, 1700 m (Verdoorn 1930); Soekaboemi, 540 m (Schiffner 1894); Goenoeng Haloe, Palasari, 1200 m (Verdoorn 1930); G. Patoeha, bei K. Poetih und K. Patoeha, 2200 m (Verdoorn 1930); G. Manglajang, 1200—1600 m (v. d. Pijl und Verdoorn 1930); G. Malabar, Tjinjiroean, 1650 m (Verdoorn 1930); G. Poentjak Besar, 1800—1900 m (Verdoorn 1930); Daradjat, 1730 m (Schiffner 1894); G. Papandajan, im Tji-Paroegpoeg-Tal bei Tegal Aloen Aloen, 2300—2500 m (Verdoorn 1930); G. Tjikoeraj, über Waspada, 1700 m (Verdoorn 1930); G. Goentoer, 1500—1700 m (Verdoorn 1930); G. Telaga Bodas, 1700 m (Schiffner 1894; Verdoorn 1930); G. Slamat, 900—1500 m (Verdoorn 1930); G. Lawoe, 1400—1900 m (Verdoorn 1930); G. Merbaboe, 1900 m (Verdoorn 1930); G. Kawi, 1800—1900 m (Verdoorn 1930); Tjoborondo Fall, 1700 m (Verdoorn 1930); G. Semeroe, über Ranoe Daroengan, 800—1200 m (Verdoorn 1930); Tengger, G. Ajek Ajek, 2100 m (Verdoorn 1930); M a l a y i s c h e   H a l b i n s e l: Singapore, 2—20 m (Schiffner 1893; Verdoorn 1930); bei Boekit Timah, 60 m (Schiffner 1893); Reservoir, 50 m (Verdoorn 1930); Pahang, G. Tembeling (Henderson 1929); B o r n e o: (Korthals); W. B., Boekit Moeloe, 650 m (Winkler 1924); W. B., Lebang Hara, 130 m (Winkler 1925), beide nach HERZOG 1931 l. c., haud vidi; B. N. B., Mt. Kinabalu; Kinataki River, 5000' (Clemens 1933); P h i l i p p i n e n: Dapitan (Micholitz); Mindanao (Weber 1911); Luzon, Benguet (Merrill 1911); Panay (Mc. Gregor 1918); B a n d a: (Nyman); A m b o n : (v. Zippel; Naumann 1875; Nyman); N i e d e r l. N e u G u i n e a: (v. Zippel); Waigeoe (Weber v. Bosse 1899); Peramelesberg, 1100 m (Pulle 1912); am Mamberamo, Doorman Rivier, 200 m (Lam 1920); M i o k o: (Nyman); N e u K a l e d o n i e n: (Franc); S a m o a (Rechinger, nach Steph. 1907 l. c., haud vidi); T a h i t i: häufig (Frauenfeld; Setchell und Parks 1922).

EXSICCATE: Thér., Musci et Hep. N. Cal. Exsicc. 121 ist von STEPHANI als *L. Sagraeana* bestimmt, enthält aber in den mir zur Verfügung stehenden Exemplaren *L. eulopha*; no. 122 ist von STEPHANI als *L. Wiltensii* bestimmt, enthält aber *L. subfusca*; Hep. Sel. et Crit. 247, 248, 249 und 250.

2. **Lopholejeunea borneensis** (Steph.) comb. nov.

Mastigolejeunea borneensis Steph. 1912, Spec. Hepat. IV: 777.

BESCHREIBUNG: Steph. 1912, l.c.
UNTERSCHEIDUNGSMERKMALE usw.: S. 80.

STANDORTE: W e s t-B o r n e o: (Ledru 1897, Typus !); B. N. B o r n e o: Mt. Kinabalu, Penibukan, 4000—5000' (Clemens 1931—1932).

3. **Lopholejeunea javanica** (Nees) Steph.

Lejeunea javanica Nees 1845, Syn. Hepat. p. 320; Sde Lac. 1856, Syn. Hepat. Javan. p. 61.

Symbyezidium javanicum Trevis. 1877, Mem. Ist. Lomb. III, IV: 403.

Lopholejeunea javanica Steph. 1890, Hedwigia 29: 16; Schffn. 1893, Nat. Pflanzenf. I, III: 129; 1898, Conspectus p. 292; Steph. 1907, Denkschr. Ak. Wiss. Wien 81: 295; 1912, Spec. Hepat. V: 84; Horikawa, 1929, Sc. Rep. Tohoku Imp. Univ. VI: 425; Verd. 1933, de Frull. XI: 218; 1933, de Frull. XII: 76.

BESCHREIBUNG: Nees 1845 l.c.

UNTERSCHEIDUNGSMERKMALE: Im Jahre 1890 bemerkte STEPHANI mit Recht: „Da die Pflanze sich zwischen Marchantia, also sehr feucht, entwickelt hat, ist sie kaum als im normalen Zustande befindlich aufzufassen; daher ist denn auch der lobulus folii sehr reduziert, wie immer an feuchten Standorten, wo seine Funktion überflüssig wird, im normalen Zustande mag die Pflanze ganz anders aussehen und voraussichtlich nicht wieder zu erkennen sein; damit wäre dann *Lej. javanica* auf den Aussterbe Etat gesetzt, was der Wissenschaft nur nützlich sein kann, denn auf solche Stückchen sollte man keine Art gründen, noch dazu, wenn sie in so schlechtem Zustande ist und einem Genus angehört, das durch die grosse Ähnlichkeit der Arten ohnehin zu den schwierigen gehört." Auch SCHIFFNER 1898 l.c. schreibt: „Diese Species ist auf schlechte Fragmente einer nicht normal entwickelten Pflanze begründet und daher besser ganz einzuziehen". Der arme STEPHANI hat sie später in seinen Species Hepaticarum vom „Aussterbe-Etat" zu einer panpalaeotropischen Art gemacht, HORIKAWA 1929 lässt sie sogar in Japan wachsen. Selber bemerkte ich 1933, de Frull. XI: 218: „Von sämtlichen Lopholejeuneen gibt es Jugendformen und durch irgendwelche Umstände schlecht ausgebildete Formen, welche erheblich von der Normalform abweichen. Mit grösster Wahrscheinlichkeit gehört *L. javanica* zu den schlecht entwickelten Formen von *L. subfusca* und *L. eulopha*. Da aber auch die ♀ Involucralblätter ziemlich abweichend gestaltet sind, wage ich es nicht, *L. javanica* ohne weiteres als Art einzuziehen. Formen, bei welchen man kaum entscheiden kann, ob sie zu *L. subfusca* oder *L. javanica* gehören, sind in der heissen Region nicht selten". Nun habe ich das Material wieder durchgesehen und kann nur sagen, dass es in der Ebene in West-Java nicht selten eine meistens terrestrische oder rindenbewohnende Sippe gibt, welche sich durch unentwickelte Lobuli, laterad gerichtete ganzrandige Lobi invol. und weit aus dem Involucrum hervorragende, nur niedrige, kaum gezähnte Kiele tragende Perianthien von *L. subfusca* unterscheidet.

VORKOMMEN UND VERBREITUNG: Diese Pflanze ist auf West-Java beschränkt, die meisten anderen Angaben beziehen sich auf *L. subfusca*. Was HORIKAWA 1929 l.c. aus Tosa abbildet, gehört wohl zu einer verwandten Art von *L. subfusca*, ich konnte das Material aber nicht untersuchen, es gehört jedenfalls nicht hierher.

STANDORTE: W e s t- J a v a: (Junghuhn, Typus!; Fleischer 1898); Buitenzorg, 260 m (Schiffner 1893); Dessa Djabaroe, 250 m (Schiffner 1894).

4. **Lopholejeunea ceylanica** Steph.

Lopholejeunea ceylanica Steph. 1912, Spec. Hepat. V: 86.
Lopholejeunea longiloba Steph. 1912, Spec. Hepat. V: 92.

BESCHREIBUNG: Steph. 1912 l.c.

UNTERSCHEIDUNGSMERKMALE: Von der auch auf Ceylon vertretenen *Lopholej. subfusca* durch längere, bedeutend weiter am Lobus herablaufende Lobuli, die einen deutlichen apikalen Zahn mit deutlichem postikalen Sinus aufweisen, gut unterschieden. ♀ Involucralblätter länglich mit gut entwickeltem Lobulus und länglichem, mit einem apikalen Einschnitt versehenen Amphig. invol. int. Eine andere Verwandte ist die japanische *Lopholej. brunnea* Horik., welche ebenfalls längere Lobuli hat als *L. subfusca*, im Bau derselben aber wieder besser mit dieser übereinstimmt als mit *L. ceylanica*, *L. brunnea* hat manchmal etwas zugespitzte Lobi und schmälere Lobi inv. ♀ als *L. subfusca*.

STANDORT: C e y l o n: (Giesenhagen, Typus!; Willis; Fleischer).

Sect. nov. 2. **Latilobulae** Verd.

Lobi stumpf abgerundet. Lobuli länglich, erreichen die halbe Lobuslänge. Perianthkiele meistens auffallend stark bewaffnet. Typus: *Lopholej. latilobula* Verd.

5. **Lopholejeunea latilobula** Verd.

Lopholejeunea latilobula Verd. 1934, Nova Guinea XVIII: 4.

BESCHREIBUNG: Verd. 1934 l.c.

ABBILDUNG: Verd. 1934, Taf. II: 20—23.

UNTERSCHEIDUNGSMERKMALE: Durch längliche (halb so lang wie die Lobi) Lobuli mit undeutlichem Zahn und am freien Rande kaum verdickten Lobuluszellen (sonst sind die Zellen stärker verdickt, als bei den meisten *subfusca*-Formen), gleich von *L. subfusca* und *L. ceylanica* zu unterscheiden. Erinnert mehr an *Lopholej. Colensoi* Steph. aus Neu-Seeland (vergl. de Frull. XIV: 225) und *Lopholej. muensis* Steph. aus Neu-Kaledonien (vergl.de Frull. XIV: 227).

STANDORT: N i e d e r l. N e u-G u i n e a: Peramelesberg, 1100 m (Pulle 1912, Typus!). — Auf Weinmannia-Ästen.

Sect. nov. 3. **Parvae** Verd.

Bis 1 mm breite Pflanzen mit konvexen, weit am Stamm herablaufenden Lobi und langen Lobuli. Typus: *Lopholej. horticola* Schffn.

6. **Lopholejeunea horticola** Schffn.

Lopholejeunea horticola Schffn. 1900, nom. nud., Hedwigia 39: 206; 1933, Ann. Bryol. VI: 133; Verd. 1933, de Frull. XI: 218; 1933, de Frull. XII: 81.

BESCHREIBUNG: Verd. 1933 l.c.

UNTERSCHEIDUNGSMERKMALE: Nur bis 0.5 mm breit und 4—10 mm lang. Lobi konvex mit stumpfen, eingekrümmten Spitzen. Lobulus meistens aufgeblasen und eingerollt oder nur im unteren Teil etwas aufgeblasen, halb so lang wie die Lobi und im oberen Teil flach, dort mit einem kleinen einzelligen Zähnchen versehen. Amphigastrien rund, flach, dreimal so breit wie der Stamm. ♀ Involucralblätter völlig ganzrandig. Lobuli gut entwickelt, erreichen $^2/_3$ der Länge der Lobi. Amphigastrium gross, ohne Einschnitt, bedeckt das vier scharf gezähnte Kiele tragende Perianth teilweise. In unserem Gebiet nur mit *L. Schiffneri* verwandt, diese ist aber mindestens doppelt so gross, hat im Verhältnis zu den Blättern kleinere Lobuli sowie regelmässig fein gezähnte Involucralbl. und Involucralamphigastrien. *Lopholej. horticola* tritt meistens in einer pachyd.-col. mod. auf, *L. Schiffneri* in einer mesod. col. oder mesod. subvir. mod.

Über *Lopholej. parva* Steph. vergl. S. 80.

Standorte: West-Java: (Kurz); Buitenzorg, sehr häufig, 260 m (Schiffner 1893—94; Massart 1894, Typus!; Verdoorn 1930); Kp. Tjibogea, 250 m (Schiffner 1894); Dessa Dramaya, 200 m (Schiffner 1893).
Exsiccat: Hep. Sel. et Crit. no. 242.

7. **Lopholejeunea Schiffneri** Verd.

Lopholejeunea parva Schffn. 1900, nom. nud., Hedwigia 39: 206; Verd. 1933, de Frull. XII: 80 (nec *L. parva* Steph. — nec Schffn.! — Spec. Hepat. V: 80).
Lopholejeunea Schiffneri Verd. 1933, Ann. Bryol. VI: 134; 1933, de Frull. XI: 219.

Beschreibung: Verd. 1933 l.c.

Unterscheidungsmerkmale: Nur mit *Lopholej. horticola* verwandt, durch das Vorkommen in höherer Lage und die auf S. 86 hervorgehobenen Unterscheidungsmerkmale leicht zu erkennen.

Bemerkung: Stephani 1907 (Denkschr. Ak. Wien, Math. Naturw. Kl. 81: 295) hat eine von Rechinger auf Samoa gesammelte *Lopholejeunea* als *L. parva* beschrieben. In den Spec. Hepat. V: 90 (1912) wird Schiffner irrtümlich als Autor angegeben. Die Pflanze hat auch nichts mit Schiffner's nomen nudum aus dem Jahre 1900 zu tun.

Standorte: West-Java: G. Gede, im Berggarten Tjibodas, 1420 m (Schiffner 1894, Typus!); auch an den Südhängen über Perbawati, 1600 m (Verdoorn 1930).

Sect. nov. 4. **Eulophae** Verd.

Robuste Pflanzen mit grossen, breiten Amphigastrien. ♀ Involucralblätter fein und äusserst regelmässig gezähnt. Typus: *Lopholej. eulopha* (Tayl.) Spr.

8. **Lopholejeunea eulopha** (Tayl.) Spr.

Lejeunea eulopha Tayl. 1846, Lond. J. of Bot. V: 391; Syn. Hepat. 1847, p. 749; Mitt. 1871, Flora vitiensis p. 413; Aongstr. 1873, Kgl. Sv. Vet. Ak. Förh. S. 134; Steph. 1897, J. de Bot. XII, Sep. p. 6.
Phragmicoma immersa Mitt. 1871, Fl. vitiensis p. 412.
Phragmicoma eulopha Mitt. 1871, Fl. vit. p. 413.
Lopholejeunea eulopha Spr. 1884, Hep. Amaz. et Andin. p. 120; Schffn.

1890, Forschungsweise Gazelle IV: 28; Steph. 1890, Hedwigia 29: 15; 1907,
Denkschr. Ak. Wiss. Wien 81: 295; 1912, Spec. Hepat. V: 82; Reim. 1929,
Hedwigia 69: 115—116; Verd. 1933, de Frull. XI: 219; 1934, Nova Guinea
18: 3; 1934, de Frull. XIV: 225.

Lejeunea fimbriata Gottsche 1880, in Müller, Fragm. Phytog. Austr. XI: 64.

Lopholejeunea norfolkiensis Steph. 1889, Hedwigia 28; 1912, Spec. Hepat.
V: 96.

Lopholejeunea fimbriata Gottsche in Schffn. 1890, Forschungsreise Gazelle
IV: 28.

Lopholejeunea nicobarica Steph. 1896, Hedwigia 35: 111; Spec. Hepat. V:
91; Verd. 1933, de Frull. XII: 83.

Lopholejeunea Nymanii nec *Nymannii* Steph. 1912, Spec. Hepat. V: 84;
Verd. 1933, de Frull. XII: 83.

Lopholejeunea Novae Guineae Steph. 1912, Spec. Hepat. V: 90; Reim.
1929, Hedwigia 69: 116; Verd. 1934, Nova Guinea 18: 3.

Lopholejeunea Cranstonii Steph. 1912, Spec. Hepat. V: 93.

Lopholejeunea immersa Steph. 1912, Spec. Hepat. V: 94; Verd. 1934, de
Frull. XIV: 226.

Lopholejeunea Vescoana Steph. 1923, Spec. Hepat. VI: 379; Reim. 1929,
Hedwigia 69: 116.

Lopholejeunea laceriloba Steph. 1923, Spec. Hepat. VI: 379.

Lopholejeunea lacerifolia Steph. pl. in sched.

Lejeunea renistipula Gottsche in sched.

Lopholejeunea hispida Steph. in sched.

BESCHREIBUNG: Tayl. 1846 l.c.; Syn. Hepat. 1847 l.c.; Spr. 1884
l.c.; Steph. 1912 l.c.

ABBILDUNG: Schffn. 1890, l.c., Tal. VI: 1—2.

VARIABILITÄT: Am auffallendsten ist die Variabilität der Amphigastrien, in allen Teile des Areals findet man Formen mit auffallend
breiten (über doppelt so breiten wie langen) Amphigastrien, deren oberer Rand dann meistens etwas eingekrümmt ist. STEPHANI hat sie als
L. Cranstonii (Borneo), *L. Novae Guineae* (N. Guinea) und *L. norfolkiensis* (Norfolk Insel) als eigene Arten beschrieben; dies ist jedoch
unhaltbar. Diese Form wurde wiederholt in West-Java gesammelt,
von dort kenne ich auch allerlei Übergänge; man kann auch nicht sagen, dass das Auftreten dieser breiten Amphigastrien an das Auftreten anderer Merkmale gebunden ist.

Die Population, welche wir als *Lopholej. eulopha* zusammenfassen,
besteht im westlichen Teil des Areals meistens aus ziemlich kleinen
Formen mit nicht sehr breiten, manchmal sogar runden Amphigastrien, mit meistens wenig entwickelten Lobuli inv. ♀ und auffallend

(charakteristisch) regelmässig gezähnten Involucrallobi und Involucralamphigastrien, je weiter man nun nach Osten geht, desto grösser werden die Pflanzen im allgemeinen, die Amphigastrien werden grösser und etwas breiter, die Lobuli invol. ♀ sind besser oder stark entwickelt, die Randzähnung der übrigen ♀ Involucralblätter wird weniger regelmässig, die Perianthien sehr gross, sie sind auffallend stark bewehrt.

Ich kenne nur eine verwandte Art *Lopholej. Toyoshimae* Horik. 1931 (Studies IV: 30), welche vielleicht hierher gehört, die Pflanze wurde unter extrem feuchten Bedingungen gefunden, die Lobuli sind schlecht entwickelt und die ♀ Infl. fehlen, sodass ich mit Sicherheit keine näheren Angaben machen kann.

VORKOMMEN UND VERBREITUNG: Indomalaya, Queensland und Ozeanien, auch auf der Norfolk Insel und wahrscheinlich auf den Seychellen. Meistens an Rinde, seltener an Felsen. Höchst auffallend ist die grosse vertikale Verbreitung von der Ebene bis über 2000 m!

FIG. 4. — *Lopholejeunea eulopha* ($^1/_1$), seltener epiphyller Form. — L u z o n, Tayabas, L. Escritor IV. 1913.

STANDORTE: N i k o b a r e n (Kurz); S u m a t r a: Aneh-Schlucht, 360 m (Schiffner 1894), G. Singalang, 2800 m (Schiffner 1894); M a l a y i s c h e H a l b i n s e l: Johore, Koatah Tingih, 150 m (Verdoorn IV. 1930);

J a v a : Buitenzorg, häufig, 260 m (Schiffner 1893—94; Verdoorn 1930;
van Steenis 1933); Kotta Batoe, 300 m (Schiffner 1894); Kampong Djabaroe
250 m (Schiffner 1894); Kp. Kalibatan (Schiffner 1894); Kp. Baroe (Schiffner
1894); G. Pantjar (Schiffner 1894); G. Salak (Nyman); Tjiapoes Schlucht
(van Steenis 1932); G. Megamendoeng, 1350 m (Schiffner 1894); G. Gede, bei
Artja, 1100 m (Schiffner 1894); Tangkoeban Prahoe, 1700—2000 (Verdoorn
1930); Soekaboemi, 580 m (Schiffner 1894); B o r n e o : G. Damoes (Hallier 1893—94); B. N. B., Mt. Kinabalu, 4000—5000' (Clemens 1931—32);
Sarawak (Cranston); P h i l i p p i n e n : (Merrill); Luzon, Tayabas (Escritor 1913); idem, Mt. Maquiling (Robinson 1912); H a l m a h e i r a (de
Vriese); A m b o n : (Naumann 1875); N e u - G u i n e a : Doormantop,
1420—3000 m (Lam 1920); Bijenkorfbivak, 1750 m (Pulle 1912); Hellwiggeb., 1750—2000 m (Pulle 1912); Mac Cluer Bay (Naumann 1875); Sabim
(Micholitz 1893); N o r f o l k I n s e l : (Robinson); A u s t r a l i e n :
Queensland (v. Müller 1883); „I n s. p a c i f i c a e": (Nightingale, Typus!)
N e u K a l e d o n i e n : (Franc; Vieillard); S a m o a (Graeffe; Rechinger
1905); T a h i t i : (Vesco; Andersson; Setchell and Parks 1922).
    Exsiccate: Thér., Musci et Hep. Nov. Cal. Exsicc. no. 121; Hep. Sel. et
Crit. no. 244, 245 und 246.

9. **Lopholejeunea Evansiana** Verd.

Lopholejeunea Evansiana Verd. 1934, Nova Guinea 18: 4.

Beschreibung: Verd. 1934 l.c.
Abbildungen: Verd. 1934 l.c. Taf. II: 9—11.
Unterscheidungsmerkmale: Erinnert im Habitus an eine exponierte Form von *L. eulopha* mit auffallend breiten Amphigastrien,
unterscheidet sich davon aber gleich durch die konvexen, apikal eingebogenen Lobi, welche weit am Stamm herablaufen. Die grossen,
ziemlich flachen Lobuli, erreichen über die Hälfte der Lobuslänge und
sind im apikalen Teil stumpf zugespitzt mit einem undeutlichen Zahn
und einem rückwärts verlaufenden, freien, postikalen Lobulusrand.

Standort: N i e d e r l. N e u - G u i n e a : Doorman-Top, auf Alpinia,
2480 m (Lam 1920, Typus!).

Sect. nov. 5. **Constrictae** Verd.

Lobuli gross, aufgeblasen, in der Mitte deutlich eingeschnürt.
Typus: *Lopholej. Herzogiana* Verd.

10. **Lopholejeunea Herzogiana** Verd.

Lopholej. Herzogiana Verd. 1933, de Frull. XI, Rec. Trav. Bot. Néerl.
30: 217.

BESCHREIBUNG: Verd. 1933, l.c.

ABBILDUNG: Verd. 1934, Nova Guinea 18, Taf. II: 12—15.

UNTERSCHEIDUNGSMERKMALE: Nur mit *Lopholej. eulopha* und *L.
Pullei* zu verwechseln, durch die grossen tief eingeschnittenen Lobuli
gleich zu erkennen. Die Randzähnung des ♀ Involucrums erinnert an
L. eulopha, das Amphig. inv. int. ist aber noch grösser. Über die nahe
verwandte *L. Pullei* aus Neu-Guinea vergl. infra.

VORKOMMEN UND VERBREITUNG: Nur bekannt von Java und Borneo. An Rinde exponierter Bäume und im Regenwalde. Nicht unter
1000 m.

STANDORTE: J a v a: Res. Batavia, G. Megamendoeng, 1160 m (Schiffner
1894); Telaga Warna, 1400 m (Verdoorn 1930); G. Gede, Artja, 1120 m
(Schiffner 1894); idem, im Berggarten Tjibodas (Schiffner 1894, Typus!;
Verdoorn 1930; Renner 1931); über Tjibodas, 1400 m (Schiffner 1894);
B. N. B o r n e o: Mt. Kinabalu, Penibukan, 4000—5000′ (Clemens 1931—
32); idem, Tenompok, 5000′ (Clemens 1931—32); idem, Marai Parai, 5000′
(Clemens 1933).

11. **Lopholejeunea Pullei** Verd.

Lopholejeunea Pullei Verd. 1934, Nova Guinea 18: 4.

BESCHREIBUNG: Verd. 1934 l.c.

ABBILDUNG: Verd. 1934 l.c., Taf. II: 16—19.

UNTERSCHEIDUNGSMERKMALE: Steht der *Lopholej. Herzogiana* aus
Java und Borneo sehr nahe, ist aber deutlich zu unterscheiden durch
die an der Basis verschmälerten (nicht mit dem aufgeblasenen Teil dem
Stamm anliegenden) Lobuli, deren zwei Teile einander zugewendet
und mehr oder weniger zusammengedrückt sind und durch die weite deutliche Einbuchtung des oberen Teiles des Blattkiels. Die Involucralblätter sind nicht so regelmässig gezähnt als bei *Lopholej.
Herzogiana*, die Lobuli inv. sind breiter und das Amphig. inv. int. ist
viel kleiner.

STANDORTE: N i e d e r l. N e u - G u i n e a: Hellwiggeb., 2600 m (Pulle
1913, Typus!); Doormantop, 2900 m (Lam 1920). — An Ästen, exponiert.

Sect. nov. 6. **Longicaules** Verd.

Bis mehrere cm lange, wenig verzweigte, meistens blassgrüne Pflanzen. Amphigastrien grösser als die Lobi. Lobuli dem Stamme angedrückt. Zellen sehr klein, etwa isodiametrisch, regelmässig verdickt. Typus: *Lopholej. Zollingeri* Steph.

12. **Lopholejeunea Zollingeri** Steph.

Lejeunea applanata var. β Syn. Hepat. 1845, p. 314; Sde Lac. 1856, Syn. Hepat. Javan. p. 60.

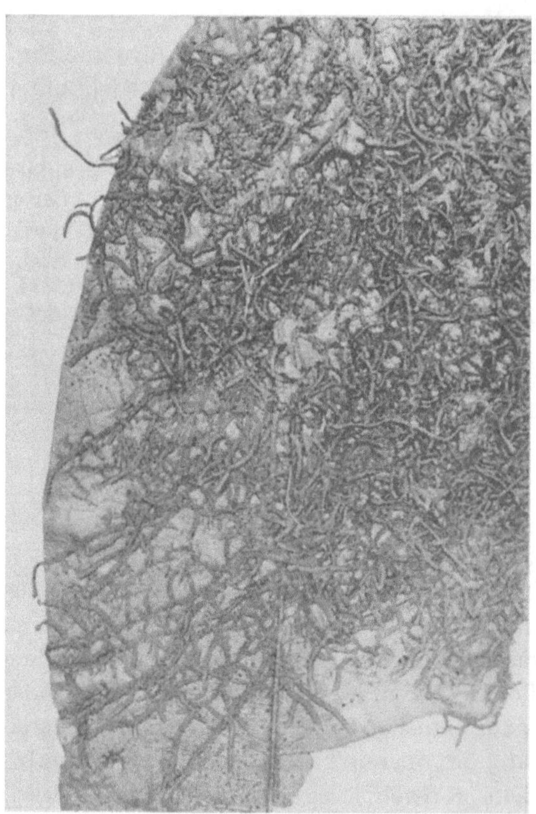

Lopholejeunea Zollingeri Steph. 1890, Hedwigia 29: 14; Schffn. 1898, Conspectus p. 296; 1900, Hedwigia 39: 206; Steph. 1912, Spec. Hepat. V: 85; Verd. 1933, de Frull. XI: 221; 1933, de Frull. XII: 83.

Lopholejeunea applanata var. β Schffn. 1893, Nova Acta 60: 229.

Lopholejeunea Wiltensii Steph. 1896, Hedwigia 35: 112; Schffn. 1898, Conspectus p. 296; 1912, Spec. Hepat. V: 81; Verd. 1933, de Frull. XII: 83.

Lopholejeunea serrifolia Steph. 1912, Spec. Hepat. V: 84; Verd. 1933, de Frull. XII: 83.

Lejeunea Wiltensii SdeLac. plur. in sched.

Fig. 5. — *Lopholejeunea Zollingeri* ($^5/_4\times$), rein epiphylle Form, auf lebenden Blättern gesammelt. — Java occ., Tjibodas am G. Gede, Fleischer 1898 (ca 1600 m).

VARIABILITÄT: Es handelt sich um

eine in den charakteristischen Merkmalen sehr konstante Art. Es gibt nur wenig abweichende Formen, die pachyd. col. mod. fallen auf durch Kleinheit und weniger regelmässig verdickte Zellwände, konvexe Lobi und vergrösserte, aufgeblasene Lobuli. Ausserdem besteht eine Form bei der die Ränder sämtlicher Amphigastrien umgeschlagen sind..

UNTERSCHEIDUNGSMERKMALE: Durch auffallend lange Amphigastrien, welche grösser sind als die Lobi, durch im unteren Teil aufgeblasene und an den Stamm gedrückte Lobuli, besonders auch durch die kleinen fast isodiametrischen sehr regelmässig verdickten Zellen, mit meistens kaum gefärbten Zellwänden leicht zu unterscheiden. Wäre nur mit *Lopholej. eulopha* zu verwechseln, diese hat aber ganz andere, grössere Zellen; feiner, sehr regelmässig gezähnte Involucralblätter und Lobi, welche nicht kleiner sind als die Amphigastrien.

VORKOMMEN UND VERBREITUNG: Engere Indomalaya, nicht in der Ebene. An Rinde von Stämmen und Ästen (auch als Hänge-epiphyt), seltener rein epiphyll oder in feuchter Umgebung an Steinen.

STANDORTE: S u m a t r a: P. Pandjang (A. Wiltens); G. Siboga, 780—900 m (Schiffner 1894); G. Singalang, 1600—2080 m (Schiffner 1898); J a v a: (Goebel); Banten (Blume, Typus!); G. Megamendoeng, Toegoe, 1400 m (Schiffner 1894); Telaga Warna ,1400 m (Schiffner 1894); Poentjak, 1450 m (Verdoorn 1930); G. Gede, Artja, 1000 m (Schiffner 1894); idem, 1450—2150 m, von Tjibodas bis Ajer Panas (von Solms Laubach 1883; Schiffner 1894, Massart 1894; Fleischer 1913; Verdoorn 1930); G. Gegerbentang, 1750 m (Verdoorn 1930); G. Telaga Bodas, 1600 m (Schiffner 1894); G. Slamat, 1800 m (Verdoorn 1930); G. Lawoe, 1750 m (Verdoorn 1930); M a l a y i s c h e H a l b i n s e l: Pahang, Fraser's Hill (Holttum 1929); N i e d e r l. B o r n e o: G. Kenepai (Hallier 1893—94); B. N. B o r n e o: Mt. Kinabalu, Tenompok, 5000' (Clemens 1931—32); Kamborangah, 7200' (Holttum 1931); Pakka, 10.000' (Holttum 1931); C e l e b e s: Minahassa, Poso (Steup 1931).

EXSICCATE: Hep. Sel. et Crit. no. 251—253.

Sect. 7. **Acutifoliae** Steph.

Lopholejeuneae acutifoliae Steph. 1912 nom. nud., Spec. Hepat. V: 62.

Lobi aller Ast- und der meisten Stammblätter deutlich zugespitzt. Lobulus auch etwas zugespitzt mit deutlichem apikalen Zahn. Typus: *Lopholej. applanata* (R., Bl., N.) Steph.

13. **Lopholejeunea Loheri** Steph.

Lopholejeunea Loheri Steph. 1912, Spec. Hepat. V: 77.

BESCHREIBUNG: Steph. 1912, l.c.

UNTERSCHEIDUNGSMERKMALE: Diese Pflanze steht den anderen *Acutifoliae* nicht sehr nahe, die Stammlobi sind auch nicht immer zugespitzt, und sie weist vielleicht Beziehungen zu den *Longilobulae* auf. Es ist eine kleine, auffallend reichlich verzweigte Pflanze mit meistens deutlich zugespitzten Lobi (besonders an den Ästen und unter dem ♀ Involucrum). Die im unteren Teile tief eingerollten, im oberen Teil flachen Lobuli erreichen fast die Hälfte der Lobuslänge. Lobulus im ♀ Involucrum kaum entwickelt; Lobus länglich, gezähnt; Amphigastrium sehr gross mit umgerolltem Rande, fast ganzrandig.

STANDORTE: P h i l i p p i n e n : Luzon (Loher 1906, Typus!); idem, Tayabas, Mt. Binuang (Ramos and Edano).

14. **Lopholejeunea applanata** (Rw., Bl., N.) Steph.

Jungermania applanata Rw., Bl., N. 1824, Nova Acta XII: 210; Spr. 1827, Syst. veget. IV: 222; Nees 1830, Hepat. Javan. p. 38.

Phragmicoma applanata Nees 1838, Naturgesch. Europ. Leberm. III: 248.

Lejeunea applanata Syn. Hepat. 1845, p. 314; Sde Lac. 1856, Syn. Hepat. Javan. p. 60; 1863—64, Ann. Mus. Bot. Lugd. Bat. I: 308; Mitt. 1861, Hep. Ind. Orient. p. 110; 1856, J. of Bot. and Kew. G. Misc. VIII: 356; Goebel 1887, Ann. Jard. Bot. Buitenz. VII: 26; Steph. 1890, Hedwigia 29: 10; 1890, Bot. Gaz. XV: 286; 1892, Hedwigia 31: 207.

Symbyezidium applanatum Trevis. 1877, Mem. Ist. Lomb. III, IV: 403.

Lopholejeunea applanata Steph. 1890, Hedwigia 29: 14; Schffn. 1893, Nat. Pflanzenf. I, III: 129; Steph. 1897, Bull. Herb. Boiss. V: 79; Schffn. 1898, Conspectus, p. 290; Steph. 1912, Spec. Hepat. V: 78; Verd. 1933, de Frull. XI: 217; 1933, de Frull. XII: 82; 1934, Nova Guinea 18: 3.

Lopholejeunea Levieriana Mass. 1897, Hepaticae Schensianae pag. 36; Levier 1906, Bryol. Schensiana, pag. 48.

Lopholejeunea Fleischeri Steph. 1912, Spec. Hepat. V: 79; Verd. 1933, de Frull. XII: 83.

Lopholejeunea Lamii Reim. 1929, Hedwigia 69: 114; Verd. 1934, Nova Guinea 18: 3.

Lopholejeunea apiculata Steph. in sched. (nec Horik.!).

BESCHREIBUNG: Rw., Bl., N. 1824, l.c.; Syn. Hepat. 1845 l.c.; Steph. 1912 l.c.

ABBILDUNGEN: Mass. 1897 l.c., Taf. X: 14; Goeb. 1887, l.c., fig. 10.

VARIABILITÄT: Die Lobi sind meistens deutlich zugespitzt, einzelne Blätter einer Pflanze können aber auch stumpf sein. Die Lobuli und Amphigastrien wechseln sehr in Grösse und Ausbildung. Bei robusten, flachen Lobuli ist der einzige apikal gestellte Zahn gut entwickelt. Die Amphigastrien können rund und nur dreimal so breit sein als der Stamm oder die Grösse der Lobi erreichen, sie sind dann fast doppelt so breit als lang, und ihr oberer Rand ist manchmal etwas eingekrümmt. Anscheinend immer monoezisch.

UNTERSCHEIDUNGSMERKMALE: Durch die fast immer zugespitzten Lobi und die grossen Amphigastrien leicht zu unterscheiden. In der engeren Indomalaya nur mit *L. nigricans* zu verwechseln, über die Unterscheidungsmerkmale vergl. S. 96. In Ozeanien wachsen zwei verwandte Arten *Lopholej. multiflora* Jack. et Steph. von den Fidschi Inseln und *Lopholejeunea Reineckeana* St. von Samoa, worüber in de Frull. XIV, S. 227 und S. 228 berichtet wurde. Die Pflanze, welche HORIKAWA neuerdings (1932, Journ. Hirosh. Univ. B, 2, I: 128) als *Lopholej. apiculata* beschrieb, gehört vielleicht auch hierher, es ist aber eine ganz andere Form als STEPHANI's *L. apiculata* in sched., welche bestimmt hierher gehört. Sie besitzt die Grösse einer *L. nigricans*, ohne damit nun nahe verwandt zu sein, die Amphigastrien sind auffallend schmal usw., es wäre nicht unmöglich, dass eine eigene japanische Art vorliegt. Alle *Apiculatae* wechseln aber sehr in ihren Dimensionen, und wir kennen aus Japan auch die typische *L. applanata*.

BEMERKUNGEN: Nur die var. α der älteren Autoren gehört hierher, die var. β gehört zu *Lopholej. Zollingeri*.

Was vom Bureau of Science in Manila als *Lopholej. Fleischeri* Steph. (det. Steph.) herausgegeben wurde, gehört wohl nicht hierher, ich sah nur *Ceratolejeunea* in den Konvoluten (Luzon, Baquio, Robinson 1911). Es ist übrigens überraschend, wie stark die Modifikationen der an ein und derselben Stelle wachsenden *Lopholej. applanata* und *Ceratolej.* sp. einander ähneln können.

VORKOMMEN UND VERBREITUNG: Im vorigen Jahrhundert hat man *L. applanata* vielfach mit anderen Arten verwechselt, die meistens hierhier gestellten Exx. gehören zu anderen Arten, die Pflanzen von Halmaheira z.B. zu *L. eulopha*. Leider kann ich nicht sagen, ob STEPHANI's Angabe der Art für Madagaskar richtig ist, man findet die anderen alten Standortsangaben bei Schiffner 1898 l.c. zusammengestellt, in mehreren Fällen konnte ich die Belege nicht auffinden. Doch ist die Pflanze von Japan und China bis Neu-Guinea gefunden worden. An Rinde, Steinen und Felsen, meistens nicht in der Ebene.

Standorte: J a p a n: Tosa (coll. ign., herb. Steph.); C h i n a: Schensi, Tsin Lin (Giraldi 1895); S u m a t r a: G. Siboga, 800 m (Schiffner 1894); G. Merapi, 1520 m (Schiffner 1894); G. Singalang, 560 m (Schiffner 1894); S. O. K., Sibolangit, 500 m (Docters van Leeuwen 1929); K r a k a t a u: 500—800 m (Docters van Leeuwen 1922, 1928); J a v a: (Blume, Typus!; Hasskarl); G. Boender, 200—300 m (Schiffner 1893); G. Salak, 600 m (Schiffner 1894); Tjiapoes-Schlucht, 800 m (Schiffner 1894); G. Megamendoeng, 1000—1250 m (Schiffner 1894; Verdoorn 1930); Telaga Warna, 1400 m (Schiffner 1894); G. Mandalawangi, 1200 m (Verdoorn 1930); G. Gede, im Berggarten Tjibodas (Fleischer 1900; Verdoorn 1930); bei Soekaboemi, 1300 m (Fleischer 1900); G. Slamat, 1100 m (Verdoorn 1930); B. N. B o r n eo: Mt. Kinabalu, Penibukan, 4000—5000′ (Clemens 1931—32); N i e d e rl. N e u-G u i n e a: am Mamberamo, bei Doormanrivier, 240 m (Lam 1920).
Exsiccate: Hep. Sel. et Crit. no. 240 und 241.

15. **Lopholejeunea nigricans** (Lindenb.) Steph.

Lejeunea nigricans Lindenb. 1845, Syn. Hepat. p. 316; Sde Lac. 1856, Syn. Hepat. Javan. p. 61.
Lejeunea intermedia Lindenb. 1845, Syn. Hepat. p. 316; Sde Lac. 1856, Syn. Hepat. Javan. p. 61; Steph. 1890, Hedwigia 29: 16.
Symbyezidium nigricans Trevis. 1877, Mem. Ist. Lomb. III, IV: 403.
Symbyezidium intermedium Trevis. 1877, Mem. Ist. Lomb. III, IV: 403.
Lopholejeunea nigricans Steph. 1890, Hedwigia 29: 16; Schffn. 1898, Conspectus, p. 293; Steph. 1912, Spec. Hepat. V: 91; Verd. 1933, de Frull. XI: 218.
Lopholejeunea intermedia Steph. 1912, Spec. Hepat. V: 77.

Beschreibung: Lindenb. 1845 l.c.; Steph. 1912 l.c.
Variabilität: Wie bei *Lopholej. applanata*, nur sind die Lobi viel häufiger nicht zugespitzt, und die Amphigastrien bleiben immer schmal (bis dreimal so breit wie der Stamm).
Unterscheidungsmerkmale: Von der einzigen Verwandten, *Lopholej. applanata*, durch Kleinheit (bebl. Stamm 0.7—0.9 mm breit); weniger deutlich zugespitzte, manchmal stumpfe Lobi, relativ grosse, aufgeblasene, fast die Hälfte der Lobuslänge erreichende, meistens völlig eingerollte Lobuli und besonders durch die stets schmalen Amphigastrien zu unterscheiden.

BEMERKUNGEN: STEPHANI 1890 l.c. S. 16 bemerkt nach dem Studium des Originals über *Lejeunea intermedia* Lindenb.: „sicher nur eine Form von *Loph. Lej. nigricans"*. Später führt er sie dann wieder als eigene Art an. Was er in seinen Icones abgebildet hat, (Java, leg. PATERSON) gehört wohl zu *Lopholej. applanata*.

Jungermania nigricans Lamarck, Encycl. III: 283 gehört zu *Frullania Tamarisci*.

Die var. β *monstrosa* Nees, Hepat. Javan. S. 316 konnte ich nicht untersuchen.

SCHIFFNER 1898 l.c., S. 293 führt *L. intermedia* als var. *intermedia* von *Lopholej. nigricans* an. Beide Sippen sind aber für Jeden, der nur einigermassen mit der Plastizität der Acutifoliae vertraut ist, völlig identisch.

Die meisten Bestimmungen: *L. nigricans* und *L. intermedia* dürften unrichtig sein und nicht hierher gehören.

VORKOMMEN UND VERBREITUNG: An Rinde und Felsen, seltener epiphyll oder auf blosser Erde. Indomalaya: von Sumatra bis Ternate: nicht in der Ebene.

STANDORTE: S u m a t r a: (Korthals); P. Pandjang, 770 m (Schiffner 1894); Aneh Schlucht, 550 m (Schiffner 1894); G. Siboga, 800 m (Schiffner 1894); Dollok Baroes, 1700—1950 m (Verdoorn 1930); J a v a: (Blume, Typus!); G. Salak, 1000 m (Schiffner 1893); Tjiapoes Schlucht, 700 m (Schiffner 1894); G. Megamendoeng, 1000 m (Schiffner 1894); G. Gede, Artja, 900 m (Schiffner 1894); idem, im Berggarten Tjibodas, 1420 m (Schiffner 1894); G. Goentoer, 1600 m (Verdoorn 1930); G. Patoeha (Junghuhn); G. Slamat, 1100 m (Verdoorn 1930); N o r d - C e l e b e s: Bojong (Warburg 1888); T e r n a t e (Reinwardt).

EXSICC.: Hep. Sel. et Crit. no. 243.

VII. **Mastigolejeunea** Spruce

Ptychanthus p.p. Nees 1838, Hepat. Europ. III: 212.

Jungermania p.p. Wils. et Hook. 1841, Drumm. Musci Am. S. Merid. 170;
Lehm. und Lindenb. 1834, Pugillus VI: 39.

Phragmicoma p.p. Syn. Hepat. 1845, p. 299 et p. 301.

Lejeunea p.p. Lindenb. 1845, Syn. Hepat. p. 333; Tayl. 1846, L. Journ. of
Bot. V: 392; Sull. 1856, in Gray. Manual ed. II, p. 699; etc.

Thysananthus p.p. Aongstr. 1873, Öfv. af K. Vet. Ak. Förh. V: 131;
Trevis. 1877, Mem. R. Ist. Lomb. III, IV.

Ptychocoleus p.p. Trevis. 1877, Mem. R. Ist. Lomb. III, IV.

Marchesinia p.p. Trevis. 1877, Mem. R. Ist. Lomb. III, IV.

Lejeunea subg. *Mastigolejeunea* sect. *Trigonolejeunea* Spr. 1884, Hep.
Amaz. et Andin. p. 100—101.

Mastigolejeunea Spr. 1884, Hep. Amaz. et Andin. p. 101; Schiffn. 1893,
Nat. Pfl. Fam. I, III: 129; Evans 1907, Bull. Torrey Bot. Club 34: 549;
Steph. 1912, Spec. Hepat. IV: 755; Verd. 1933, de Frull. XII: 77.

BESCHREIBUNG: Spruce 1884 l.c., Evans 1907 l.c., Steph. 1912 l.c.

ORIGINALDIAGNOSE VON SPRUCE: Elatiuscula, late depresso-caespitosa,
apice virescens inferne fulva fuscescensve. Caudex longe repens denudatus
subramosus, saepe multicaulis. Caules 1—3-pollicares validi assurgentes
parum ramosi, vel subregulariter pinnati; alii rami apice florentes, inno-
vando-prolongati; alii (pauci) flagellares parvifolii decurvi radicantes. Folia
mediocria (0.9—1.7 mm longa) conferta, humida distiche pectinatim patula,
sicca pro more decurvo-convoluta, plus minus linguaeformia, apice trian-
gulari subacuta obtusave — raro rotundata vel apiculata, e margine toto
postico (apice excepto) late incurvo subfalcata, saepeque ad speciem ligulata; lobulus 3—4-plo brevior, lineari-rectangularis rhomboideusve subinflatus, margine plano integerrimo. apice acuto bidentellove; cellulae plerumque parvae minutulaeve pariete incrassato utriculo saepe constricto, sub-
opacae pellucidaeve, inferiores majores magisque elongatae. Foliola foliis
paulo (raro duplo) breviora, plerumque sublongiora quam lata, cuneata, basi
angusta, apice dilatata, retusa vel late emarginata, integerrima vel apicem
versus subdenticulata. Flores monoici vel dioci: ♀ in caule ramove, api⸴e
iteratim monotrope innovato, terminales, ad speciem seriatim secundi, confer-
ti, interdum creberrimi, rarissime dichotomiales. Bracteae foliis subaequales,

acutiores, integerrimae vel serrulatae, lobulo in aliis obcordato-bifidulo; bracteola angustior, emarginata vel breviter bifida. Perianthia saepius emersa, prismatico-triquetra, pyriformia obovatave, raro linearia, apice obtuse truncato rostellata, carinis vel nudis vel plus minus alatis, ala in paucis latiuscula et laciniata vel ciliata, in unica duplicata; rarissime, plicis ad latera interpositis, 7—10-plicata-carinatave. Calyptra perianthio sat brevior rufa firmiuscula, clavato-pyriformis, ab apice ultra medium in valvulas 3, quarum duas sublatiores ovales, tertiam lanceolatam, dehiscens. Capsula subglobosa ultra dimidium quadrivalvis; valvulae pallide rufae recurvulae facie interna papillosa et ab apice ad $^1/_3$ longit. elateribus tenuibus unispiris, apice dilatato-truncatis, sparse obsitae. Pedicellus perianthio parum longior, ex ejusdem carina postica apice hiante extrusus, pallidus crassus, cellulis majusculis cylindricis collateralibus 21-seriatis (5 in diametro, axialibus uniseriatis) conflatus, siccando ad cellularum apices nodoso prominulus, ad internodos constrictus, quasi-articulatus, non autem geniculatus.

Obs.: this subgenus divides naturally into two sections, viz.:

1. *Trigono Lejeunea* (= Phragmicomae pars, „Syn. Hep.").
2. *Thysano-Lejeunea* (= Thysananthus Lindenb. et „Syn. Hep.").

These agree in habit; in the almost constant presence of flagella; in the closely-set leaves, which are lingulate or ligulate — or at least appear so from a wide incurvation of their postical margin; in the cuneate, retuso-truncate or emarginate underleaves; in the repeatedly innovant ♀ stems or branches, in the trigonous perianth. But in

Thysano-Lejeunea the leaves and underleaves are often finely denticulate or spinulose, and the triquetrous perianths spinose at the winged edges; whereas in

Trigono-Lejeunea, leaves, underleaves and perianths are quite entire.

These are the only tangible differences, except a slightly closer texture in *Thysano-Lejeunea*, and they can scarcely be regarded as more than sectional.

If, however, for the sake of retaining the name *Thysananthus*, which has already been applied by Lindenberg to one of these groups, we prefer to regard each group sub-generic, then our first section will stand as *Mastigo-Lejeunea* proper.

VARIABILITÄT: Die meisten Arten dieser Gattung bilden eine grosse über die ganzen Tropen verbreitete, sowohl im Norden wie im Süden in die Subtropen ausstrahlende Population, deren Analyse uns heutzutage noch völlig unmöglich ist. Nur genaue Studien über die Verbreitung der kleinsten Formen im Zusammenhang mit Transplantationsversuchen und anderen Kulturversuchen können uns über dieses polymorphe Gemisch Näheres lehren. Die veränderlichen Merkmale sind dieselben wie bei *Thysananthus*; besonders auch in den Dimensionen finden wir eine überraschende Variabilität, ♀ Involucralblätter und Perianthien sind wieder viel konstanter. Besonders der

Lobulus (cf. Evans l.c. p. 551) [1]) hat eigentlich keinen rein taxonomischen Wert und doch muss ich ausdrücklich betonen, dass ich d i e F ä h i g k e i t der meisten Mastigolejeuneen, L o b u l i zu bilden, die in einen l ä n g l i c h e n, gerade abstehenden oder eingekrümmten Z a h n aus einer Zellreihe a u s l a u f e n, als ein sehr w e s e n t l i c h e s M e r k m a l d i e s e r G a t t u n g betrachte und darin ein zwar theoretisches, aber doch sehr wichtiges Unterscheidungsmerkmal mit *Thysananthus*, wo nur einige Endeme diese Erscheinung (dann aber konstant) aufweisen, erblicke.

Unterscheidungsmerkmale: Die Gattung ist durch die an Stamm oder Hauptästen terminal stehenden ♀ Infl., welche immer eine, seltener zwei subflorale Innovationen zeigen, durch die ganzrandigen ♀ Involucralblätter, und durch die glatten, scharf gekielten Perianthien ohne accessorische Falten deutlich gekennzeichnet. Bei einigen Arten kommen selbstverständlich Abweichungen vor. Der Lobulus lässt sich kaum als Unterscheidungsmerkmal verwenden. In der älteren Literatur findet man manchmal die Behauptung (vergl. auch S. 174) *Mastigolejeunea* und *Thysananthus* seien nicht wesentlich voneinander zu trennen. Ich möchte dazu bemerken, dass das Auftreten von *Mastigolejeuneen* mit *Thysananthus*-Merkmalen und *Thysananthi* mit *Mastigolejeunea* Merkmalen ein typisches Holostipae-Charakteristikum darstellt und wirklich kein Grund sein darf, um von einer illusorischen Trennung zu sprechen. Jede der beiden Gattungen enthält einige Formengruppen, welche mit einander näher verwandt sind, als mit den Formengruppen der verwandten Gattung. Mit der Bemerkung von Spruce, dass die von ihm angeführten Unterscheidungsmerkmale der beiden Gattungen „scarcely can be regarded as more than sectional", bin ich dann auch nicht einverstanden.

Thysananthus, *Spruceanthus* und *Ptychanthus*, welche in der Stellung der ♀ Infloreszenzen und in der Entwicklung der subfloralen

---

[1]) The free margin is so variable, even in a single species, that it is difficult to assign it definite characters. It is sometimes entire or nearly so, passing by an indistinct rounded angle, which represents the apex, into the vaguely defined sinus In other cases the apex is much more distinct, being tipped by a single celle or even by a cell-row consisting of several cells. When the apical tooth is well developed there is sometimes a second tooth at some little distance from it on the proximal side."

Innovationen völlig mit *Mastigolejeunea* übereinstimmen, unterscheiden sich davon durch meistens gezähnten Lobi, Amphigastrien und Perianthkiele, sowie durch immer gezähnte ♀ Involucralblätter. Die Perianthien von *Thysananthus* und *Spruceanthus* sind dreikielig, das mehr oder weniger glatte Perianth von *Ptychanthus* ist vielfaltig. *Archilejeunea* hat immer zwei Ventralkiele am Perianthium auch *Ptychocoleus* zeigt wenigstens vier Falten und entwickelt die ♀ Infl. am Ende kurzer, nicht verweigter Seitenäste. Man hüte sich davor, sterile, üppig entwickelte Mastigolejeuneen mit 2 Zähnen an den eingerollten Lobuli als *Ptychocoleus*-Arten anzusehen! Verwandtschaftlich steht *Mastigolejeunea Thysananthus* am nächsten, ist aber aber mit anderen Gattungen weniger verwandt als diese.

BEMERKUNGEN: Schon SPRUCE 1884, l.c. p. 103 bemerkte: „*Phragmicoma repleta*", Tayl.! Mst. (Madras: Wight in hb. Hook. — Specimina ab ipso Lindenbergio ad *Phr. versicolorem* L. et G. redacta) eadem certe videtur ac *Phr. humilis* Gotts. (Java: hb. Lindberg). Haec autem vix differt a *Lejeunea auriculata* nisi statura minore, lobulo foliorum incurvo-apiculato, perianthiisque praealte triquetris". Vergl. auch meine Bemerkungen auf S. 106 und S. 108. Ich möchte hier noch bemerken, dass es nicht möglich ist, *M. humilis* oder *M. auriculata* s.l. in geographisch begrenzte Subspecies zu verteilen. Bei einem eingehenderen Studium von *M. humilis*, *M. auriculata* usw. wäre noch zu untersuchen, ob die hier häufig auftretenden Flagellen irgendwelche taxonomische Bedeutung haben.

Von den mir bekannten ausser-indomalesischen Mastigolejeuneen möchte ich hier *M. integrifolia* (Steph.) Verd., 1934, de Frull. XIV: 231, erwähnen. Diese nur vom Possession Island aus der Torres Street bekannte *Mastigolejeunea* mutet wie eine „Gattungshybride" zwischen *Mastigolejeunea* und *Ptychocoleus* an. Die Lobuli dieser Pflanze sind ausschliesslich nach dem *Ptychocoleus* Typ aufgebaut (meistens 3 Zähne), übrigens handelt es sich um eine ganz gewöhnliche *Mastigolejeunea* (die ♀ Infl. stimmt damit ebenfalls vollkommen überein). Man könnte diese Pflanze, wie auch die eigentümliche *M. paradoxa*, von *Mastigolejeunea* abtrennen und auf jeder dieser Arten eine eigene Gattung begründen.

Als *Lejeunea* (*Mastigolejeunea*) *apiculata* ohne Autorenzitat erwähnt STEPHANI 1897, Jorn. de Bot. XII, Sep. p. 6 in einer Arbeit BESCHERELLE's über Tahiti-Moose eine Pflanze von T a h i t i, die

höchst wahrscheinlich mit *Brachiolej. apiculata* Steph. 1897 (Bull.
Herb. Boiss. V: 846) identisch ist, und dann zu *Spruceanthus polymorphus* gehören würde.

Sonst konnte ich alle anderen asiatischen, australischen, ozeanischen und neuseeländischen Mastigolejeuneen untersuchen. Es stellte
sich heraus, dass manche irrtümlicherweise hierhergestellt sind, alle
richtig hierhergestellten Arten aus den genannten Gebieten sind im
Text erwähnt, in einigen Fällen wird jedoch auf „de Frullaniaceis
XIV" verwiesen.

Nicht zu *Mastigolejeunea* gehören: **Mastigolej. Andreana** Steph.
(= *Lopholejeunea*); **Mastigolej. badia** St. (= *Ptychocoleus*); **Mastigolej. borneensis** Steph. (= *Lopholejeunea*); **Mastigolej. formosensis** Steph. (= *Brachiolejeunea*); **Mastigolej. honoluluana**
Steph. (= *Lopholejeunea*); **Mastigolej. indica** Steph. (= *Ptychocoleus*; cf. de Frull. XII: 83); **Mastigolej. inflatiloba** Steph. (= *Ptychocoleus*); **Mastigolej. javanica** Steph. (= *Ptychocoleus*); **Masti-
golej. macrostipula** Steph. (= *Archilejeunea*); **Mastigolej. malaccensis** Steph. (= *Ptychocoleus*; cf. de Frull. XII: 84); **Masti-
golej. Marieana** Steph. (= *Ptychanthus*); **Mastigolej. Merril-
leana** Steph. in sched. (= *Ptychocoleus*); **Mastigolej. Novae Zelandiae** (Steph. (= *Archilejeunea*); **Mastigolejeunea Raben-
horstii** Steph. in sched. (enthält in meinem Herbar nur Trigonantha-
ceae; stammt von Hawai, wo *M.* unbekannt ist); **Mastigolej. spinicalyx** Herz. (= *Ptychocoleus*); **Mastigolej. valida** Steph [1]).
(= *Ptychocoleus*); **Mastigolejeunea Volkensii** Steph. (= *Hygrolejeunea* oder eine andere Gattung der Schizostipae; vergl. de Frull.
XII: 84).

Wenn man in einem bestimmten Falle daran zweifelt, ob wirklich
eine *Mastigolejeunea* vorliegt, ist es von grösster Bedeutung die ♀
Infl. genau zu untersuchen. Danach brauchen keinerlei Zweifel mehr
zu bestehen!

Typus: *Mastigolej. auriculata* (Wils. et Hook.) Schffn.

Vorkommen und Verbreitung: Die Arten dieser Gattung leben
meistens in ziemlich dichten Bezügen an Rinde grösser Bäume,
besonders auch an exponierten Stellen. Wir kennen sie aus der Neo-

---

[1]) Vergl. Spec. Hepat. IV: 772 und 824.

tropis, wo eine häufige Art sogar in den südlichen Staaten der U.S.A. gesammelt wurde, Angaben aus dem Süden von Süd-Amerika sind mir nicht bekannt. Für das tropische Afrika erwähnt STEPHANI 13 Arten. In unserem Gebiet ist die Gattung manchmal häufig, besonders in der Ebene und im Mittelgebirge, nicht in höheren Lagen, auch findet man sie wenig im Regenwald. Der nördlichste Fundort liegt bei Hongkong, aus Japan und Formosa kennen wir sie nicht, dagegen sind manche Fundorte aus Ozeanien und Australien bekannt geworden. Auf Neu-Seeland dagegen fehlt die Gattung wieder.

1. Der Lobulus ist im ♀ Involucrum fast völlig reduziert. Ventralkiel des Perianthium sehr breit. Endemische Art aus Neu-Guinea . . . . .
                                          6. **Mastigolej. paradoxa**
   Lobulus des ♀ Involucrum deutlich, Perianthien scharf gekielt . . .   2
2. ♀ Involucrum gezähnt . . . .   4. **Mastogolej. ciliaris**
   ♀ Involucrum ganzrandig   3
3. Lobi 1.8—2.2 mm lang   4
   Lobi bis 1.5, meistens etwa 1 mm lang   5
4. Pflanzen aus der westlichen Indomalaya . . . . 2. **Mastigolej. repleta**
   Pflanzen aus der östlichen Indomalaya . . . . . 3. **Mastigolej. atypos**
5. Lobulus völlig flach, über die ganze Länge gleichmässig breit, mit einem nicht eingekrümmten, laterad gerichteten Zahn . . . .
                                       5. **Mastigolej. ligulata**
   Lobulus flach oder meistens eingerollt, im oberen Teil schmäler als an der Basis, läuft meistens in einen krummen Zahn aus. Häufigste Art. . . .
                                       1. **Mastigolej. humilis**

Sect. nov. 1. **Humiles** Verd.

Lobuluszahn schräg caudad oder laterad gerichtet, manchmal auch stark reduziert. ♀ Involucralblätter mit deutlichem Lobulus, umhüllen teilweise das Perianthium. Perianthien scharf gekielt.

Typus: *Mastigolej. humilis* (Gottsche) Spr.

1. **Mastigolejeunea humilis** (Gottsche) Spr.

Phragmicoma humilis Gottsche 1845, Syn. Hepat. p. 299; Sande Lac. 1856, Syn. Hepat. Jav. p. 57; 1863—1864, Ann. Mus. Lugd. Bat. I: 307.
   Ptychocoleus humilis Trev. 1877, Mem. Ist. Lomb. III, IV: 405.
   Mastigolejeunea humilis Spr. 1884, Hep. Am. et Andin. p. 101; 1889, Hedwigia 28: 257; Steph. 1890, Hedwigia 29: 9; Schffn. 1893, Natürl. Pflanzenf. I, III: 129; Steph. 1895, Engl. Bot. Jahrb. XX: 319; 1912, Spec. Hepat. IV: 769; Schffn. 1898, Conspectus, S. 298; Evs. 1902, Mem. Torrey

Bot. Cl. VIII: 131; Verd. 1933, de Frull. XI: 221; 1933, de Frull. XII: 80;
1934, Nova Guinea 18: 5; 1934, de Frull. XIV: 231.

Lejeunea guahamensis Lindenb. 1845, Syn. Hepat. p. 333.

Mastigolejeunea guahamensis Steph. 1910, Denkschr. K. Ak. Wien 85: 21;
1912, Spec. Hepat. IV: 769.

Thysananthus virens Aongstr. 1873, Öfv. af K. Vetensk. Ak. Förh. V: 131.

Lejeunea virens Steph. 1898, in Bescherelle, J. de Botanique XII: Sep.
p. 7.

Mastigolejeunea virens Steph. 1912, Spec. Hepat. IV: 776; Verd. 1934,
de Frull. XIV: 232.

Mastigolejeunea minuta Schffn. 1890, Forschungsreise Gazelle IV: 23;
Steph. 1912, Spec. Hepat. IV: 770; Verd. 1934, Nova Guinea 18: 2.

Mastigolejeunea taïtica Steph. 1896, Hedwigia 35: 112; 1912, Spec. Hepat.
IV: 774; Verd. 1934, de Frull. XIV: 232.

Lejeunea taïtica (tahitica) Steph. 1898, in Bescherelle, Journ. de Bot. XII,
Sep. S. 6.

Phragmicoma taïtica Gottsche in sched.

Archilejeunea tahitensis Steph. 1911, Spec. Hepat. IV: 732; Verd. 1934.
de Frull. XIV: 220.

Mastigolejeunea appendiculifolia Steph. 1912, Spec. Hepat. IV: 773; Verd.
1934, de Frull. XIV: 230.

Mastigolejeunea longispina Steph. 1912, Spec. Hepat. IV: 774.

Mastigolejeunea thysananthoides Steph. 1912, Spec. Hepat. IV: 775; Herz.
1931, Ann. Bryol. IV: 89.

Mastigolejeunea latiloba Steph. 1912, Spec. Hepat. IV: 776.

Brachiolejeunea miokensis Steph. 1912, Spec. Hepat. V: 132; Verd. 1934,
Nova Guinea 18: 2

Mastigolejeunea losbanosa, Steph. 1924, Spec. Hepat. VI: 563; Herz. 1931,
Ann. Bryol. IV: 89.

Mastigolejeunea Micholitzii Steph. 1924, Spec. Hepat. VI: 564; Verd.
1934, Nova Guinea 18: 2.

Phragmicoma polyantha Jack in sched.

Lopholejeunea Robinsonii Steph. in sched.

BESCHREIBUNG: Gottsche 1845 l.c.; Schffn. 1890 l.c.; Steph.
1912 l.c.

ABBILDUNG: Schiffn. 1980 l.c., Tab. V, fig. 25—27.

VARIABILITÄT: Sämtliche Teile sind ungemein variabel, Lobi,
Amphigastrien, Involucralblätter und Perianth bleiben aber immer
völlig ganzrandig. Die verwandte *M. ciliaris* hat ein gezähntes Involucrum und ein mit Auswüchsen bedecktes Perianth, Uebergänge
zwischen den beiden Arten sind nicht bekannt.

Die *M. humilis*-Population ist im Zentrum der Indomalaya, auf

Java und auch auf Sumatra am wenigsten variabel. Dort bestehen nur auffallend robuste Bergformen und Formen mit schlecht ausgebildeten Lobuli (die bei den meisten Mastigolejeuneen vorkommen — vergl. EVANS 1907, Bull. Torrey Bot. Club 34: 551). Die Lobi haben im allgemeinen eine breite, etwas abgerundete Spitze, die Lobuli zeigen einen deutlichen, etwas eingekrümmten Zahn. Die Lobi sind etwa 1 mm lang. Der Blütenstand ist im allgemeinen dioezisch. Genau dieselben Formen findet man einerseits bis tief nach Ozeanien, andererseits (obwohl selten) bis zu den Philippinen und sogar vereinzelt in Laos. Es treten aber sowohl im östlichen, als auch im westlichen Teil der Indomalaya sehr robuste Formen auf. Die bis über 2 mm langen Lobi sind zugespitzt, die Lobuli zeigen fast keinen Zahn mehr (nur ein oder zwei kurze Spitzen), sie sind auch grösser, eingerollt und erinnern manchmal kaum mehr an die Lobuli der zentralindomalesischen Verwandten, mit denen sie aber allerseits durch eine Reihe von Uebergängen verbunden sind. Im westlichen Teil der Indomalaya besteht eine Sippe, welche sich so sehr vom Typus entfernt, dass man sie wohl als eigene Art auffassen muss. Diese *M. repleta* ist aber in allen Merkmalen lückenlos mit dem Typus verbunden, in bestimmten Teilen des Gebietes (Ceylon!) wachsen ganz verschiedene Formen zusammen, in anderen Teilen findet man nur eine Form. Die im östlichen Teil der Indomalaya abgetrennte Sippe (*M. atypos*) ist weniger durch Übergänge verbunden. Auf Celebes wächst nur noch eine, ziemlich mit dem sogennanten Typus übereinstimmende Sippe (manchmal Formen mit vergrösserten flachen Lobi), auf Ceram und Ambon tritt daneben schon eine „reine" *M. atypos* auf. Von den Molukken sind jedoch wenig Lebermoose bekannt. Weiter ist dann hervorzuheben, dass in Ozeanien, die bis Tahiti vordringende *M. humilis* noch einige andere Typen entwickelt hat, denen man Artwert zuerkennen kann.

Wenn der Lobuluszahn in dieser Population auch oft fehlt oder schlecht ausgebildet ist, so neigt man doch dazu, ihn als Merkmal zu benutzen. Dazu möchte ich noch mitteilen, dass ich auf Java gut entwickelte Pflanzen gesehen habe, deren Lobuli p.p. maj. in eine rein apikal gestellte verlängerte Spitze ausliefen („typisch"), an anderen Ästen derselben Pflanze war der Zahn fast unentwickelt (dann bestehen meistens zwei Lobulusspitzen), an wieder anderen Blättern war der Zahn auffallend postikad verschoben.

UNTERSCHEIDUNGSMERKMALE: Über die Unterscheidungsmerkmale von *M. humilis* mit *M. atypos*, *M. ligulata*, *M. ciliaris* und *M. repleta* wird bei den betreffenden Arten berichtet. Über die ozeanischen *M. Frauenfeldii* Reich., *M. Pancheri*, *M. vanicorensis* (St.), *Mastigolejeunea calcarata* (Mitt.) St. (= *Phragmicoma calcarata* Mitt. — nec. Mont.), zu der auch *Mastigolej. spiniloba* Steph. gehört und die in Australien vicariierende *M. phaea* (Gottsche), zu der *M. recurvistipula* Steph. und *M. Wattsiana* Steph. [1]) gehören findet man Näheres in „de Frull. XIV". Eine verwandte, aber deutlich unterschiedene Art ist dann noch *M. Feana* Steph. (Indien, Moolegit), sie hat länglichere Lobi mit stumpfer, aber eingekrümmter Spitze, stärker verdickte Zellen, einen sehr grossen (über die Hälfte der Lobuslänge erreichenden) Lobulus, der in eine ganz kurze Spitze ausläuft.

BEMERKUNGEN. Ich habe absichtlich nicht auf die Unterschiede zwischen *M. humilis* und den afrikanischen und neotropischen Formen hingewiesen. Wahrscheinlich handelt es sich um eine pantropische Population. SPRUCE l.c. schrieb schon über *M. auriculata* (Hep. Sel. et Crit. no. 334), dass sie von *M. humilis* „aegre separanda" sei (l.c. S. 101). Die definitive Entscheidung dieser Frage kann erst nach der vollständigen Revision der afrikanischen und amerikanischen Mastigolejeuneen erfolgen.

In alten Sammlungen liegt *M. humilis* meistens unter dem Namen *M. ligulata* (vergl. S. 111), seltener als *Phragmicoma versicolor* (vergl. S. 108) oder als *M. auriculata* (eine neotropische Art, siehe oben).

VORKOMMEN UND VERBREITUNG: Von Annam bis Tahiti, überall in der Indomalaya gefunden. Im westlichen Teil durch *M. repleta* vertreten. Auf Java und Sumatra besonders in der Umgebung von Dörfern. An Rinde, seltener auf Ästen, sehr selten auf Steinen und Felsen. Einmal (Mal. Halbinsel) sah ich die Angabe „Limestonerock". Liebt offene Stellen, wächst fast nicht im Urwalde, auch nicht als häufiger Kronenepiphyt bekannt. In unseren ziemlich reichlichen Borneo-Sammlungen (RICHARDS; CLEMENS) fehlt sie.

STANDORTE: A n n a m: Laos, Bao Thuong (Miss. Sc. I. Chine 1906); A n d a m a n e n: Mt. Harrick (Mann 1894); C e y l o n: Peradeniya, 500 m

---

[1]) = *Brachiolej. Wattsiana* Steph. (nec *Archilejeunea* cf. p. 54).

(Schiffner 1893); Poondelaya (Nietner 1868); S u m a t r a: P. Pandjang, 770 m (Schiffner 1894); Aneh Schlucht, 360 m (Schiffner 1894); G. Singalang, 1230 m (Schiffner 1894); G. Koerintji (Bünnemeyer 1920); S. O. K., Sungei Poetih, 60 m (Arens 1928); idem, Bandar (Fleischer 1899); J a v a: (Junghuhn, Typus!; Kurz; Karsten; Holle); Buitenzorg, 250 m (Schiffner 1893— 94; Nyman 1897; Verdoorn 1930); Batavia (Fleischer 1910); häufig in Kampongs bei Buitenzorg (Schiffner 1893—94); Gadok, 400 m (Schiffner 1894); G. Pantjar (Schiffner 1893); Goenoeng Pasir Angin, 500 m (Schiffner. 1894); G. Salak, 600 m (Schiffner 1893); G. Megamendoeng, Toegoe, 1200 m (Schiffner 1894); Tjisaroea, 880 m (Schiffner 1894); Artja, 950 m (Schiffner 1894); bei Tjipanas und Sindanglaija (Schiffner 1894); G. Gede, im Berggarten Tjibodas, 1400 m (Schiffner 1894; Renner 1931); n i c h t im Urwalde am G. Gede gefunden!; Soekaboemi, 570 m (Schiffner 1894); G. Manglajang, 1250 m (v. d. Pyl und Verdoorn 1930); Goenoeng Haloe bei Palasari, 1200 m (Verdoorn 1930); G. Telaga Bodas, 1700 m (Schiffner 1894; Verdoorn 1930); G. Goentoer, 1600 m (Verdoorn 1930); G. Tjikoeraj, Waspada, 1700 m (Verdoorn 1930); G. Semeroe, 1000 m (Verdoorn 1930); Sempol (Res. Pasoeroean) (Gandrup 1923); Kajoe Mas (Gandrup 1923); B a n d a: (Nyman 1898); M a l a y i s c h e H a l b i n s e l: Boekit Timahroad, 20 m (Schiffner 1893); P h i l i p p i n e n: Mindanao, Davao, Batangan (Warburg 1888); Luzon, Mt. Maquiling (Merrill 1909); Los Banos (Baker 1931); Polillo (Mc. Gregor 1909); C e l e b e s: Koeranga, 800 m (Berends ten Kate 1921); Kendari (Kjellberg 1929); A m b o n (cet. des.; herb. Steph.); N e u - G u i n e a (Micholitz); Mc Cluer Bay (Naumann 1875); am Gogol (Kärnbach 1890); D u k e o f Y o r k I n s.: Mioko (Micholitz 1893); M a r i a n e n (Mertens); N e u - P o m m e r n (Rechinger 1905); N e u - K a l e d o n i e n, Ile des Pins (le Rat 1909); S a m o a: Upolu (Graeffe); T a h i t i: (Nadeaud; Franc 1908; Vomier 1872; Vesco 1847); Eimeo (Anderson); an vielen Stellen (Setchell und Parks 1922); F i d s c h i I n s e l n (Seemann).

Übergangsformen zwischen *M. repleta* und *M. humilis*: C e y l o n: Nawara Eliya, 1800 m (Herzog 1906); Poondelaya (Nietner 1868); A n d a m a n e n: P. Blair (Mann 1893); M a l a y i s c h e H a l b i n s e l: Pahang, Gua Tipus, 400 m (Henderson 1929); P h i l i p p i n e n: (Robinson); Luzon, Viscaya (Mc Gregor 1913).

EXSICCATE: Hep. Sel. et Crit. no. 254, 255, 256, 257.

2. **Mastigolejeunea repleta** (Tayl.) Steph.

Lejeunea repleta Tayl. 1846, L. Journ. of Bot. V: 392; Mitt. 1861, Hep. Ind. Or. p. 110.

Phragmicoma repleta Syn. Hepat. 1847, p. 742; Spr. 1884, Hep. Am. et Andin. p. 103.

Mastigolejeunea repleta Steph. 1890, Hedwigia 29: 139; Evs. 1902, Mem.

Torrey Bot. Cl. VIII: 131; Steph. 1912, Spec. Hepat. IV: 772; Verd. 1933, de
Frull. XII: 84.

   Lejeunea Wardiana Mitt. 1861, Hep. Ind. Or. p. 109.

   Brachiolejeunea Wardiana Steph. 1912, Spec. Hepat. V: 129.

   Mastigolejeunea spectabilis Steph. 1912, Spec. Hepat. IV: 772.

   Mastigolejeunea Wightii Steph. 1912, Spec. Hepat. IV: 773; Verd. 1933,
de Frull. XII: 84.

   Mastigolejeunea spiniloba Steph. 1912, Spec. Hepat. IV: 775.

   Mastigolejeunea indica Steph. 1912, Spec. Hepat. IV: 776.

   Brachiolejeunea tylimanthoides Steph. 1912, Spec. Hepat. V: 129.

   Phragmicoma versicolor Auct. quoad pl. asiat.

BESCHREIBUNG: Tayl. 1846 l.c., Spec. Hepat. 1912 l.c.

UNTERSCHEIDUNGSMERKMALE: Eine gut ausgebildete *M. repleta*
ist leicht von *M. humilis* zu unterscheiden. Die Pfl. sind doppelt oder
dreimal so lang wie breit; postikaler Blattkiel gebogen; Lobus über
2 mm lang, zugespitzt; Lobulus halb so lang wie der Lobus, eingerollt ohne auffallende Zähne; Appendiculum anticum deutlich entwickelt. Amphigastrien gross, besonders im oberen Teil sehr breit.
Über die Unterscheidungsmerkmale von *M. atypos* siehe S. 109.

VARIABILITÄT: Die Differentialdiagnose beschreibt eine Pflanze,
die sich in verschiedener Hinsicht wesentlich von der javanischen
und sumatranischen *M. humilis* unterscheidet. Es besteht aber
zwischen beiden Arten eine völlig lückenlose Reihe von Übergängen.
Die extremen Formen sind aber zu sehr verschieden, als dass man
beide zu einer Art zusammenfassen könnte. Die verschiedenen
Formen der *M. humilis-repleta*-Sippe schliessen einander in ihrer
Verbreitung nicht aus.

BEMERKUNGEN: In Indien findet man *M. repleta* in der beschriebenen Gestalt, Übergangsformen scheinen nicht vorzukommen. Man
findet die Art im ganzen westlichen Teil der Indomolaya, und auf den
Philippinen wächst ebenfalls wieder *M. repleta*. Dort sind Übergangsformen recht häufig, und man könnte deswegen geneigt sein, die
Pflanzen der Philippinen als eigene Kleinart aufzufassen (*M. spectabilis* Steph.). Man darf aber nicht vergessen, dass *M. humilis* in Kontinentalasien fast fehlt und auf den Philippinen zwar nicht häufig ist,
aber doch wiederholt gefunden wurde. Die Bemerkung in de Frull.
XII: 83 über das Original von *Mastigolej. indica* ist unrichtig.

VORKOMMEN UND VERBREITUNG: An Rinde, meistens an halb-
exponierten Stellen, aber auch wohl im Schatten und dann sehr

üppig entwickelt. Kontinentalasien und Philippinen. Angaben über
die Verbreitung von Übergangsformen zu *M. humilis* sind bei dieser
Art nachzulesen.

STANDORTE: I n d i e n: Madras (Wight, Typus!); an vielen Stellen in
den vorderindischen Gebirgen gesammelt, besonders 5000—6000' (Foreau
1932—1933); Kanam bei Changanacherry (John 1931); B h u t a n (Griffith);
B i r m a (Browne); H o n g- K o n g: (Ford 1888); P h i l i p p i n e n:
Polillo (Micholitz); Luzon (Micholitz); Mindanao, Zambuanga (Whitford and
Hutchinson 1907).

3. **Mastigolejeunea atypos** Schffn.

Mastigo-(Trigono-)Lejeunea atypos Schffn. 1890, Forschungsreise Gazelle
IV: 22; Steph. 1912, Spec. Hepat. IV: 768; Verd. 1934, Nova Guinea 18: 5.

BESCHREIBUNG: Schffn. 1890 l.c.; Steph. 1912 l.c.
ABBILDUNG: Schffn. 1890 l.c., Tab. IV, Fig. 7—10.
UNTERSCHEIDUNGSMERKMALE: Durch doppelte Grösse, relativ
längere Lobi, welche deutlich zugespitzt sind und ein gut entwickel-
tes Append. ant. aufweisen; durch grosse, ziemlich flache, nicht in
einen auffallenden Zahn auslaufende Lobuli von *M. humilis* zu unterscheiden. Auch weniger verzweigt. — Über die Unterscheidungsmerkmale zwischen *M. atypos* und *M. repleta* lässt sich nicht viel sagen, besonders da uns von *M. atypos* nur spärliches Material vorliegt.
Die meisten Exx. von *M. repleta* haben etwas breitere Lobi und grössere, breitere Amphigastrien, die Postikalkiele der Blätter sind etwas
mehr gebogen, und die Lobuli erinnern im Habitus manchmal an
Ptychocoleus. Sie sind übrigens so variabel, dass ich in den Spitzen
usw. keine Unterscheidungsmerkmale finden kann. *M. repleta* ist
variabeler und auch deutlicher mit *M. humilis* verbunden als *M.
atypos*, die vorläufig einen konstanten Eindruck macht. *Mastigolejeunea Frauenfeldii* (Reich.), wozu auch *Mastigolej.* (nec *Brachiolej.*)
gibbosa (Aongstr.) gehört, ist wieder etwas kleiner, die Blätter sind
flacher inseriert, die Lobuli sind flacher und laufen in einen deutlichen
Zahn aus. Die Perianthien zeigen deutlich entwickelte accessorische
Kiele. *Mastigolej. Pancheri* Steph., eine endemische Art aus Neu-
Kaledonien, hat etwas grössere Lobi und doppelt so lange Stämmchen. Die Lobuli und Amphigastrien sind viel grösser als bei *M.*

atypos und anders gestaltet. Es ist übrigens fraglich, ob es sich hier um eine *Mastigolejeunea* handelt.

BEMERKUNG: In „Nova Guinea" l.c. bemerkte ich, dass *M. atypos* auch auf den Philippinen gefunden sei, diese Pflanzen kann man ihrer Variabilität usw. wegen wohl besser zu *M. repleta* stellen.

VORKOMMEN UND VERBREITUNG: Nur aus dem östlichen Teil der Indomalaya bekannt. Die Pflanzen von Ceram wurden auf 1750 m Höhe gesammelt, die Pflanzen von Ambon und Neu-Guinea kommen aus der Ebene, doch sind die Aufsammlungen einander sehr ähnlich. Nur auf Rinde gefunden. — (Fig. 21).

STANDORTE: A m b o n (v. Zippel); C e r a m: Useahaupass, 1750 m (Streseman 1911); N e u-G u i n e a: Mc Cluer Bai (Naumann 1875, Typus!).

4. **Mastigolejeunea ciliaris** (Sde Lac.) Verd.

Phragmicoma ciliaris Sde Lac. 1863—1864, Ann. Mus. Lugd. Bat. I: 307; Verd. 1933, de Frull. XII: 79.
Lopholejeunea ciliaris Schffn. 1898, Conspectus S. 291.
Ptychocoleus ciliaris Steph. 1912, Spec. Hepat. V: 39; Verd. 1933, de Frull. XII: 86.

BESCHREIBUNG: Sde Lac. 1863—1864, l.c.

ABBILDUNG: Verd. 1933, l.c.

UNTERSCHEIDUNGSMERKMALE: Von allen Mastigolejeuneen und besonders von *M. humilis*, mit der sie vegetativ völlig übereinstimmt, durch das reichlich gezähnte ♀ Invol. und die bewehrten Perianthien zu unterscheiden. Mit Vorsicht von *Thysananthus comosus* zu unterscheiden! Diese hat manchmal an sterilen Stammenden auffallend gezähnte Amphigastrien und Lobi; bei genauer Untersuchung (Lobusform, Lobulusform, Lobulusspitze, Amphigastrienform) kann man *M. ciliaris* nicht mit *Thysananthus* verwechseln.

BEMERKUNG. In VAN DER SANDE LACOSTE's Herbar fand ich auch noch ein Perianthium, dass wie das Per. eines schlecht entwickelten *Thysananthus spathulistipus* aussah, die Kiele sind deutlich gezähnt. STEPHANI's Zeichnung der Zähnung des ♀ Inv. ist etwas übertrieben.

STANDORT: B a n g k a: bei Batoe Roesak (Kurz 1858, Typus!).

5. **Mastigolejeunea ligulata** (Lehm. et Lindenb.) Spr.

Jungermania ligulata Lehm. et Lindenb. 1834, Pugillus VI: 39.
Ptychanthus ligulatus Nees 1834, Naturgesch. Eur. Leberm. III: 212.
Phragmicoma ligulata Syn. Hepat. 1845, p. 301; Sde Lac. 1863—1864,
Ann. Mus. Bot. Lugd. Bat. I: 308; Mitt. 1871, Fl. vitiensis p. 412;
Lejeunea ligulata Mitt. 1861, Hep. Ind. Or. p. 110; Steph. 1897 in Bescherel-
le, Journ. de Bot. XII, Sep. S. 6.
Mastigolejeunea ligulata Spr. 1884, Hep. Amaz. et Andin. p. 101; Steph.
1889, Hedwigia 28: 258; 1890, Hedwigia 29: 9; Schffn. 1893, Nat. Pflan-
zenf. I, III: 129; 1898, Conspectus S. 299; Steph. 1907, Denkschr. K. Ak.
Wiss. Wien 81: 297; 1912, Spec. Hepat. IV: 771; Verd. 1933, de Frull. XII:
84; 1934, Nova Guinea 18: 25; 1934, de Frull. XIV: 231.
Mastigo-(Trigono-)Lejeunea novo-hibernica Schffn. 1890, Forschungsreise
Gazelle IV: 23; Verd. 1934, Nova Guinea 18: 2.
Mastigolejeunea obtusiloba Steph. 1912, Spec. Hepat. IV: 768; Verd. 1934,
Nova Guinea 18: 2.

BESCHREIBUNGEN: Lehm. et Lindenb. 1834, l.c.; Schffn. 1890, l.c.
ABBILDUNG: Schffn. 1890 l.c., Tab. V, Fig. 11—12.
VARIABILITÄT: Viel lässt sich darüber nicht sagen, da wir bisher
nur wenige Standorte kennen. Wie bei allen Mastigolejeuneen kann
der Zahn aber völlig oder fast völlig verschwinden, und dann entstehen Forme wie STEPHANI's *M. obtusiloba*, bei der der Zahn nur angedeutet ist.

UNTERSCHEIDUNGSMERKMALE: Fast doppelt so gross wie *M. humilis*, meistens etwas kleiner als *M. atypos*. Wenig verzweigt. Lobi
flach, länglicher (1.5 mm lang) als bei *M. humilis*, meistens etwas
stumpfer als bei *M. atypos*. Lobulus flach, gross, doppelt so lang
wie breit, von charakteristischer Gestalt, läuft fast immer in eine
deutliche, nicht eingekrümmte, laterad gerichtete Spitze aus.

BEMERKUNGEN: Die meisten alten Angaben von *M. ligulata* beziehen sich auf *M. humilis*, das Original gehört aber nicht zu *M.
humilis*.

VORKOMMEN UND VERBREITUNG: Nur einzelne Fundorte sind bekannt. Auffallend ist das Fehlen in neueren Sammlungen. Auf Rinde.

STANDORTE: P. Penang: (hb. Hooker, Coll. mihi ign., Typus!);
Bangka: Batoe Roesak (Kurz 1858); Borneo: Sarawak (Micholitz);
Celebes: Menado (de Vriese 1858—1860); Boeroe (Weber van
Bosse); Neu Guinea: (Micholitz); Kaiser-Wilhelmsland, am Garda
Fluss (Fleischer 1903).

Sect. nov. 2. **Paradoxae** Verd.

Lobuluszahn schräg proximad gerichtet. Postikaler Blattrand mit einer *Lopholejeunea*-artigen Einbuchtung. ♀ Involucralbl. klein, das Perianthium nicht umhüllend. Ventralkiel sehr breit. Typus: *Mastigolej. paradoxa* Verd.

6. **Mastigolejeunea paradoxa** Verd.

Mastigolejeunea paradoxa Verd. 1934, Nova Guinea 18: 5.

BESCHREIBUNG: Verd. 1934 l.c.
ABBILDUNG: Verd. 1934 l.c., Tab. I, fig. 5—8.
UNTERSCHEIDUNGSMERKMALE: *M. atypos, M. humilis* und *M. ligulata* haben ganz andere Lobuli, sowie schmalere, nicht ausgebuchtete Amphigastrien; die Ventralkiele der Perianthien sind schmaler, die Lobi des ♀ Invol. bedeutend grösser und die Lobuli gut entwickelt. Einige *Spruceanthus*-Arten, welche sich unserer Gattung etwas nähern, sind durch die anders gestalteten Lobuli, die weniger breiten, nicht ausgebuchteten Amphigastrien und besonders durch ihre grösseren gezähnten ♀ Involucra leicht zu unterscheiden.

BEMERKUNG: Verwandte Arten sind in unserem Gebiete nicht bekannt. Unsere Art zeigt zwar die wesentlichen *Mastigolejeunea*-Merkmale, steht aber wie viele Endeme aus Neu-Guinea sehr isoliert da.

STANDORTE: N i e d e r l. N e u - G u i n e a: Nördl. Teil, Prauwenbivak, etwa 100 m (Lam 1920, Typus!).

VIII. **Ptychanthus** Nees

Jungermania p.p., Reinw., Bl., Nees 1824, Nova Acta XII: 214; Nees
1830, Hepat. Javanicae p. 36; Lehm. und Lindenb. 1832, Pugillus IV: 16;
etc.

Ptychanthus Nees 1838, Naturgesch. Europ. Leberm. III: 212; Syn. Hepat.
1845, p. 289; Trevis. 1877, Mem. Ist. Lomb. III, IV: 404; Schffn. 1893,
Natürl. Pflanzenf. I, III: 130; Steph. 1912, Spec. Hepat. IV: 740.

Frullania p.p. Mont. 1842, Ann. Sc. Nat. II: 17: Sep. p. 16.

Bryopteris p.p. Mitt. 1871, Fl. vitiensis p. 411.

Lejeunea subg. *Ptycholejeunea* Spr. 1884, Hepat. Amaz. et Andin. p. 97.

Ptycholejeunea Spr. 1884, Hepat. Amaz. et Andin. p. 98; Steph. 1889,
Hedwigia 28: 258 etc.; Sim 1926, Transact. R. Soc. Sth. Afr. XV: 57.

BESCHREIBUNG: Nees 1838 l.c., siehe unten; Spr. 1884 l.c.;
Schffn. 1895 l.c.; Steph. 1912 l.c.

ORIGINALDIAGNOSE VON NEES: Fructus ex angulo amphigastriorum
deorsum spectantes, subsessiles. Involucrum nullum, nisi amphigastrium
perianthio subiectum, rarius foliolum alterum exiguum accedit. Perianthium
oblongum, basi attenuata sessile, 8—10-sulcatum, primo obtusum subumbonatum, demum dentibus tot, quot angulis gaudet, dehiscens brevibus incurvis. Calyptra pyriformis, vertice rumpens. Capsulam non vidi, nec flores
masculos. Vegetatio: Rami primarii e surculo procumbente aut repente, sparsim ramosi pinnative. Folia incuba, imbricata, basi plica inflexa instructa.
Amphigastria aut subquadrata truncata, aut subrotunda, vel integra vel
retusa, integerrima vel repando-dentata, nec bifida.

VARIABILITÄT: Siehe Seite 116.

UNTERSCHEIDUNGSMERKMALE: Durch terminal gestellte, einerseits (seltener beiderseits) innovierte ♀ Infl.;durch 8—12-faltige
Perianthien mit regelmässig gestellten, glatten Falten, gekennzeichnet. Aus den verwandten Gattungen unterscheidet sich *Thysananthus* durch die dreikantigen Perianthien mit gezähnten Kielen; *Mastigolejeunea* durch dreikantige Perianthien mit glatten Kielen;
Archilejeunea und *Leucolejeunea* durch 5-kantige Perianthien (2
Ventralkiele). *Brachiolejeunea* und *Ptychocoleus*, welche in der

Gestalt der Perianthien ziemlich mit *Ptychanthus* übereinstimmen, haben im Verhältnis zu den anderen Teilen der Pflanze viel kleinere Perianthien und sind durch die grossen Lobuli mit den zahlreichen, kleinen Auswüchsen sofort zu unterscheiden. *Ptychocoleus* trägt die ♀ Infl. ausserdem noch an kurzen, nicht innovierten Seitenästen. Über die nahe verwandte Gattung *Spruceanthus*, welche *Ptychanthus* mit *Thysananthus* verknüpft, wird auf S. 151 ausführlich berichtet. Verwandtschaftlich steht *Ptychanthus Spruceanthus* und *Thysananthus* am nächsten; ob die Gattung viel mit *Ptychocoleus* und *Brachiolejeunea* zu tun hat, halte ich für zweifelhaft.

BEMERKUNGEN: NEES 1838 l.c. stellte ursprünglich auch einige *Ptychocoleus*-Arten etc. hierher, die erste Bereinigung der Gattung fand dann in der Syn. Hepat. statt, später hat SPRUCE sie noch genauer umschrieben, aber doch sind immer noch einige Elemente, die hier nicht wesentlich her gehören, bei *Ptychanthus* geblieben. Diese habe ich nun in das Genus *Spruceanthus* überführt, wo sie mit einigen anderen, früher zu *Thysananthus* gerechneten Arten eine sehr natürliche Gruppe bilden.

Nicht hierher gehören: **Ptychanthus boliviensis** Steph. (= *Brachiolejeunea*); **Ptych. crispifolius** Steph. (= *Spruceanthus*); **Ptych. mamillilobulus** Herz. (= *Spruceanthus*); **Ptych. plagiochiloides** Herz. (= *Caudalejeunea*); **Ptych. semirepandus** Nees (= *Spruceanthus*), ausserdem besteht eine **Ptych. japonicus** Steph. in sched., welche *Brachiolejeunea sandvicensis* darstellt, und eine **Ptych. denticulatus** Steph. in sched., welche zu *Spruceanthus* gehört. Schliesslich hat der Général PARIS an viele Herbarien Convolute (die nur *Frull. squarrosa* aus Hinterindien enthalten) mit der Bezeichnung: *Ptychanthus reconditus* (L. et L.) Steph. det. STEPHANI verteilt. Ich kenne nur *Jungermania recondita* von L. et L., welche zu *Madotheca* gehört und halte es für wahrscheinlich, dass *Ptycholej. recondita* St. gemeint war (siehe S. 54).

Sämtliche anderen, bis heute aufgestellten *Ptychanthus*-Arten (mit Ausnahme der schon in der Syn. Hepat. abgetrennten) sind im folgenden Text erwähnt; es stellte sich heraus, dass es auf der ganzen Welt nur wenige *Ptychanthus*-Arten gibt!

Typus: *Ptychanthus striatus* (Lehm. et Lindenb.) Nees.

VORKOMMEN UND VERBREITUNG: Eine häufige, durch die ganze Palaeotropis und Australien verbreitete Art mit ein oder drei Ver-

wandten aus demselben Gebiet. Weiter noch eine Art in Südamerika
mit einer verwandten Art in der engeren Indomalaya. Häufig als
Hängeepiphyt, auch an Stämmen und Felsen, selten auf Erde
(was bei Holostipae nur sehr selten vorkommt). In der Indomalaya
nur in mittleren Höhenlagen gesammelt, fehlt in der Ebene und
im Hochgebirge.

1. Lobi, Amphigastrien und ♀ Involucrum meistens gezähnt. Farnartig ver-
    zweigt. Rostrum ragt aus dem Perianthium hervor. Andrözien an ge-
    wöhnlichen Ästen. Häufiger Hängeepiphyt .   1. **Ptychanthus striatus**
    Lobi, Amphigastrien und ♀ Involucrum immer ganzrandig. Nur wenig
    verzweigt, oder im unterem Teile dichotom, im oberen Teil durch einseitige
    Subinnovationen. Rostrum ragt nicht aus den Kielen des Perianthiums
    hervor. Androezien an Adventivästen (Entstehung nach dem Radula-
    Typus). Selten, nie als Hängeepiphyt. . . . 2. **Phychanthus sulcatus**

1. **Ptychanthus striatus** (Lehm. et Lindenb.) Nees

Jungermania striata Lehm. et Lindenb. 1832, Pugillus IV: 16.
Ptychanthus striatus Nees 1838, Naturgesch. Europ. Leberm. III: 212;
Syn. Hepat. 1845, .p 289; Griff. 1849, Notulae ad pl. asiat. II: 303; Mitt.
1856, Journ. of Bot. and Kew. G. M. VIII: 356; Mitt. 1861, Hepat. Indiae
Or. p. 109; Trevis. 1877, Mem. Istit. Lomb. III, IV: 404; Masson 1883,
Burma II: 47; Schffn. 1893, Nat. Pflanzenf. I, III: 130; 1898 Conspectus,
p. 313; 1899, Oesterr. Bot. Zeitschrift 1899; Sep. p. 3; Paris 1900, Rev. Bryol
27: 90; Steph. 1907, Denkschr. Ak. Wiss. Wien 81: 101; 1912, Spec. Hepat.
IV: 753; Gebb in Gibbs, Journ. Linn. Soc. 39: 196; Kashyap 1932, Hepat.
Panjab II: 25; Verd. 1933, de Frull. XI: 224; 1933, de Frull. XII: 79; 1934,
de Frull. XIV: 235.
Frullania striata Mont. 1842, Ann. Sc. Nat. II, 17, Sep. p. 16.
Ptychanthus squarrosus Mont. 1844, in Lehm. Pugillus VIII: 22; 1845,
Syn. Hepat. p. 290; 1856 Sylloge p. 71; Steph. 1890, Hedwigia 29: 5.
Ptychanthus Wightii Gottsche 1845, Syn. Hepat. S. 291; Mitt. 1861, Hepat.
Ind. Or. S. 109; Steph. 1912, Spec. Hepat. IV: 753; 1907, Denkschr. Ak. Wiss
Wien 81: 297.
Ptychanthus javanicus Gottsche 1845, Syn. Hepat. S. 291; Sande Lac.
1856, Syn. Hep. Jav. S. 55; 1863—64, Ann. Mus. Bot. Lugd. Bat. I: 307;
Trevis. 1877, Mem. Ist. Lomb. III, IV: 404; Schffn. 1893, Nat. Pflanzenf. I,
III: 130; 1894, Hedwigia 33: 178; 1890, Hedwigia 29: 5; 1899, Oesterr. Bot.
Ztschr. 1899, Sep. S. 3; Steph. 1912, Spec. Hepat. IV: 747; Verd. 1933, de
Frull. XII: 79.
Ptychanthus moluccensis Sande Lac. 1863—1864, Ann. Mus. Bot. Lugd.
Bat. I: 307; Spr. 1884, Hepat. Amaz. et Andin. S. 98; Schffn. 1898, Conspec-
tus S. 312; Steph. 1912, Spec. Hepat. IV: 749; Verd. 1933, de Frull. XII: 80.
Bryopteris striata Mitt. 1871, Fl. vitiensis p. 411.

Ptycholejeunea javanica Spr. 1884, Hep. Amaz. et Andin. S. 98; Steph., 1889, Hedwigia 28: 258; Steph. 1890, Hedwigia 29: 5.

Ptycholejeunea moluccensis Steph. 1889, Hedwigia 28: 259.

Ptycholejeunea striata Steph. 1889, Hedwigia 28: 259; 1890, Hedwigia 29: 5; 1895, Engl. Bot. Jahrb. XX: 319; 1897, Bull. Herb. Boiss. V: 79; Sim 1926, Transact. R. Soc. Sth. Africa 15: 57.

Ptycholejeunea birmensis Steph. 1896, Hedwigia 35: 120.

Ptycholejeunea Nietneri Steph. 1896, Hedwigia 35: 121.

Ptychanthus Nietneri Schffn. 1899, Oesterr. Bot. Zeitschr. 1899, Sep. p. 8, Steph. 1912, Spec. Hepat. IV: 750.

Ptychanthus birmensis Schffn. 1899, Oesterr. Bot. Zeitschr. 1899, Sep. S. 8; Steph. 1912, Spec. Hepat. IV: 745.

Ptychanthus africanus Steph. 1911, Ergebnisse Deutsch Zentral Afrika Exp.; 1912, Spec. Hepat. IV: 741.

Ptychanthus pallidus Steph. 1912, Spec. Hepat. IV: 741.

Ptychanthus integrifolius Steph. 1912, Spec. Hepat. IV: 742.

Ptychanthus acuminatus Steph. 1912, Spec. Hepat. IV: 742.

Ptychanthus gracilis Steph. 1912, Spec. Hepat. IV: 746.

Ptychanthus Lorianus Steph. 1912, Spec. Hepat. IV: 749; Verd. 1934, Nova Guinea 18: 2.

Ptychanthus Brotheri Steph. 1912, Spec. Hepat. IV: 751; Verd. 1934, Nova Guinea 18: 2; 1934, de Frull. XIV: 234.

Brachiolejeunea andamana Steph. 1912, Spec. Hepat. V: 130, Verd. 1933, de Frull. XII: 81.

Ptychanthus grossidens Steph. 1924, Spec. Hepat. VI: 560; Verd. 1933, de Frull. XII: 85.

Ptycholejeunea dioica Sim 1926, Transact. R. Soc. Sth. Afr. 15: 58.

Ptychanthus bidentatus Herz. 1931, Ann. Bryol. IV: 85.

Ptycholejeunea elobulata Steph. in sched.

Ptychanthus samoanus Steph. in sched.

Ptychanthus rhombifolius Steph. in sched.

BESCHREIBUNG: Lehm. und Lindenb. 1832 l.c.; Spruce 1884 l.c. (sub *Ptycholej. javanica*); Steph. 1912, l.c. S. 753 usw.

ABBILDUNGEN: Mitt. 1855, Fl. Nov. Zel. II, Taf. CII (*Lej. Stephensoniana*); Gottsche 1858, Ann. Sc. Nat. 4, 8, Taf. 16: 1—9 (*Pt. javanicus* var. *brevifolius*); Kash. 1932, Hepat. Panjab II, Taf. II: 8—12 (irrtümlich als *Pt. Perrottetii* bezeichnet, besser zu *Pt. retusus* zu stellen).

VARIABILITÄT: Wie aus dem etwa 50 Synonyme schon hervorgeht, handelt es sich um eine in fast allen Merkmalen sehr variabele und ausserdem noch weit verbreitete Art. Meistens monoezisch, man findet aber auch rein ♀ und besonders rein ♂ Rasen, letztere sind dann im allgemeinen auffallend kräftig entwickelt. Der Lobus ist meistens deutlich zugespitzt, laterad gerichtet, am oberen und am unteren Rand gezähnt. Appendiculum anticum meistens deutlich, bei kleineren Formen kann es fast verschwinden, bei sehr robusten Formen ist es rund und sehr gut entwickelt. Bei manchen Formen sind die Lobuli weniger gezähnt bis völlig ganzrandig. Es kommt nur sehr selten vor, dass solche ganzrandigen Lobi auch länglich zugespitzt sind, die Spitzen werden bei den ganzrandigen Formen kürzer, und die Richtung der Lobi ändert sich etwas. Die ganzrandigen Lobi sind meistens kurz zugespitzt, mit asymmetrischem Lobusoberteil, eingerolltem postikalem Lobusrand usw. Diese extremen Formen nannte man früher „*Ptychanthus retusus*". Ich führe sie auf S. 121 als Varietät an, in den nördlichen und östlichen Teilen ihres Areals ist *Pt. striatus* hauptsächlich durch diese Form vertreten, wenn auch alle möglichen Übergänge reichlich vorhanden sind. In Kontinentalasien findet man wiederholt noch eine ganz anderen Lobusgestalt, die Spitze ist stark entwickelt, lang ausgezogen und die Ränder sind auffallend kräftig gezähnt. Man nannte diese Form früher *Pt. Perrottetii*, manchmal wurden irrtümlicherweise alle *Pt. striatus*-Pflanzen aus Indien mit diesem Namen belegt — vergl. KASHYAP l.c., ich führe sie deshalb noch als eigene Varietät an. Charakteristisch für diese Pflanze ist der runde Sinus, den man zwischen Lobusspitze und dem am weitesten apikal befindlichen antikalen Lobuszahn findet. Der Lobulus läuft in einen grossen Zahn (Lobulusspitze) und einen kleinen Zahn aus. In der mehr oder weniger vollständigen Ausbildung dieser Zähne findet man, wie bei *Mastigolejeunea* und *Thysananthus*, viele Variationen. Es gibt ganz kleine Lobuli mit etwas eingekrümmtem freien Rande, wo die Zähne nur angedeutet sind; grössere Lobuli sind meistens flach und zeigen einen grossen (selten verlängerten) Zahn und einen kleineren Zahn oder zwei grössere Zähne, in diesem Fall kann sich auch noch ein dritter Zahn entwickeln. Früher fasste man die Pflanzen mit grossen flachen Lobuli und zwei deutlichen Zähnen als *Ptych. intermedius* zusammen. Schon SPRUCE sprach schon von einer var. *intermedia*, erkannte aber die charakteristischen Merkmale nicht. Die Amphigastrien sind ungefähr rund, können sich aber auch etwas verlängern, dann entstehen kleine Basallappen. Die Randzähnung variiert meistens mit der der Lobi. Die ♀ Involucralblätter verlieren ihre Zähnung manch-

mal noch schneller als die Stamm- und Astblätter. Die Perianthien
ändern besonders in der Länge ab, sie sind meistens in ihrer ganzen
Länge mit 6—12 regelmässig angeordneten, glatten, abgerundeten
Kielen versehen und doppelt bis dreimal so lang wie breit.ImHimalaya
finden wir aber häufig Formen, bei denen die Perianthien kurz umgekehrt birnförmig und nur im oberen Teile gefaltet sind (*Ptych.
pyriformis* St.). Im Habitus stimmen die meisten Formen durch die re-
gelmässige einfach bis doppelt gefiederte Verzweigung ziemlich gut
miteinander überein. Die Verschiedenheiten in der Lobuszähnung,
Lobusspitze und Lobulusform, von denen manche zweifellos erblich
bedingt werden, sind nie so gross oder so lückenlos voneinander getrennt, als dass ich ihnen spezifische Bedeutung beimessen könnte.
Zur leichteren Orientierung in dieser schwierigen Population führe
ich drei Varietäten an, betone aber ausdrücklich, dass diese mit einer
wirklichen Analyse dieser Gruppe nichts zu tun haben. Die *retusus*-
Formen, welche im Habitus am stärksten abweichen,sind wahrscheinlich einfache Modifikationen von mehreren gezähnten Sippen. So ist
var. *retusus* aus Indien wahrscheinlich meistens von *P. Perrottetii*
s.s. abzuleiten. Auf den Philippinen, wo man *retusus*-Formen findet,
welche den indischen ungemein ähneln, muss man sie dagegen von
P. striatus s.s. ableiten.

UNTERSCHEIDUNGSMERKMALE: Es gibt nur zwei oder drei verwandte Arten. Davon ist *Ptychanthus chinensis* Steph. (= *Mastigolejeunea
Marieana* Steph.) noch am besten unterschieden. Es ist eine endemische Art aus Süd-China; was KASHYAP (II: 21) unter diesem Namen
anführt, sind ganzrandige Formen (var. *retusus*) von *Ptych. striatus*.
Richtig sind dagegen HERZOG's Angaben in Hedwigia 65: 126 und
Symbolae Sinicae V. Sie unterscheidet sich von den *retusus*-Formen
von *Ptych. striatus* durch stumpfe, abgerundete, laterad gerichtete,
völlig ganzrandige Lobi, ein aus mehr isodiametrischen Zellen beste-
hendes lockeres Zellnetz, für einen ganzrandigen *Ptychanthus* grosse
Lobuli (etwas aufgeblasen), ganzrandige typische Yünnan-Amphi-
gastrien (cf. de Frull. XIII: 89), mit halbfreien Basallappen. *Ptych.
chinensis* bildet in verschiedener Hinsicht einen Übergang zwischen *P.
striatus* und *P. sulcatus*. Ebenfalls aus Süd-China (Hunan) stammt
Pt. caudatus Herz.; diese Art steht der *Pt. striatus* viel näher und
könnte auch unter Umständen nur eine extreme Form aus dieser
Population sein, unterscheidet sich von den *Perrottetii*-Formen durch

die länglich ausgezogenen Lobi, welche allmählich in die kräftige, verlängerte Spitze übergehen, die Amphigastrien sind mehr oder weniger
zweilappig. Eine dritte verwandte „Art" wächst in Australien und
gehört wahrscheinlich zur var. *intermedius*, wozu ich sie in der Sy-
nonymenliste auch gestellt habe; doch wäre es nicht unmöglich, dass
diese *Ptych. Stephensonianus* (Mitt.) in Australien und Neu-Seeland
die einzige Form (sc. extreme *intermedius*-Form) von *Ptychanthus*
darstellt. In diesem Falle muss man sie als eigene selbständige Art
auffassen. Vorläufig lässt sich darüber aus Materialmangel nichts entscheiden. *Ptychanthus Stephensonianus* stimmt in jeder Hinsicht völlig mit robusten *intermedius*-Formen überein. Die Lobuli sind ständig
sehr gross und laufen in zwei scharfe Zähne aus. Lobuli aus dem ♀
Involucrum konnte ich leider nicht untersuchen.

BEMERKUNGEN: SCHIFFNER 1899 (Öst. Bot. Zeitschr. Sep. p. 3)
betrachtet *Ptych. striatus* und *Ptych. javanicus* als vicariierende Arten. Als Areal für die erste gibt er „Himalaya", als Areal für die
zweite „Indischer Archipel" an. Nach Untersuchung eines grösseren
Materials aus fast allen Teilen Asiens, besonders auch aus den Gebieten zwischen Himalaya und der engeren Indomalaya, kann ich dies
nicht bestätigen. Wenn man die Variabilität von *P. striatus* aus dem
Himalaya und von *P. striatus* aus der engeren Indomalaya graphisch
darstellt, findet man zweifellos mehrere Unterschiede und man kann
dann SCHIFFNER's scharfsinnige Beobachtungen über kürzere, breitere Blätter und kleinere Blattzellen von Himalaya-Acrogynae auch
leicht bestätigen. In den zwischen liegenden Gebieten kommen aber
alle möglichen Übergänge vor, und die Variabilität von *Pt. striatus* ist
sowohl im Himalaya als auch in der Indomalaya so gross, dass man
sowohl für Pflanzen des Himalaya als auch für die der Indomalaya
weder ein eigenes Areal noch einige eigene Merkmale angeben kann.
In Yünnan dagegen hat sich wieder eine eigene, sowohl ins Areal
wie in den Merkmalen scharf umschriebene, endemische Art entwickelt. Bei den meisten grossen Lebermoospopulationen trennen
sich die Endemismen nun einmal nicht so schnell oder so scharf, wie
wir dies bei den Pteridophyten und Anthophyten gewöhnt sind und
diese Tatsache muss auch in der Taxonomie ihren Ausdruck finden.

Dass *Ptych. squarrosus* nicht als eigene Art aufrecht zu halten ist,
hat schon SCHIFFNER (in sched.) bemerkt. Schon STEPHANI 1907

(Denkschr. Ak. Wiss. Wien 81 : 297) gibt an, dass *Ptych. Wightii* als eigene Art zu streichen sei. In seinen „Species Hepaticarum" führt er sie dann aber wieder an.

In de Frullan. XII : 80 habe ich irrtümlich angegeben, dass *Ptych. moluccensis* nicht in SCHIFFNER's Conspectus erwähnt wird, man findet sie jedoch daselbst auf S. 312 angeführt, sie fehlt aber im Index.

J. retusa wurde sechs Jahre früher veröffentlicht als *J. striata*. Da man beide Arten bis heute immer trennte, habe ich in dieser nicht definitiven Arbeit noch von einer Umtaufe der so häufigen Art abgesehen.

VORKOMMEN UND VERBREITUNG: Meistens als Hängeepiphyt an Ästen, auch an Stämmen, auf Steinen, Felsen usw., selten zwischen anderen Moosen auf feuchtem „Sande". Schönes paläotropisches Areal! Von Japan bis tief nach Ozeanien durch ganz tropisches Asien verbreitet. Auch in Australien und Neuseeland gefunden (oder durch eine nahe verwandte Art vertreten). Tropisches Afrika, Südafrika und Madagaskar. Verwandte Arten nur innerhalb dieses Areals. — Fig. 13.

STANDORTE [1]): Z e n t r a l-A f r i k a: Itara bei Bukoba (Exp. Ad. von Mecklenb. 1907); Usambara (Brunthaler 1909); Mozambique (Henriques 1887); S ü d-A f r i k a: „Abundant. in all forest districts of South Africa as loose cushions on stones or tree stumps in forest" (SIM 1926, 1. c.; fide F. V.!); M a d a g a s k a r (in herb. Steph., Material von verschiedenen Standorten, die Schedae jedoch — französische Handschrift — unleserlich); J a p a n „très commun au Sud Tosa (Steph. 1897 1. c.; fide F. V.!); C h i n a: Schen-Si, In Kia po (Giraldi 1896); idem, Kuan tou san (Giraldi 1897); H i m a-l a y a: häufig, auch im westlichen Teil (Wallich, Typus!; Kashyap; Chopra; Setchell; Bretandeau; Duret; Rana; Gebauer; Singh); A n n a m (Eberhardt 1906); T o n k i n (Billet); B u r m a: (Kurz; Stolitzka; Beddome; Fraser 1896; Micholitz 1888); N. S i a m (E. Smith 1923); V o r d e r i n d i e n: (Perrottet; Wight); Kodaikanal (Foreau 1932); C e y l o n: Poondelaya (Nietner 1868); Udapusilawa, 5000' (Beckett 1883); A n d a m a n e n: P. Blair (Mann 1890); S u m a t r a: Padang (Andrée Wiltens); Aneh-Schlucht, 360 m (Schiffner 1894); G. Singalang, 1500—2000 m (Schiffner 1894); J a v a: (Junghuhn; Teysmann; Treub; Toussaint; Hasskarl); G. Salak (Zollinger); idem, 1400 m (Fleischer 1909); G. Megamendoeng, 1000—1350 m (Kurz; Wichura; Schiffner 1894; Verdoorn 1930); Artja am Nord-Gede, 950 m (Schiffner 1894); G. Mandalawangi bei Tjisaroea, 1200 m (Verdoorn

---

[1]) Die ausserindomalayischen Standorte sind sehr unvollständig!

1930); Telaga-Warna, 1400 m (Schiffner 1894); bei Tjipanas, 1300 m (Schiffner 1894); G. Gegerbentang, 1700 m (Verdoorn 1930); G. Gede, im Berggarten Tjibodas, 1400 m und im Urwalde bis 1750 m aufsteigend, vereinzelt noch etwas höher (Schiffner 1894; Valeton 1903; Fleischer 1913; Verdoorn 1930; Renner 1931); G. Patoeha, 2000 m (Verdoorn 1930); G. Malabar, 1650 m (Verdoorn 1930); idem, G. Poentjak Besar, 1800—2000 m (Verdoorn 1930); G. Goentoer, 1500—1700 m (Verdoorn 1930); Daradjat bei Garoet, 1750 m (Schiffner 1894); G. Telaga Bodas, 1700 m (Schiffner 1894); G. Merbaboe, 1400 und 1910 m (Fleischer 1913); Tengger, G. Ajek Ajek, 2100 m (Verdoorn 1930); G. Kawi, 2000 m (Verdoorn 1930); M a l a y i s c h e H a l b i n s e l: Moulmein (Parish); B. N. B o r n e o: Mt. Kinabalu, Tenompok, 7000′ (Clemens 1931—1932); Tawao, Elphinstone Province (Elmer 1923); S a r a w a k: Baram, Mt. Trekan (Hose 1895); P h i l i p- p i n e n: (Micholitz); Mindanao, Zamboanga (Merrill 1911); idem, Butuan (Merrill 1910); Palawan, Mt. Balagbag (Edanno 1929); Luzon, Mt. San Isidro, Labrador (Fénix 1917); idem, Rizal (Reillo 1912); idem, Mt. Bulusan (Elmer 1916); idem, Baguio (Baker 1915); idem, Mt. Pulog (Mc Gregor 1909); idem, Mt. S. Thomas (Whitford 1908); idem, Lamao River (Whitford 1904); L o m b o k: Rindjani-Gebirge, ca 550 und ca 2000 m (Elbert 1909); C e l e b e s: Menado (de Vriese 1858—60); Tondano (Forsten 1840); Minahasa, Bojong (Warburg 1888); H a l m a h e i r a (de Vriese 1858—60); C e r a m (de Vriese 1858—60); A m b o n (La Billardière; v. Zippel); N e u - G u i n e a: Moresby Bay (Lamb. Loria 1892); N e u e H e b r i- d e n (Watts); S a m o a (Reinecke; Rechinger); F i d s c h i I n s e l n (Milne; Gibbs); A u s t r a l i e n: Johnston River (Palmerston 1888); N e u - S e e l a n d: Wellington (Stephenson).

Exsiccate: Hep. Sel. et Crit. 263—268; weiter 258 und 259 (*P. intermedius*) und 260 (*P. retusus*).

var. **Perrottetii** (Steph.) Verd.

Ptycholejeunea Perrottetii Steph. 1896, Hedwigia 35: 121; 1897, Bull. Herb. Boissier V: 79.
Ptychanthus Perrottetii Steph. 1912, Spec. Hepat. IV: 750; Herz. 1930, Symbolae Sinicae V: 43; Kash. 1932, Hepat. Panjab II: 20.
Ptychanthus argutus Steph. 1912, Spec. Hepat. IV: 745.

Beschreibung: S. 117 und folgende.
Verbreitung: Himalaya und Vorderindien.

var. **retusus** (Reinw., Bl., Nees) Verd.

Jungermania retusa Reinw. et Bl. et Nees 1824, Nova Acta XII: 214.
Jungermania retusa var. β Nees 1830, Hep. Javan. S. 39.
Ptychanthus retusus var. β Syn. Hepat. 1845, S. 292; Sde Lac. 1856, Syn.

Hepat. Jav. S. 56; Schffn. 1894, Hedwigia 33: 179; 1898, Conspectus S. 305 (siehe unten).

Ptycholejeunea retusa 1889, Hedwigia 28: 259; 1890, Hedwigia 29: 5.

Ptycholejeunea irawaddensis Steph. 1896, Hedwigia 35: 120; Levier 1906, Bryologia Schensiana p. 48 (Nuov. G. Bot. It. XIII: 350).

Ptycholejeunea pyriformis Steph. 1896, Hedwigia 35: 122.

Ptychanthus retusus Steph. 1912, Spec. Hepat. IV: 743; Verd. 1933, de Frull. XI: 223; 1933, de Frull. XII: 79.

Ptychanthus irawaddensis Steph. 1912, Spec. Hepat. IV: 744.

Ptychanthus effusus Steph. 1912, Spec. Hepat. IV: 746; Verd. 1933, de Frull. XII: 84.

Ptychanthus pyriformis Steph. 1912, Spec. Hepat. IV: 122; Verd. 1933, de Frull. XII: 85.

Ptychanthus irawaddensis Gottsche in sched.

BESCHREIBUNG usw.: S. 117 und folgende.

VERBREITUNG: Nördliche, östliche und zentrale Teile des Areals (nicht aber in China und Japan). In Afrika selten und nicht so gut ausgebildet wie in Asien.

var. **intermedius** (Gottsche) Spr.

Ptychanthus intermedius Gottsche 1853, Natuurk. Tijdschr. v. Ned. Indië IV: 576; 1854, in Zollinger, Syst. Verz. S. 20; 1858, Beil. Bot. Zeitg. 16: 23; Sde Lac. 1856, Syn. Hepat. Jav. S. 55; 1863—64, Ann. Mus. Bot. Lugd. Bat. I: 307; Spr. 1884, Hep. Amaz. et Andin. S. 98; Schffn. 1898, Conspectus S. 310; Steph. 1912, Spec. Hepat. IV: 747; Verd. 1933, de Frull. XI: 223.

Lejeunea Stephensoniana Mitt. 1855, Fl. Nov. Zel. II: 155; Hook. 1867, Handb. New Zeal. Fl. S. 533.

Ptycholejeunea intermedia Steph. 1889, Hedwigia 28: 258.

Ptychanthus Stephensonianus Steph. 1912, Spec. Hepat. IV: 754.

Ptycholejeunea javanica var. *intermedia* Spr. 1884, Hep. Amaz. et Andin. S. 98.

BESCHREIBUNG usw.: S. 117 und folgende.

VERBREITUNG: Zentrale, östliche und südliche Teile des Areals, besonders in Australien und Neu Seeland, weniger in Ozeanien.

2. **Ptychanthus sulcatus** (Nees) Nees

Jungermania sulcata Nees 1830, Hepat. Javan. S. 36.

Ptychanthus sulcatus Nees 1838, Naturgesch. d. Europ. Leberm. III: 213; Syn. Hepat. 1845, S. 291; Sande Lac. 1856, Syn. Hepat. Javan. S. 56; 1863—1864, Ann. Mus. Bot. Lugd. Bat. I: 307; Trevis. 1877, Mem. Ist. Lomb. III,

IV: 404; Schffn. 1894, Hedwigia 33: 178; 1898, Conspectus S. 315; Steph.
1912, Spec. Hepat. IV: 743; Verd. 1933, de Frull. XI: 224.
   Ptycholejeunea sulcata Spr. 1884, Hepat. Amaz. et Andin. S. 98; Steph.
1890, Hedwigia 29: 6.

BESCHREIBUNGEN: Nees 1830 l.c.; Spr. 1884 l.c.; Steph. 1912 l.c.
VARIABILITÄT: Viel lässt sich darüber noch nicht sagen, da wir
bisher nur einige Pflanzen von Borneo und Java kennen, sowie ausserdem noch einige Fragmente aus Sumatra. Die Pflanzen von Borneo sind nicht grösser als die von Java. Die Lobi sind etwas breiter,
mit besser entwickelten Spitzen, die Lobuli sind etwas grösser, aufgeblasener und die Amphigastrien sind tiefer inseriert. Von diesen
kleinen Unterschieden abgesehen macht das Material einen starren
Eindruck. Die Pfl. scheint immer monoezisch zu sein, die Androezien
entstehen terminal an kleineren Ästen, welche im Gegensatz zu den
anderen Ästen nach dem Radula-Typus entstehen.

UNTERSCHEIDUNGSMERKMALE: Es besteht in Asien nur eine verwandte Art, *Ptychanthus chinensis* Steph. worüber auf S. 118 berichtet wird. In der Neotropis wächst die verwandte, stumpfblättrige *Pt. Theobromae* Spr., worüber SPRUCE l.c. S. 99—100 ausführlich berichtet. Mit *Pt. striatus* kann man unsere Pfl. kaum verwechseln, man achte aber auf Verwechslung mit sterilen, üppig entwickelten Formen von *Spruceanthus-* und *Archilejeunea*-Arten!
Charakteristisch ist auch die eingesenkte Perianthmündung, infolgedessen ragt die Oeffung des Rostrums nicht über die Kiele
heraus.

BEMERKUNG: Von *Pt. chinensis* steht mir leider nur steriles Material zur Verfügung, deshalb kann ich nicht entscheiden, ob beide
Arten wesentlich verwandt sind (Perianthmündung; Androezien).

VORKOMMEN UND VERBREITUNG: Nur von Java, Sumatra und
Borneo bekannt, mit einer verwandten Art in Süd-Amerika.

STANDORTE: S u m a t r a: (Korthals); J a v a: (Blume, Typus!; Teysmann); G. Salak, 1000 m (Kurz; Schiffner 1893); Artja am G. Gede, 1120 m
(Schiffner 1894); B o r n e o: (Korthals); B. N. B o r n e o: Mt. Kinabalu,
Kinataki River, 5000′ (Clemens 1931—32); idem, Keebabang Creek, 5000′
(Clemens 1933).
EXSICCAT: Hep. Sel. et Crit. 269.

IX. **Ptychocoleus** Trevis.

Jungermania p.p. Reinw., Bl., Nees 1824, Nova Acta XII: 211; Nees 1830
p.p., Hepat. Javan. S. 37—38, usw.
  Lejeunea p.p. Dum. 1835, Rec. d'Obs. S. 12; Tayl. 1846, L. Journ. of Bot.
V: 392; usw.
  Ptychanthus p.p. Nees 1838, Naturgesch. Eur. Leberm. III: 213; Tayl.
1846 p.p., L. Journ. of Bot. V: 385; usw.
  Phragmicoma p.p. Syn. Hepat. 1845, S. 294 seqq.; usw.
  Symbyezidium p.p. Trevis. 1877, Mem. Ist. Lomb. III, IV: 403.
  Ptychocoleus p.p. Trevis. 1877, Mem. Ist. Lomb. III, IV: 405; Evans 1908
emend., Bull. Torrey Bot. Club 35: 161; Steph. 1912, Spec. Hepat. V: 19.
  Lejeunea subg. *Acrolejeunea* Spr. 1884, Hep. Amaz. et Andin. S. 115.
  Acrolejeunea Spr. 1884, Hep. Amaz. et Andin. S. 115; Schffn. 1893, Nat.
Pflanzenf. I, III: 128.
  Mastigolejeunea Steph. 1890 p. p., Hedwigia 29: 9; Schffn. 1894, Hedwigia
33: 183; usw.

BESCHREIBUNG: Trevis. 1877 l.c., Spr. 1884 l.c.; Schffn. 1893 l.c.;
Evans 1908 l.c.; Steph. 1912 l.c.

ORIGINALDIAGNOSE VON TREVISAN: Perichaetium diphyllum, phyliis
foliis difformibus. Colesula obovata vel oblonga, a latere compressa, carina
dorsali una binisque ventralibus instructa, apice plicata. Elateres monospiri.
Archegonia solitaria. — Folia orbiculato-ovata, subtus lobulo inflexo
praedita.

DIAGNOSE VON SPRUCE l. c. S. 115: *Lopho-Lejeuneae* (cujus descriptionem
videas) ramo fertili simplice unifloro arcte affinis, foliis quoque et foliolis
majusculis integris sat similis; differt autem perianthiis parum compressis
et, vel 4—5-carinatis, vel (plicis intermediis adjectis) 7—10-plicatis, carinis
plicisve omnibus exalatis pro more laevissimis; necnon bracteis grandi-
lobulatis.

VARIABILITÄT: Die *Ptychocolei* sind auffallend weniger variabel
als die meisten anderen *Holostipae*. Die Form der Lobuli ist bei
manchen Arten auffallend konstant. Auch treten manche *Ptychocolei* meistens nur in einer Modifikation auf. Am auffallendsten

sind die Unterschiede in der Grösse, womit zahlreiche andere Merkmale parallel variieren (z.B. antikales Appendiculum, Lobuluszähne, ♀ Involucralblätter, Perianthkiele). Bei den meisten Arten kommen gelegentlich ♀ Infl. vor, welche terminal am Stamm oder an den Hauptästen stehen. Besondere Aufmerksamkeit verdienen auf Java die Unterschiede zwischen Ebenen- und Bergformen von *P. pycnocladus*.

UNTERSCHEIDUNGSMERKMALE: Durch die innovationsfreien, sich terminal an kurzen Seitenästen entwickelnden ♀ Infloreszenzen besonders gekennzeichnet. Die Lobi sind immer ganzrandig und nicht zugespitzt. Lobuli flach oder eingerollt, bei einzelnen Arten sogar sehr weit eingerollt und dann ein cylindrisches basal geschlossenes Säckchen bildend, am freien Rande mit 1—6 Zähnen. Amphigastrien ganzrandig. Perianthien bei den meisten Arten in der Anlage 3-kielig, aber schon bald 4—12 kielig. Kiele immer glatt. ♀ Involucralblätter nur bei einigen Arten, und nie sehr kräftig, gezähnt. Bei *Caudalejeunea* und *Lopholejeunea* entstehen die ♀ Infl. auch terminal an kurzen Seitenästen ohne Innovationen. *Caudalejeunea* hat aber gezähnte Lobi und Amphigastrien, ganz andere Zellen, bewaffnete Perianthkiele, während *Lopholejeunea* durch die charakteristisch verdickten Zellen, andere Lobuli, flache fransig gezähnte Perianthien sofort zu unterscheiden ist. Über *Brachiolejeunea*, welche einigen Sektionen von *Ptychocoleus* sehr nahe steht, vergl. S. 52. In einigen anderen Sektionen findet man Lobuli mit einem länglichen und einem kleineren Zahn, diese erinnern manchmal stark an *Mastigolejeunea*, welche durch rein dreikantige Perianthien und innovierte ♀ Infl. zu unterscheiden ist.

BEMERKUNGEN: TREVISAN's Gattung, deren Diagnose man oben findet (und aus der klar hervorgeht, um welch eine künstliche und unnatürliche Gruppe es sich handelt) wurde von EVANS 1908 l.c. mit Recht wieder ausgegraben. TREVISAN's Typus *P. aulacophorus* ist zweifellos ein typischer Vertreter von SPRUCE's Gattung *Acrolejeunea*, man ist daher wohl gezwungen, den Namen *Ptychocoleus* für *Acrolejeunea* zu benutzen. Eine ganze Anzahl der von TREVISAN zu *Ptychocoleus* gestellten Arten gehören aber nicht hierher. Es sind aus unserem Gebiet: *P. humilis* (= *Mastigolejeunea*) und *P. renilobus* (=: *Caudalejeunea*). Zur Gattung *Trocholejeunea* gehören **Ptychocoleus cordistipulus** Steph. und **Ptychocoleus saccatus** Steph.

Ptychocoleus ciliaris Steph. ist eine *Mastigolejeunea*. **P. laxus**
Steph. aus Neu-Kaledonien ist eine extreme Modifikation, worüber
ich nicht Näheres sagen kann (vergl. de Frull. XIV: 236). Die beiden
folgenden Arten konnte ich nicht untersuchen: **Ptychocoleus pallidus** Steph. (*Phragmicoma* Aongstr. 1873, Kgl. Sv. Vet. Ak. Förh.
No. 5, 132) und **Ptychocoleus? planiusculus** (*Lejeunea* Mitt.
1861, Hep. Ind. Or. S. 111), es lässt sich nicht einmal sagen, ob die
letzt genannte Art wirklich zu *Ptychocoleus* gehört. Über **Ptychocoleus spongiosus** Steph. siehe S. 139. Alle anderen Arten aus Asien,
Australien und Ozeanien sind weiter im Text berücksichtigt. Der
spätere Monograph dieser Gattung wird vorteilhaft genaue Abbildungen der Lobuli mit dem Bestimmungsschlüssel verknüpfen.
Typus: *Ptychoc. aulacophorus* (Mont.) rev.

Vorkommen und Verbreitung: Im Jahre 1908 waren nach
Evans l.c. 5 Arten aus Amerika bekannt und Stephani 1912 (Spec.
Hepat. V: 19—20) führt 25 afrikanische Arten an, von denen eine
grössere Anzahl tatsächlich zu *Ptychocoleus* gehört. Für Asien, Ozeanien und Australien werden 50 Arten angeführt, diese Zahl ist jedoch
ungefähr um das Doppelte zu hoch. In Kontinentalasien und Japan
kommen mit Ausnahme von *P. mangaloreus* und *P. pulopenangensis*
aus Vorderindien keine Vertreter der Gattung vor. Wohl ist sie in
Australien und Neu-Seeland vertreten, mehrere Arten wurden in
Ozeanien gefunden, Hawaii wird nicht erreicht. Fast immer an
Rinde, besonders in der Ebene.

1. Lobuli im unteren Teil zu einem zylindrischen, basal geschlossenen
    Gebilde eingerollt 2
    Lobuli nicht so weit eingerollt oder flach. 5
2. Lobusränder teilweise oder völlig eingerollt 4
    Lobusränder flach 3
3. Lobus etwa 1 mm lang, mit flachem, antikalen Appendiculum, Lobu-
    luszähne eingekrümmt . . . . 11. **Ptychoc. Cumingianus**
    Lobus etwa 2 mm lang, mit welligem antikalen Appendiculum, Lobu-
    luszähne nicht eingekrümmt, ohne nähere Praeparation sichtbar. . . .
    .... 12. **Ptychoc. Hasskarlianus**
4. Lobusränder im oberen Lobusteil flach. Amphigastrienränder flach
    oder nur teilweise eingerollt . . . . 13. **Ptychoc. tumidus**
    Lobusränder überall eingerollt. Amphigastrienränder völlig eingerollt.
    .... 14. **Ptychoc. sarawakensis**
5. Lobulusränder von zahlreichen, länglichen, geraden oder krümmen
    Zähnen versehen . . . . 3. **Ptychoc. cristilobus**
    Lobulusränder ganz anders 6

6. ♀ Infloreszenzen mit deutlich einseitiger Innovation. . . . .
                            18. **Ptychoc. brachiolejeuneoides**
    ♀ Infl. ohne Innovation, wohl können niedriger gestellte Pseudoinnova-
    tionen vorkommen. In diesem Falle fehlt im Involucrum kein Lobulus. 7
7. Lobuli gross und breit mit auffallend kräftigen, flachen, breiten Zähnen
                            4. **Ptychoc. pulopenangensis** [1])
    Lobuli anders 8
8. Lobuli fast doppelt so lang wie breit mit weit am Stamm herablaufen-
    den Lobuli und stark gebogenem postikalen Lobusrand 9
    Lobi nur wenig länger als breit. 10
9. Pflanzen brüchig mit gerade abgestutzten, zwei Zähnchen tragenden
    Lobuli . . . . 1. **Ptychoc. arcuatus**
    Pflanze nicht brüchig, der apikale Lobuluszahn ist auffallend kräftig
    enwickelt . . . . 2. **Ptychoc. hians**
10. Lobuli im unteren Teile mehr oder weniger aufgeblasen, im oberen Teil
    flach und abgerundet, daselbst mit mehreren (4—8), regelmässig ent-
    wickelten Zähnchen 11
    Lobuli mit nur 1—3 Zähnchen 12
11. Lobi oft sparrig abstehend. Lobuli nicht auffallend am Stamm herablau-
    fend, wenig oder nicht aufgeblasen, häufig. . . . .
                            15. **Ptychoc. fertilis**
    Lobi nicht sparrig abstehend. Lobuli am Stamm herablaufend, daselbst
    aufgeblasen und an den Stamm angedrückt. Selten, nur auf den Philip-
    pinen . . . . 16. **Ptychoc. ustulatus**
12. Lobuli flach, etwas aufgeblasen oder mit eingekrümmtem Rand, der
    Rand rollt sich aber nicht zu einem zylindrischen Säckchen auf. . 13
    Der Rand rollt sich zu einem zylindrischen, basal aber nicht geschlosse-
    nen Säckchen ein, der aufgeblasene Lobulus ist an den Stamm ange-
    drückt . . . . 10. **Ptychoc. validus**
13. Endemische Art aus Ceylon. Lobulus etwas eingerollt, läuft weit am
    Lobus herab . . . . 9. **Ptychoc. peradeniensis**
    Lobuli flach oder eingerollt, freier postikaler Lobulusrand läuft nicht
    weit am Stamm herab 14
14. Lobuli breit, nicht länger als breit, im oberen Teil etwas abgerundet und
    mit 2 kleinen, deutlichen Zähnchen versehen. Nicht auf Java und
    Sumatra . . . . 17. **Ptychoc. aulacophorus**
    Lobuli länglich. 15
15. Kleine zarte Pflanze, häufig in der Indomalaya. Längliche, gerade ab-
    gestutzte Lobuli. Zähnchen klein, manchmal nur angedeutet. Pe-
    rianth 10-kielig, von Hüllblättern mit eingebogenen Rändern um-
    geben. . . . . 6. **Ptychoc. pycnocladus**
    Grössere Pflanzen mit anderen Lobuli 16

---

[1]) Cf. auch 5. **Ptychoc. grandiflorus.**

16. Aus Java. Lobuli nicht gerade abgestutzt, im oberen Teil mit 2—3 brei-
      ten Zähnchen . . . . 8. **Ptychoc. tjibodensis**
      Aus Vorderindien. Lobuli gerade abgestutzt, mit zwei kleinen Zähn-
      chen . . . . 7. **Ptychoc. mangaloreus**

Sect. nov. 1. **Arcuatae** Verd.

Lobi und Lobuli fast doppelt so lang wie breit, Lobusspitzen eingebogen, Lobuli nicht teilweise eingerollt, mit ein oder zwei Zähnchen,
von denen das apikale am besten entwickelt ist. Involucralblätter
ganzrandig, Lobulus bis $^2/_3$ mit dem Lobus verwachsen, beide zugespitzt. Amphigastrium länglich ganzrandig. Perianthien länglich,
in der Anlage 5-kielig. Typus: *Ptychoc. arcuatus* (Nees) Trev.

1. **Ptychocoleus arcuatus** (Nees) Trev.

Jungermania arcuata Nees 1830, Hepat. Javan. S. 38.
Phragmicoma arcuata Nees 1845, Syn. Hepat. S. 300; Sde Lac. 1856, Syn.
Hepat. Javan. S. 57; Sde Lac. 1863—64, Ann. Mus. Bot. Lugd. Bat. I: 307.
Ptychocoleus arcuatus Trev. 1877, Mem. Ist. Lomb. III, IV: 405; Steph.
1912, Spec. Hepat. V: 37; Verd. 1933, de Frull. XI: 224; 1933, de Frull.
XII: 85.
Mastigolejeunea arcuata Steph. 1890, Hedwigia 29: 9; Schffn. 1894, Hed-
wigia 33: 183; 1898, Conspectus S. 297.

BESCHREIBUNG: Nees 1830 und 1845 ll.c., Steph. 1912 l.c.
UNTERSCHEIDUNGSMERKMALE: Dieser seltene Bürger der javanischen Flora ist schon im Habitus durch die langen, dünnen,
wenig verzweigten Stämmchen zu erkennen. Blätter viel länger als
bei anderen *Ptychocolei*, weit am Stamm herablaufend, Spitze eingekrümmt. Lobulus dreimal so lang wie breit, läuft in einen grossen
Zahn (Spitze) und einen etwas kleineren Zahn aus. Amphigastrien
flach, etwas länger als breit, auch im ♀ Involucrum ohne Andeutung
eines apikalen Einschnittes. Lobus und Lobulus inv. ♀ länglich zugespitzt, bis zur halben Höhe mit einander verwachsen. Man könnte
sie nur mit *P. hians* verwechseln, Cf. p. 129.
BEMERKUNG: SCHIFFNER 1898 l.c. gibt als Fundort auch Birma an;
ich habe dafür keine Belege gesehen.

STANDORTE: J a v a (Blume, Typus!; Junghuhn); G. Salak (Kurz 1860);

G. Gede, über Tjibodas, ca 1500 m (Verdoorn 1930); N e u - G u i n e a:
N. N. G., Helwiggeb., 2600 m (Pulle 1913); B. N. G., Mt. Yule, 11000′ (Exp.
R. Geogr. Soc.).

2. **Ptychocoleus hians** Steph.

Ptychocoleus hians Steph. 1912, Spec. Hepat. V: 45; Verd. 1933, de Frull.
XII: 86.

BESCHREIBUNG: Steph. 1912 l.c.

UNTERSCHEIDUNGSMERKMALE: Sämtliche Teile dieser Pflanze
sind um die Hälfte grösser als bei *P. arcuatus*, der Lobulus ist sogar
doppelt so gross mit grossem apikalen Zahn. *P. arcuatus* ist sehr
brüchig, *P. hians* gar nicht. Wir besitzen aber aus diesem Formenkreis noch viel zu wenig Material.

STANDORT: W e s t-J a v a: (Giesenhagen, Typus!).

Sect. nov. 2. **Cristatae** Verd.

Der obere Lobusteil zeigt eine grössere Anzahl von länglichen, geraden oder gekrümmten Zähnen, basal sind sie etwas eingerollt,
ohne dass es zur Bildung eines geschlossenen Säckchens kommt.
Nach STEPHANI fehlt der Lobulus im ♀ Inv. fast völlig und die
Perianthien sind scharf 5-kielig. Typus: *Ptychoc. cristilobus* Steph.

3. **Ptychocoleus cristilobus** Steph.

Ptychocoleus cristilobus Steph. 1912, Spec. Hepat. V: 40; Verd. 1933, de
Frull. XI: 225; 1933, de Frull. XII: 86.

BESCHREIBUNG: Steph. 1912, l.c.

UNTERSCHEIDUNGSMERKMALE: Habitus, Form der Lobi und Amphigastrien stimmen mit *P. Cumingianus* überein. Der Lobulus ist
aber ganz anders gebaut; im unteren Teil ist er eingekrümmt, ziemlich breit und etwas aufgeblasen ohne ein zylindrisches Säckchen;
im oberen Teil ist er fast flach und fransig gezähnt (3—10 Zähne).
Ich habe nur sterile Pflanzen gesehen. STEPHANI's Abbildung der
Pflanze von den Andamanen zeigt im ♀ Involucrum einen fast

unentwickelten Lobulus, ein ganzrandiges, nicht ausgebuchtetes Amphigastrium, sowie schärfere Perianthkiele als bei *P. Cumingianus* c.s.

STANDORTE: A n d a m a n e n (Mann 1890, Typus!); M a l a y i s c h e H a l b i n s e l: Singapore, 20 m (Verdoorn 1930). — Rinde.

Sect. nov. 3. **Dentatae** Verd.

Der völlig flache, obere Lobusteil zeigt mindestens zwei grosse, breite Zähne mit einem charakteristischen Sinus unter dem postikalen Zahn. ♀ Involucrum oft schwach und fein gezähnt, Amphigastrium ebenfalls oft gezähnt, fast immer mit apikalem Einschnitt. Perianthien kurz, 5-kielig. Typus: *Ptychoc. pulopenangensis* (G.) Trev.

4. **Ptychocoleus pulopenangensis** (Gottsche) Trevis.

Phragmicoma pulopenangensis Gottsche 1845, Spec. Hepat. S. 299.
Lejeunea pulopenangensis Mitt. 1861, Hep. Ind. Or. S. 111.
Ptychocoleus pulopenangensis Trevis. 1877, Mem. Ist. Lomb. III, IV: 105; Steph. 1912, Spec. Hepat. V: 51; Herz. 1931, Mitt. Inst. Allg. Bot. Hamb. VII: 200; Renner 1932, Planta 18: 226; Verd. 1933, de Frull. XI: 226; 1933, de Frull. XII: 87.
Acrolejeunea pulopenangensis Steph. 1889, Hedwigia 28: 166; 1890 Hedwigia 29: 9 und 11; Schffn. 1894. Hedwigia 33 : 184; Massal 1897, Hepat. Schensianae S. 36; Schffn. 1898, Conspectus S. 286.
Acrolejeunea densifolia Schffn. 1890, Forschungsreise Gazelle IV: 26; 1894, Hedwigia 33: 18; Steph. 1912, Spec. Hepat. V: 42.
Acrolejeunea rostrata β *maior* Schffn. 1890, Forschungsreise Gazelle IV: 27; 1894, Hedwigia 33: 184.
Ptychocoleus Cranstonii Steph. 1912, Spec. Hepat. V: 40.
Ptychocoleus densifolius Steph. 1912, Spec. Hepat. V: 42.
Ptychocoleus Nymanii Steph. 1912, Spec. Hepat. V: 49; Verd. 1933, de Frull. XII: 87.
Ptychocoleus tridens Steph. 1912, Spec. Hepat. V: 57.
Mastigolejeunea spinicalyx Herz. 1931, Mitt. Inst. Allg. Bot. Hamb. 7: 197.

BESCHREIBUNGEN: Gottsche 1845 l.c., Steph. 1913 l.c., Herz. 1931 l.c.

ABBILDUNGEN: Schiffner 1890 l.c. Tab. 5: 22—24; Herz. 1931 l.c. Fig. 5a—d.

VARIABILITÄT: Die Lobi und Amphigastrien wechseln nur wenig in

Grösse und Form, veränderlich sind aber die Lobuli, wenn ihre charakteristische Gestalt auch nur selten verloren geht. Im unteren Teil sind sie flach oder etwas aufgeblasen, der freie, obere Teil ist flach und ziemlich gross; er kann sich bei einzelnen Formen noch auffallend vergrössern und zeigt zwei (seltener drei) grosse, breite Zähne mit einem tiefen Sinus unter dem untersten Zahn. Diese Zähne und die Sinus treten in verschiedenen Formen auf, in Einzelfällen sind sie stark reduziert. Die ♀ Involucralblätter und das Amphig. inv. int. sind schwach, aber deutlich gezähnt mit einzelnen grösseren Zähnen; sie können jedoch auch ganzrandig sein. Das Amphig. inv. int. zeigt meistens keinen apikalen Einschnitt, dieser kann aber auch recht deutlich entwickelt sein.

UNTERSCHEIDUNGSMERKMALE: Durch die nicht tief eingerollten, in sehr breiten groben Zähnen auslaufenden Lobuli und die meistens fein gezähnten ♀ Involucralblätter leicht zu unterscheiden. Über den einzigen nahen Verwandten *P. grandiflorus* vergl. unten.

VORKOMMEN UND VERBREITUNG: Südliche und mittlere Indomalaya, von Vorder-Indien bis Ambon. Auf Java nur in der Ebene, selten auch noch auf 1200 m, auf Ceylon aber auf 5500′ und in Borneo auf 5000′ gefunden. An Rinde, besonders auf nicht zu exponierten Palmen.

STANDORTE: Vorderindien: bei Palamcottah (Foreau 1930); Ceylon: Peradeniya, 500 m (Schiffner 1893); Hakgala, 5500′ (Alston 1925); Castlereagh Estate (Alston 1927); Nikobaren: (Mann 1888); Andamanen (Mann 1890); Sumatra: Padang, 10 m (Schiffner 1894); Galang, 60 m (Arens 1928); P. Penang: (Montagne comm., Typus !); Malayische Halbinsel: Singapore, 2—50 m, häufig (Schiffner 1893; Verdoorn 1930); Java: (Kurz; Solms Laubach); Buitenzorg, häufig im Garten und in den Dörfern (Nyman; Massart; Schiffner 1893—1894; Docters van Leeuwen 1928; Verdoorn 1930); Tjikeumeuh, 250 m (Schiffner 1893); G. Haloe bei Palasari, 1200 m (Verdoorn 1930); Borneo: B. N. B., Mt. Kinabalu, Kinatiki River, 5000′ (Clemens 1933); Sarawak, (Cranston; Native collect. of the B. of Sc. 1914; Richards 1932); idem, Lunda (Micholitz); W. B., Nanga Kalis, 1925 (Winkler 1925); Ambon (Naumann 1875).

EXSICCATE: Hep. Sel. et Crit. 273 und 274.

5. **Ptychocoleus grandiflorus** Herz.

Ptychocoleus grandiflorus Herz. 1931, Mitt. Inst. Allg. Bot. Hamb. 7: 200.

BESCHREIBUNG: Herz. 1931 l.c.

UNTERSCHEIDUNGSMERKMALE: Die Pflanze steht der *P. pulopenangensis* sehr nahe und dürfte damit sogar identisch sein. *P. pulopenangensis* ist auf Borneo häufig und polymorpher als auf Java. In den reichlichen Aufsammlungen von RICHARDS aus Sarawak und CLEMENS vom Mt. Kinabalu fand ich manchmal (oft zwischen normalen Formen) kleinblättrige Pflanzen mit kleineren oder grösseren, fast ganzrandigen Lobuli. Der Lobulus von *P. grandiflorus* stimmt mit dem von einer zarten *P. pulopenangensis* überein, nur sind die grossen Zähne nur schwach angedeutet. Die ♀ Infloreszenz stimmt auch mit der von *P. pulopenangensis* überein.

STANDORT: W e s t - B o r n e o: Nanga Kruab (Winkler 1924, Typus!).

Sect. nov. 4. **Minores** Verd.

Kleine zarte Pflanzen. Lobuli länglich, nicht tief eingerollt, im oberen Teil etwas abgestutzt und dort mit 2–-3 Zähnchen versehen. Amphigastrien klein, völlig flach und ganzrandig, ♀ Involucralblätter mit eingebogenen Rändern umhüllen das bis 10-kielige Perianthium zum grössten Teil. Typus: *Ptychoc. pycnocladus* (Tayl.) Steph.

6. **Ptychocoleus pycnocladus** (Tayl.) Steph.

Ptychanthus pycnocladus Tayl. 1846, L. Journ. of Bot. V: 385; Syn. Hepat. 1847, S. 740; Trev. 1877, Mem. Ist. Lomb. III, IV: 404.
Lejeunea pycnoclada Mitt. 1861 (nec Nees!), Hep. Ind. Or. S. 111.
Acrolejeunea terminalis Spr. 1884, Hep. Amaz. et Andin. S. 116, Schffn. 1898, Conspectus S. 288.
Ptycholejeunea pycnoclada Steph. 1889, Hedwigia 28: 259; 1890, Hedwigia 29: 6.
Acrolejeunea cucullata Steph. 1890 nom. nud., Hedwigia 29: 10; 1907, Denkschr. Ak. Wiss. Wien 81: 295; Verd. 1933, de Frull. XII: 86.
Acrolejeunea pycnoclada Schffn. 1893, Nat. Pflanzenf. I, III: 128; 1894, Hedwigia 33: 178 und 183; 1898, Conspectus S. 287.
Acrolejeunea rostrata α *minor* Schffn. 1890, Forschungsreise Gazelle IV: 27
Acrolejeunea subinnovans Steph. 1895, Hedwigia 34: 59.
Archilejeunea Brotheri Steph. 1911, Spec. Hepat. IV: 723; Verd. 1934, de Frull. XIV: 218.
Ptychocoleus brunneus Steph. 1912, Spec. Hepat. V: 38; Verd. 1933, de Frull. XII: 86.

Ptychocoleus cucullatus Steph. 1912, Spec. Hepat. V: 41; Verd. 1933, de Frull. XII: 86.

Ptychocoleus pycnocladus Steph. 1912, Spec. Hepat. V: 52; Verd. 1933, de Frull. XI: 226; 1933, de Frull. XII: 87; 1934, de Frull. XIV: 236.

Ptychocoleus subinnovans Steph. 1912, Spec. Hepat. V: 56; Verd. 1934, Nova Guinea 18: 2; 1934, de Frull. XIV: 237.

Ptychocoleus terminalis Steph. 1912, Spec. Hepat. V: 57; Verd. 1933, de Frull. XII: 87.

Ptychocoleus gomphocalyx Herz. 1931, Mitt. Inst. Allg. Bot. Hamb. VII: 200.

Phragmicoma cucullata Gottsche in sched.

BESCHREIBUNG: Tayl. 1846 l.c.; Spr. 1884 l.c.; Steph. 1912 l.c.

ABBILDUNGEN: Schffn. 1890 l.c., Tab. V: 18—-20; Herz. 1931 l.c., Fig. 5: l—-q.

VARIABILITÄT: Die charakteristischen Merkmale sind nicht sehr variabel, aber Habitus und Grösse aller Teile wechseln auffallend je nach dem Standort. An exponierten Stellen in der Ebene bildet die Art winzige schwarze Stämmchen, an schattigen Stellen sind die Pflanzen grösser, nicht so dunkel gefärbt mit schwächer verdickten Zellwänden. Unsere Art kommt aber auch noch ziemlich hoch im Gebirge vor und bildet dort Formen, welche man wegen der auffallenden Grösse und der verlängerten Lobuli als eigene Art auffassen würde, wenn sie nicht durch alle möglichen Zwischenformen mit den Pflanzen der Ebene verknüpft wären.

UNTERSCHEIDUNGSMERKMALE: Durch längliche, ziemlich flache, gerade abgestutzte, am Ende mit zwei oder drei Zähnchen versehenen Lobuli; durch flache, kleine, ganzrandige Amphigastrien; durch Involucralblätter mit eingekrümmten Rändern, welche, das kurze vielfaltige Perianth zum grössten Teil umhüllen (Lobulus fast mit dem Lobus verwachsen) leicht zu unterscheiden. *P. fertilis* ist grösser und hat kürzere breitere Lobuli mit mehreren Zähnchen. *P. aulacophorus* hat zwar auch nur zwei Zähnchen an den Lobuli, aber diese sind nicht länglich oder gerade abgestutzt, sondern ungefähr wie bei *P. fertilis*. Über die Unterscheidungsmerkmale von *P. tjibodensis* cf. S. 135, über *Ptych. caledonicus* cf. de Frull. XIV: 235.

Eine nahe verwandte Art, *Ptychocoleus securifolius* (Endl.) (= *P. parvus* St.). in deren Nähe *P. Wildii* St. und wahrscheinlich auch *P. mollis* (H. et Tayl.), von der das Originalmaterial nicht zu finden ist, gehört, wächst in Australien und Neu-Seeland. Der Lobulus ist hier breiter und kleiner, die Zähnchen sind grösser und von anderer Gestalt.

VORKOMMEN UND VERBREITUNG: Indomalaya und Ozeanien, immer an Rinde, besonders in der Ebene; in Australien und Ozeanien durch eine nahe verwandte Art vertreten. Ob MITTEN's (1861 l.c.) Angabe Hongkong (Bowring) richtig ist, kann ich leider nicht angeben.

STANDORTE: C e y l o n, Peradeniya (Gardner, nach Mitten 1861 l. c., haud vidi!); A n d a m a n e n: (Mann 1894); P e n a n g: Waterfallgardens, 50 m (Schiffner 1893); S u m a t r a: Galang, 60 m (Arens 1928); M a l a y i s c h e H a l b i n s e l: (Coll. mihi ign., hb. Hook., Typus!; Cantor; Weber v. Bosse); Singapore, im Garten und an Wegen, 20 m (Schiffner 1893, Verdoorn 1930); J a v a: Buitenzorg, im Garten und in den Kampongs, 250 m (Schiffner 1893—94); Docters van Leeuwen 1928; Verdoorn 1930); Pasir Muntjang, 660 m (Schiffner 1894); Gadok, 500 m (Schiffner 1894); G. Salak, 620 m (Schiffner 1894); G. Gede, Artja, 940 m (Schiffner 1894); Telaga Warna, 1400 m (Verdoorn 1930); Sindanglaija, 1085 m (Schiffner 1894), G. Gede, bei Tjibodas im Garten und im Urwalde bis über Tjibeureum, 1400—1800 m (Schiffner 1894, Docters van Leeuwen 1929, Verdoorn 1930, Renner 1931); W. B o r n e o: am Serawei bei Djotta, 100 m (Winkler 1924); P h i l i p p i n e n: (Micholitz); Palawan, Tay Tay (Merrill 1913); A m b o n: (Nyman; Naumann 1875); N. N. G u i n e a: Perameles Bivak, 1100 m (Pulle 1912); S a l o m o I n s e l n: Buka (Kärnbach); S a m o a (Schauinsland); T a h i t i: häufig (Setchell und Parks 1922).

EXSICCATE: Hep. Sel. et Crit. 275 und 276.

Sect. nov. 5. **Mediae** Verd.

Pflanzen von mittlerer Grösse. Lobuli flach oder eingerollt, es kommt aber nicht zur Bildung eines basal geschlossenen zylindrischen Säckchens, am Rande deutlich, aber nicht regelmässig gezähnt (meistens 2 Zähnchen). Involucralblätter ganzrandig mit deutlichem, teilweise freiem Lobulus, Perianthien 5-kielig. Typus *Ptychoc. peradeniensis* (Mitt.) Steph.

7. **Ptychocoleus mangaloreus** Steph.

Ptychocoleus mangaloreus Steph. 1912, Spec. Hepat. V: 47.

BESCHREIBUNG: Steph. 1912 l.c.

UNTERSCHEIDUNGSMERKMALE: Steht *P. peradeniensis* aus Ceylon am nächsten. Diese hat aber mehr sackförmige, aufgeblasenere

Lobuli mit gebogenem antikalen Rande; der freie postikale Rand ist eingekrümmt und weit mit dem Lobus verwachsen. Bei *P. mangaloreus* sind die Lobuli flach, nicht aufgeblasen; der antikale Rand verläuft dem postikalen Lobusrande parallel; der freie postikale Lobusrand ist nicht weit mit dem Lobus verwachsen; zwei Zähne sind immer gut entwickelt, einer am Apex, der Zweite in der Mitte des freien postikalen Randes. Bei *P. mangaloreus* sind die Amphigastrien flach, nur 3—4-mal so breit wie der Stamm, bei *P. peradeniensis* sind sie 5—6 mal so breit wie der Stamm und im oberen Teil etwas zurückgebogen. ♀ Involucra und Perianthien der beiden Arten stimmen miteinander überein.

STANDORTE: V o r d e r i n d i e n: Mangalore (Pfleiderer 1907, Typus!); Chanchanacherry (John 1931). — Rinde.

8. **Ptychocoleus tjibodensis** Verd.

Ptychocoleus tjibodensis Verd. 1933, de Frull. XI, Rec. Trav. Bot. Néerl. 30: 227.

BESCHREIBUNG: Verd. 1933 l.c.

UNTERSCHEIDUNGSMERKMALE: Von den montanen Formen von *P. pycnocladus* durch doppelte Grösse, nicht gerade abgestutzten Lobuli mit anders gebildeten Zähnchen und flachen zugespitzten ♀ Involucralblättern zu unterscheiden. Von *P. fertilis* durch die eckigen, nicht runden, ständig mit zwei Zähnchen versehenen oberen Lobulusteile und runde flache Amphigastrien zu trennen. Nahe verwandt mit *P. mangaloreus* und *P. peradeniensis*. Erstere hat gerade abgestutzte Lobi mit einem Zahn an der Spitze und einem in der Mitte des freien postikalen Lobusrandes. *P. peradeniensis* hat Amphigastrien, die nicht flach und breiter als lang sind, ihre Lobuli sind etwas aufgeblasen ohne einem oberen flachen Teil.

BEMERKUNG: Während der Drucklegung von de Frull. XI fand ich einige Androezien, deshalb ist eine Bemerkung eingefügt; ich vergass dann aber in der Diagnose die Androezien zu erwähnen. *P. tjibodensis* dürfte eine der wenigen endemischen Arten der Holostipae auf Java sein.

STANDORTE: G. Gede, Artja, 1120 m (Schiffner 1894); im Berggarten Tjibodas und darüber im Walde, 1425—1500 m (Schiffner 1894; Verdoorn

1930, Typus!) G. Lawoe, 1900 m (Verdoorn 1930); G. Kawi, Oro Oro, 2650 m (Docters v. Leeuwen 1929).

9. **Ptychocoleus peradeniensis** (Mitt.) Steph.

Lejeunea peradeniensis Mitt. 1861, Hep. Ind. Or. S. 111.
Phragmicoma peradeniensis Sde Lac. 1863—64, Ann. Mus. Bot. Lugd. Bat. I: 307; Verd. 1933, de Frull. XII: 80.
Acrolejeunea peradeniensis Spr. 1884, Hepat. Amaz. et Andin. S. 116; Steph. 1889, Hedwigia 28: 166; Schffn. 1898, Conspectus, S. 286.
Ptychocoleus peradeniensis Steph. 1912, Spec. Hepat. V: 51; Verd. 1933, de Frull. XI: 226; 1933, de Frull. XII: 80.

BESCHREIBUNG: Mitt. 1861 l.c.; Spr. 1884 l.c.; Steph. 1912 l.c.
UNTERSCHEIDUNGSMERKMALE: Diese Art steht *P. mangaloreus* am nächsten, die Unterscheidungsmerkmale sind auf S. 134 ausführlich angegeben. Weiter könnte man sie noch mit *P. Cumingianus* verwechseln, hier sind die Lobuluszähne aber viel kräftiger entwikkelt (als dreieckige, längliche Auswüchse) und der basale antikale Lobulusrand ist zu einem zylindrischen Gebilde eingerollt.
BEMERKUNGEN: Was VAN DER SANDE LACOSTE l.c. *Phragmicoma peradeniensis* nannte, ist eigentlich nicht mit MITTEN's Art identisch; es handelt sich um javanische und sumatranische Formen von *P. Cumingianus*, welche nichts mit der echten, auf Ceylon beschränkten *P. peradeniensis* zu tun haben. STEPHANI (vergl. S. 139) hat die Pflanze von Sumatra (leg. TEYSMANN), welche VAN DER SANDE LACOSTE mit *Phragmicoma peradeniensis* verwechselte, als eigene Art (*Ptychoc. sumatranus* St.) aufgefasst.

STANDORTE: C e y l o n: Peradeniya, 500 m (Gardner, Typus!; SCHIFFNER 1893); Khandy, 500 m (Schiffner 1893). — Rinde.

10. **Ptychocoleus validus** (Steph.) comb. nov.

Archilejeunea Nymanii Steph. 1911, Spec. Hepat. IV: 730; Verd. 1934, Nova Guinea 18: 1.
Mastigolejeunea valida (nec **superae**) Steph. 1912, Spec. Hepat. IV: 772 et 824.
Ptychocoleus flaccidus Steph. 1912, Spec. Hepat. V: 43; Verd. 1934, Nova Guinea 18: 7.
Ptychocoleus longispicus Steph. 1912, Spec. Hepat. V: 46.

Beschreibung: Steph. 1912 l.c.

Unterscheidungsmerkmale: Am leichtesten mit *P. Cumingia-nus* zu verwechseln, steht aber auch *P. mangaloreus* und *P. perade-niensis* sehr nahe. Lobi mit viel kleineren oder fast ohne antikale Appendicula. Auch fehlen die für *P. Cumingianus* so charakteristischen Zähne (es sind nur zwei kurze Zähnchen vorhanden). Der Lobulus läuft distad weit am Stamm herab und der freie antikale Teil zeigt eine Andeutung des zylindrischen Gebildes der *Saccatae*, das hier aber um die Hälfte kürzer und nur teilweise geschlossen ist.

Bemerkung: Ich führe diese Art unter einem Namen an, dem scheinbar keine Priorität zukommt, sonst müsste sie *Ptychocoleus Nymanii* heissen. Dies könnte jedoch zur Verwechslung mit Ste-phani's (Spec. Hepat. V: 49) *P. Nymanii* führen, welche zu *P. pulo-penangensis* gehört.

Standorte: B o r n e o: Sarawak, Suan (Micholitz 1894, Typus! auch von *P. longispicus*!); N e u - G u i n e a: Kaiser-Wilhelmsland (Nyman 1899); Br. N. G. (Micholitz).

Sec. nov. 6. **Saccatae** Verd.

Robuste Pflanzen mit gut entwickelten antikalen Lobusappendi-cula. Lobuli im unteren Teil zu einem basal geschlossenen zylindri-schen Säckchen eingerollt, im oberen Teil in meistens zwei kräftige, längliche Zähne auslaufend. Involucralblätter ganzrandig, seltener etwas gezähnt, Amphigastrium mit apikalem Einschnitt. Perian-thium mit 5, manchmal aufgeblasenen Kielen. Typus *Ptychoc. tu-midus* (Nees) Trev.

11. **Ptychocoleus Cumingianus** (Mont.) Trev.

Phragmicoma Cumingiana Mont. 1845, L. Journ. of Botany IV: 7; 1856, Sylloge S. 71; Syn. Hepat. 1845, S. 301; Reich. 1870, Reise der Novara, S. 155.

Lejeunea Cumingiana Mitt. 1861, Hep. Ind. Orient. S. 110; Steph. 1898, J. de Botan. XII, Sep. S. 4.

Lejeunea malaccensis Tayl. 1846, London J. of Bot. V: 392; Syn. Hepat. 1847, p. 753; Mitt. 1871, Hep. Ind. Orient. p. 110; Steph. 1890, Hedwigia 29: 20.

Ptychocoleus Cumingianus Trevis. 1877, Mem. Ist. Lomb. III, IV: 405; Steph. 1912, Spec. Hepat. V: 41; Verd. 1933, de Frull. XI: 225; 1933, de Frull. XII: 86; 1934, Nova Guinea 18: 7; 1934, de Frull. XIV: 235.

Acrolejeunea malaccensis Spr. 1884, Hepat. Amaz. et Andin. S. 116.

Acrolejeunea Novae Guineae Steph. 1889, Hedwigia 28: 165.

Acrolejeunea Cumingiana Steph. 1889, Hedwigia 28: 166; 1890, Hedwigia 29: 9; Schffn. 1898, Conspectus, S. 283.

Acrolejeunea luzonensis Steph. 1895, Hedwigia 34: 47.

Acrolejeunea marquesana Steph. 1895, Hedwigia 34: 58; 1897 (als *Lejeunea*), J. de Botan. XII, Sep. S. 4.

Acrolejeunea densifolia Schffn. 1900, Forschungsreise Gazelle IV: 26.

Mastigolejeunea javanica Steph. 1912, Spec. Hepat. IV: 778; Verd. 1933, de Frull. XII: 84.

Mastigolejeunea badia Steph. 1912, Spec. Hepat. IV: 779; Verd. 1934, de Frullan. XIV: 230.

Ptychocoleus densifolius Steph. 1912, Spec. Hepat. V: 42.

Ptychocoleus grandifolius Steph. 1912, Spec. Hepat. V: 43; Verd. 1934, Nova Guinea 18: 2.

Ptychocoleus luzonensis Steph. 1912, Spec. Hepat. V: 47.

Ptychocoleus malaccensis Steph. 1912, Spec. Hepat. V: 47.

Ptychocoleus marquesanus Steph. 1912, Spec. Hepat. V: 48; Verd. 1934, de Frull. XIV: 235.

Ptychocoleus Novae Guineae Steph. 1912, Spec. Hepat. V: 48; Verd. 1934, Nova Guinea 18: 2.

Ptychocoleus sumatranus Steph. 1912, Spec. Hepat. V: 54; Verd. 1933, de Frull. XII: 80.

Ptychocoleus squarrosifolius Steph. 1912, Spec. Hepat. V: 55.

Acrolejeunea javanica Steph. in sched.

BESCHREIBUNG: Mont. 1845 l.c.; Syn. Hepat. 1845 l.c.; Steph. 1912 l.c.

VARIABILITÄT: Habitus, Stammlänge, Lobuslänge, Lobuluszähne; Appendiculum anticum und Lobus inv. ♀ sind die variabelen Teile. Der Lobus ist meistens etwa 1 mm lang, bei *P. Hasskarlianus* dagegen 2 mm, es gibt aber alle Zwischenstufen. Dasselbe gilt für die Ausbildung des antikalen Appendiculum, dieses ist immer deutlich entwickelt, je grösser aber die Blätter werden, desto besser entwickelt sich das Appendiculum; es biegt sich schliesslich um den Stamm und verlängert sich auffallend. Der Lobulus int. des ♀ Inv. kann ganzrandig oder gezähnt sein. Heteroezisch.

UNTERSCHEIDUNGSMERKMALE: Charakterisiert durch Lobuli, welche basal stark eingerollt sind, so, dass ein zylindrisches, distal geschlossenes Säckchen entsteht; der freie Lobulusrand läuft in zwei breite, grobe Zähne aus. Im ♀ Involucrum ist der Lobulus etwas kürzer als der Lobus, beide sind zugespitzt, das Amphigastrium ist länglich, mit deutlichem apikalen Einschnitt. Perianthium mit fünf stumpfen

Kielen. Die meisten, augenscheinlich verwandten Arten unterscheiden sich durch ganz andere Lobuli. Nahe verwandt sind aber *P. tumidus* (cf. p. 141) und *P. Hasskarlianus* (cf. p. 139).

BEMERKUNGEN: Früher habe ich *Ptychocoleus sumatranus* (1933
l.c.) noch als eigene Art angeführt, sie hat sparrig abstehende Blätter, weit eingekrümmte Lobuli und postikale Lobusränder, stark ge-
bogene postikale Lobusränder und schlecht entwickelte — wenn
auch ganz typisch ausgebildete — Lobuluszähne. Eine ähnliche Form
ist STEPHANI's *P. squarrosifolius*. Nach der Untersuchung eines grösseren Materials halte ich es für unmöglich, diesen Sippen Artwert
beizumessen.

Ptychocoleus spongiosus Steph. 1912, Spec. Hepat. V: 55 von den
Philippinen (Guimaras Isl., leg. MERRILL 1910) wurde vom Bureau of
Science an viele Herbarien verteilt (no. 6727), es handelt sich um *P.
Cumingianus*, in den Ic. Ined. ist aber ein ganz anderer *Ptychocoleus*
dessen Material mir nicht zur Verfügung steht, abgebildet, auf den
sich sehr wahrscheinlich auch die Diagnose bezieht.

VORKOMMEN UND VERBREITUNG: Indomalaya und Ozeanien, auf
die niederen Regionen beschränkt. Nur an Rinde gefunden — Fig. 24.

STANDORTE: N i k o b a r e n (Frauenfeld); A n d a m a n e n (Mann
1893); S u m a t r a (Teysmann); Aneh Schlucht, 535 m (Schiffner 1894);
S. O. K., Galang, 60 m (Arens 1928); M a l a y i s c h e H a l b i n s e l:
(Cantor); Singapore, 20 m (Schiffner 1893); J a v a: Buitenzorg, 250 m
(Schiffner 1893—1894; Fleischer 1898; Verdoorn 1930); Tjikeumeuh, 250 m
(Schiffner 1894); Kp. Kalibatan, 230 m (Schiffner 1894); Kp. Nangrang,
250 m (Schiffner 1894); Gadok, 500 m (Schiffner 1894); B o r n e o: Sara-
wak, (Micholitz; Richards 1932); P h i l i p p i n e n: (Cuming, Typus!);
Mindanao (Micholitz); Dapitan (Micholitz); Negros (Merrill 1910); Guimaras
(Merrill 1910); Panay, Antique Prov. (Mc. Gregor 1918); N. C e l e b e s:
Menado, 700 m (S. K. H. Leopold III, 1929); A m b o n: (Naumann 1875);
C e r a m: Amahei (Döfer 1926); B r i t. N e u - G u i n e a: (Micholitz);
K a r o l i n e n: (Parkinson 1901); Q u e e n s l a n d: Trinity Bay (Sayer
1886); M a r q u e s a s I n s e l n: (Ed. Jardin); S a m o a (Graeffe);
T a h i t i (Nadeaud).
EXSICCAT: Hep. Sel. et Crit. 270.

12. **Ptychocoleus Hasskarlianus** (Gottsche) Steph.

Phragmicoma Hasskarliana Gottsche 1845, Syn. Hepat. S. 299; Sde Lac.
1856, Syn. Hep. Javan., S. 57; 1863—64, Ann. Mus. Bot. Lugd. Bat. I: 307;
Gottsche 1858, Beil. z. bot. Zeitg. XVI: 38.

Acrolejeunea Hasskarliana Spr. 1884, Hepat. Am. et Andin. S. 116; Schffn. 1893, Nova Acta LX: 229; Steph. 1889, Hedwigia 28: 166; Schffn. 1893, Nat. Pflanzenf. I, III: 128; 1894, Hedwigia 33: 184; 1898, Conspectus S. 285.

Lejeunea Hasskarliana Steph. 1898, in Besch., J. de Bot., Sep. S. 4.

Acrolejeunea Rechingeri Steph. 1910, Denkschr. Ak. Wiss. Wien 85: 195.

Ptychocoleus Hasskarlianus Steph. 1912, Spec. Hepat. V: 44; Herz. 1931, Mitt. Inst. Allg. Bot. Hamb. VII: 200; Verd. 1933, de Frull. XI: 225; 1933, de Frull. XII :86; 1934, de Frull. XIV: 235.

Ptychocoleus Rechingeri Steph. 1912, Spec. Hepat. V: 52; Verd. 1934, de Frull. XIV: 237.

Ptychocoleus samoanus Steph. 1912, Spec. Hepat. V: 53; Verd. 1934, de Frull. XIV: 237.

Ptychocoleus setaceus Steph. 1912, Spec. Hepat. V: 54; Verd. 1934, de Frull. XIV: 237.

BESCHREIBUNG: Gottsche 1845 l.c.; Spr. 1884 l.c.; Steph. 1912, ll.c.

VARIABILITÄT: *P. Hasskarlianus* typicus und *P. Cumingianus* typicus bilden zusammen eine Population, in der man keine scharfe Grenze ziehen kann. Die Areale der beiden Arten stimmen weitgehend mit einander überein. In der engeren Indomalaya gibt es aber Unterschiede in der vertikalen Verbreitung, welche man jedoch nicht ohne weiteres für die Bildung der verschiedenen Formen in der Gesamtpopulation verantwortlich machen darf. Der kleine *P. Cumingianus* wächst dort in seiner typischen Form fast nur unter 700 m, der robuste *P. Hasskarlianus* wächst in typischer Form meistens über 700 m und steigt auf Java bis auf 1600 m. Über die Variabilität lässt sich dasselbe sagen, wie bei *P. Cumingianus*. Die Pflanzen sind meistens monoezisch; die Involucralblätter immer ganzrandig, können bei üppig entwickelten Formen sehr breit werden und laufen dann manchmal in eine längliche Spitze aus.

UNTERSCHEIDUNGSMERKMALE: Eine typische *Hasskarlianus*-Pflanze ist leicht zu erkennen, es gibt aber alle möglichen Übergangsformen zwischen *P. Hasskarlianus* und *P. Cumingianus*. Die Lobi sind 2 mm lang mit einem gut entwickelten welligen Appendiculum anticum. Der unterste Teil der Lobuli stimmt mit denen von *P. Cumingianus* überein, der oberste Teil ist flacher; man sieht die grossen Zähne, sobald die Amphigastrien abpraepariert sind, bei *P. Cumingianus* sind sie immer etwas eingerollt. Amphigastrien bis über 1 mm breit. Die beiden ventralen Kiele verschmelzen manchmal zu einem breiten Kiel; dies habe ich bei *P. Cumingianus* nicht beobachtet.

BEMERKUNGEN: Auf Java findet man in höherer Lage auffallend reichlich mit ♀ Infl. versehene Exemplare dieser Art, die Lobi dieser Pflanzen stimmen besser mit *P. Cumingianus* als mit *P. Hasskarlianus* überein. Sterile Äste zeigen dann aber wieder die charakteristischen *Hasskarlianus*-Merkmale.

In de Frull. XI, XII und Hep. Sel. et Crit. Series VI ist das Autorenzitat irrtümlich mit: „(Gottsche) Spr." angegeben.

Die Pflanzen von Samoa (leg. RECHINGER), welche vom Wiener Hofmuseum als *Ptychocoleus Novae-Guineae* (det. STEPHANI) verteilt wurden, gehören hierher. Das Original gehört aber zu *P. Cumingianus*.

VORKOMMEN UND VERBREITUNG: Indomalaya und Ozeanien. An Rinde von Stämmen und Ästen. In der engeren Indomalaya nicht in niederen Lagen.

STANDORTE: S u m a t r a : P. Pandjang (A. Wiltens); idem, 770 m (Schiffner 1894); G. Siboga, 800 m (Schiffner 1894); G. Singalang, 1160 m (Schiffner 1894); J a v a : (Hasskarl, Typus!; Teysmann; Junghuhn); G. Salak, 500—700 m (Schiffner 1894); Artja am G. Gede, 800—1000 m (Schiffner 1894); G. Gede, im Berggarten Tjibodas und (selten) im Urwalde über Tjibodas, 1400 m (Schiffner 1894; Massart; Verdoorn 1930; Renner 1931); idem, über Perbawati, 1600 m (Verdoorn 1930); G. Lawoe, über Sarangan, 1500 m (Verdoorn 1930); W e s t   B o r n e o : bei Nanga Kalis (Winkler 1925, nach HERZOG 1931 l. c., haud vidi); A m b o n : (Karsten, nach SCHIFFNER 1893 l. c., haud vidi); B o u g a i n v i l l e (Rechinger); S a - m o a (Reinecke; Rechinger 1905); T a h i t i : (Vesco 1847; Nadeaud; Setchell and Parks 1922).

EXSICCATE: Hep. Sel. et Crit. 271 (typische Pfl.) und 272 (Übergangsform zu *P. Cumingianus*).

13. **Ptychocoleus tumidus** (Nees) Trev.

Ptychanthus tumidus Nees 1838, Naturg. d. europ. Leberm. III: 213.
Phragmicoma tumida Nees et Mont. 1845, Syn. Hepat. S. 300; Mont. 1856 Sylloge Crypt. p. 71; Mitt. 1856, J. of Bot. and Kew G. M. VIII: 357; Sde Lac. 1863—64, Ann. Mus. Lugd. Bat. I: 307; Mitt. 1871, Fl. vitiensis S. 412; Verd. 1934, de Frull. XIV: 234.
Lejeunea tumida Mitt. 1861, Hepat. Ind. Or. S. 111.
Ptychocoleus tumidus Trevis. 1877, Mem. Ist. Lomb. III, IV: 405; Steph. 1912, Spec. Hepat. V: 57; Verd. 1933, de Frull. XI: 228.
Acrolejeunea tumida Spr. 1884, Hepat. Amaz. et Andin. S. 116; Steph. 1899, Hedwigia 28: 166; Schffn. 1894, Hedwigia 33: 184; 1898, Conspectus S. 289.

Mastigolejeunea inflatiloba Steph. 1924, Spec. Hepat. VI: 562; Verd. 1933, de Frull. XII: 84.

BESCHREIBUNGEN: Nees 1838 l.c.; Syn. Hepat. 1845 l.c.; Steph. 1912 l.c.

VARIABILITÄT: In ihren charakteristischen Merkmalen sehr konstant, schwankt die Art etwas in der Blattlänge (0.7--1.1 mm), in der Ausbildung und Entwicklung des antikalen Lobusappendiculums und besonders in der Lobulusform. Meistens sind zwei, seltener drei, kleine Zähnchen entwickelt, in Einzelfällen vergrössern sich diese aber bedeutend (etwa wie bei einem schwach entwickelten *P. Cumingianus*); der freie postikale Lobulusrand kann gar nicht oder weit am Lobus herablaufen. Die Lobi des ♀ Involucrums sind abgerundet oder zugespitzt, die Lobuli sind immer zugespitzt. Vergl. weiter de Frull. XI: 228.

UNTERSCHEIDUNGSMERKMALE: Steht *Ptych. Cumingianus* am nächsten und ist damit auch näher verwandt als mit anderen Arten mit weniger entwickelten Lobuli. Diese Lobuli zeigen hier auch die für *P. Cumingianus* charakteristische Einrollung zu einem zylindrischen, distal geschlossenen Gebilde. Unsere Art ist durch den völlig eingebogenen postikalen Lobusrand und den teilweise eingebogenen antikalen Lobusrand sehr leicht zu erkennen. Die ♀ Involucralblätter sind meistens flach, zeigen jedenfalls keinen eingebogenen Rand. Dies ist wohl der Fall bei *P. sarawakensis*, wo die Lobusränder weiter eingekrümmt sind, als bei *P. tumidus*. Über die Unterscheidungsmerkmale siehe S. 143. Die fünf Perianthkiele dieser beiden Arten sind etwas runder und aufgeblasener als bei *P. Cumingianus*.

BEMERKUNG: In manchen Herbarien findet man eine von NYMAN auf Java gesammelte Pflanze, die STEPHANI als *Ptychoc. badius* bestimmte, welche aber hierher gehört.

VORKOMMEN UND VERBREITUNG: An Stämmen, Ästen und Palinen. MITTEN (1871 l.c.) gibt die Art für Samoa an, das POWELL'sche Material konnte ich nicht untersuchen. Spätere Funde aus Ozeanien sind unbekannt. Wahrscheinlich auf die engere Indomalaya beschränkt, nicht über 1000 m.

STANDORTE: P e n a n g: (Coll. mihi ign., Typus!); 50 m (Schiffner 1893; Fleischer 1909); S u m a t r a: S. W. K., (Teysmann); S. O. K., Galang, 60 m (Arens 1928); M a l a y i s c h e H a l b i n s e l: Singapore, 2—20 m

(Schiffner 1893; Verdoorn 1930); J a v a : (Nyman); Buitenzorg, 240 m
(Schiffner 1894); Tjikeumeuh, 250 m (Schiffner 1893); Gadok, 500 m (Schiffner 1894); Pasir Muntjang, 660 m (Schiffner 1894); G. Salak, 500—700 m
(Schiffner 1894); G. Gede, Artja, 840 m (Schiffner 1894); Tjipannas bei Sindanglaija, 1000 m (Fleischer 1910).

Exsiccat: Hep. Sel. et Crit. 277.

14. **Ptychocoleus sarawakensis** Steph.

Ptychocoleus sarawakensis Steph. 1912, Spec. Hepat. V: 53.
Ptychocoleus borneensis Steph. in sched.

BESCHREIBUNG: Steph. 1912 l.c.

VARIABILITÄT: Es handelt sich um eine Sippe, welche die Merkmale von *P. tumidus* in extremster Form aufweist; es bestehen aber, wie
ich an den reichlichen Funden von CLEMENS von Mt. Kinabalu feststellen konnte, alle möglichen Übergänge zu einer *Ptychoc. tumidus*
ziemlich ähnlichen Pflanze.

UNTERSCHEIDUNGSMERKMALE: Bei den extremen Formen dieser
Art sind die antikalen Lobusränder nicht nur im apikalen, sondern
auch im basalen Teil ventrad eingekrümmt. Auch die Amphigastrienränder sind überall eingekrümmt. Im ♀ Involucrum ist der postikale
Lobusrand eingebogen. Lobuli grösser und mit viel besser entwik-
kelten Zähnen als bei *P. tumidus*.

BEMERKUNG: Vorläufig muss man alle *P. tumidus*-ähnlichen
Pflanzen aus Borneo hierherstellen, da es den Eindruck macht, als ob
sie immer in der oben beschriebenen extremen Form, welche in der
südlichen Indomalaya vollkommen unbekannt ist, auftreten. Auffallend ist auch die vertikale Verbreitung. Die typische *P. tumidus*
wächst nur unter 1000 m, *P. sarawakensis* aber wurde fast immer auf
1400—1700 m gesammelt.

STANDORTE: B o r n e o: (Teysmann); Sarawak, Lunda (Micholitz, Typus!); B. N. B., Mt. Kinabalu, Tenompok, 5000—7000' (Clemens 1931—
1932).

Sect. nov. 7. **Regulares** Verd.

Lobuli bestehen aus einem mehr oder weniger aufgeblasenen basalen und einem flachen, 2—8 gleichmässig entwickelte Zähnchen tra-

genden oberen Teil. Involucralblätter ganzrandig, Amphigastrien mit oder ohne Einschnitt. Perianthien mit bis über 10 gleichmässig entwickelten Kielen. Typus: *Ptychoc. aulacophorus* (Mt.) Evs.

15. **Ptychocoleus fertilis** (Reinw., Bl., Nees) Trevis.

Jungermania fertilis Reinw., Bl., Nees 1824, Nova Acta XII: 211; Spreng. 1827, Syst. Veget. IV, I: 220; Nees 1830, Hep. Javan. S. 37; 1833, Fl. brasil. I, I: 350.

Lejeunea fertilis Dum. 1835, Rec. d'Observ. S. 12; Mitt. 1861, Hep. Ind. Orient. S. 111.

Phragmicoma fertilis Syn. Hepat. 1845, S. 299; Sde Lac. 1856, Syn. Hepat. Javan. S. 56; 1863—64, Ann. Mus. Bot. Lugd. Bat. I: 307; 1884, in Veth, Midden Sumatra IV: 2: 43; Mitt. 1891, Transact. Linn. Soc. II, III: 204.

Ptychocoleus fertilis Trevis. 1877, Mem. Ist. Lomb. III, IV: 405; Steph. 1912, Spec. Hepat. V: 42; Herz. 1931, Mitt. Inst. Allg. Bot. Hamb. VII: 199; Verd. 1933, de Frull. XI: 229; 1933, de Frull. XII: 86; 1934, Nova Guinea 18: 7; 1934, de Frull. XIV: 235.

Acrolejeunea fertilis Spr. 1884, Hep. Amaz. et Andin. S. 116; Steph. 1889, Hedwigia 28: 166; Schffn. 1893, Nat. Pflanzenf. I, III: 128; Steph. 1897, Bull. Herb. Boiss. V: 79; 1907, Denkschr. Ak. Wiss. Wien 81: 295; Schffn. 1898, Conspectus S. 284.

Acrolejeunea Wichurae Schffn. 1894, Hedwigia 33: 187; 1898, Conspectus S. 289.

Brachiolejeunea Micholitzii Steph. 1895, Hedwigia 34: 64; 1912, Spec. Hepat. V: 137.

Acrolejeunea integribractea Schffn. nom. nud. 1900, Hedwigia 39: 206;

Ptychocoleus integribracteus Steph. 1912, Spec. Hepat. V: 45; Verd. 1933, de Frull. XI: 226; 1933, de Frull. XII: 86.

Ptychocoleus Wichurae Steph. 1912, Spec. Hepat. V: 58; Verd. 1933, de Frull. XI: 228; 1933, de Frull. XII: 87.

Ptychocoleus tener Steph. 1912, Spec. Hepat. V: 56; Verd. 1934, Nova Guinea 18: 2.

Brachiolejeunea tortifolia Steph. 1912, Spec. Hepat. V: 135; Verd. 1934, Nova Guinea 18: 2.

Mastigolejeunea malaccensis Steph. 1924, Spec. Hepat. VI: 563; Verd. 1933, de Frull. XII: 84.

BESCHREIBUNG: Reinw., Bl., Nees 1824 l.c.; die meisten anderen Beschreibungen beziehen sich ganz oder teilweise auf andere Arten.

ABBILDUNG: Schiffner 1894, l.c., Taf. VII: 1—7 (*P. Wichurae*).

VARIABILITÄT: Die Pflanze schwankt etwas in der Grösse, die Lobuli können flach oder teilweise etwas eingekrümmt und basal etwas

aufgeblasen sein, die Lobuluszähnchen wechseln in Anzahl und Ausbildung, alles aber, ohne dass die Pflanze ihre charakteristischen
Merkmale verliert. Wichtiger sind die Variationen des ♀ Involucrums, worauf SCHIFFNER zwei neue Arten begründete. Meistens ist
der Lobulus viel kleiner als der Lobus und davon durch einen deutlichen Sinus getrennt (= *P. Wichurae*), dann findet man Formen, bei
denen der zwar kleinere Lobulus ohne Sinus mit dem Lobus verwachsen ist (= *P. fertilis* s.s.), schliesslich sind noch Formen bekannt, bei
denen Lobulus und Lobus von gleicher Grösse und nur durch einen
kurzen Sinus getrennt sind (*P. integribracteus*). Ursprünglich habe
ich diese drei Formen als eigene Arten behandelt (de Frull. XI: 229).
Später konnte ich aber mit Sicherheit feststellen, dass diese Einteilung nur auf einigen extremen, durch alle möglichen Überfangsfor-
men miteinander verbundenen und auch in ihren Arealen nicht isolier-
ten Formen beruht; ich gebe sie daher lieber auf. Innerhalb der Sippe
P. fertilis kommen auch noch auffallende Unterschiede in der Zell-
grösse vor, welche aber nicht mit anderen Merkmalen verknüpft
sind. „Subflorale" Innovationen kommen im ganzen Gebiet vor, entstehen aber wesentlich niedriger als bei *Brachiolejeunea* (♀ Lobulus
vorhanden).

UNTERSCHEIDUNGSMERKMALE: Durch die flachen, abgerundeten,
mit 4—7 regelmässigen Zähnchen versehenen Lobuli leicht zu unterscheiden. Am nächsten verwandt mit *P. ustulatus*, vergl. S. 146.
Fertile Pflanzen von *Brachiolejeunea sandvicensis* sind selbstverständlich gleich durch die subfloralen Innovationen zu unterscheiden. Im südlichen Teil ihres Verbreitungsgebietes hat *B. sandvicensis*
meistens etwas grössere Zellen, dünnere Zellverdickungen als *P. fertilis* und ausserdem einen deutlich mamillösen Blattkiel, im nördlichen Teil kommen aber Formen vor, die man steril kaum von *P. fertilis* trennen kann. Über den nahe verwandten, neotropischen *P.
torulosus* siehe SCHIFFNER 1894, l.c. S. 188.

BEMERKUNG: Viele der älteren Angaben von *P. fertilis* beziehen
sich auf ganz andere Pflanzen, ich konnte sie nicht alle redivieren, die
Angaben über das Vorkommen auf Japan beziehen sich jedoch
auf *Brachiolejeunea sandvicensis*.

VORKOMMEN UND VERBREITUNG: Indomalaya und Ozeanien, besonders an Cocos, nur wenige m über dem Meeresspiegel. Ich führe
nur Standorte an, von denen ich Belege untersuchen konnte.

STANDORTE: Nikobaren (Kurz); Sumatra: Kp. Sungei Beramei (Massart 1895); Kp. Gau (Massart 1895); Vlakke Hoek (Ernst 1906);
Padang, 10 m (Schiffner 1894); Penang: Waterfall Gardens, 50 m (Schiffner 1893); Malayische Halbinsel: Singapore, 20 m (Schiffner
1893; Fleischer 1913; Verdoorn 1930); Pahang, Lubok Paku (Burkill 1927);
Ins. P. Weh: Sabang, 50 m (Verdoorn 1930); Java: Banten (Blume,
Typus!); Buitenzorg, häufig im Garten und in der Umgebung, 250 m (Wichura
1861; Schiffner 1893—94; Docters van Leeuwen 1928; Verdoorn 1930);
Tjikeumeuh, 250 m (Schiffner 1894); Kp. Babakan, 230 m (Schiffner 1894);
Kp. Baroe, 230 m (Schiffner 1894); Zandbaai (Nyman 1897); Res. Pasoeroean, Tamansari (Gandrup 1923); Philippinen: Luzon (Micholitz);
Neu Guinea: Ins. Waigeoe (Weber von Bosse); Ins. Tumbo (Fleischer
1903); Terimba Ins. (Micholitz 1898); Tahiti (Setchell and Parks 1922).

EXSICCATE: Hep. Sel. et Crit. 278 und 279 (*P. Wichurae → P. integri-
bracteum*).

16. **Ptychocoleus ustulatus** (Tayl.) Steph.

Phragmicoma ustulata Tayl. 1846, L. Journ. of Bot. V: 388; Syn. Hepat.
1847, S. 744.

Brachiolejeunea ustulata Steph. 1890, Hedwigia 29: 7.

Acrolejeunea ustulata Schffn. 1894, Hedwigia 33: 182.

Ptychocoleus ustulatus Steph. 1912, Spec. Hepat. V: 58; Verd. 1933, de
Frull. XII: 87.

BESCHREIBUNGEN: Tayl. 1846 l.c.; Syn. Hepat. 1846 l.c.; Schffn.
1894 l.c.; Steph. 1912 l.c.

ABBILDUNGEN: Schiffner 1894, l.c., Tab. VII: 11—17, VIII:
18—19.

UNTERSCHEIDUNGSMERKMALE: Steht *P. fertilis* nahe, unterscheidet sich aber durch nicht sparrig abstehende Lobi, durch viel weiter
distad verlaufende, basal auffallend aufgeblasene und an den Stamm
angedrückte Lobuli; der obere Lobusteil ist etwas kleiner und weniger abgerundet als bei *P. fertilis*; ♀ Involucralblätter ungefähr wie
bei „*P. integribracteus*", Amphig. inv. int. mit tiefem Einschnitt und
zugespitzten Lappen; Perianthium vielleicht mit mehr und tieferen
Falten versehen als bei *P. fertilis*.

STANDORTE: Philippinen: (Cuming, Typus!); Luzon (Micholitz);
Palawan, Tay Tay, an mehreren Stellen (Merrill 1913).

17. **Ptychocoleus aulacophorus** (Mont.) Evs.

Phragmicoma aulacophora Mont. 1843, Ann. Sc. Nat. Bot. 19: 259; Syn.
Hepat. 1847, S. 743; Mitt. 1871 Fl. vitiensis S. 412.
  Acrolejeunea Hartmannii Steph. 1889, Hedwigia 28: 164.
  Acrolejeunea aulacophora Steph. 1890, Hedwigia 29: 7.
  Acrolejeunea Micholitzii Steph. 1895, Hedwigia 34: 58.
  Ptychocoleus aulacophorus Evs. 1908, Bull. Torrey, Bot. Cl. 35: 161 Steph.
1912, Spec. Hepat. V: 38; Verd. 1933, de Frull. XII: 85; 1934, Nova Guinea
18: 6; 1934, de Frulleniaceis XIV: 234.
  Ptychocoleus Hartmannii Steph. 1912, Spec. Hepat. V: 44; Verd. 1934.
Nova Guinea 18: 2.
  Ptychocoleus Micholitzii Steph. 1912, Spec. Hepat. V: 48.
  Ptychocoleus papulosus Steph. 1912, Spec. Hepat. V: 50.
  Brachiolejeunea erectiloba Steph. 1912, Spec. Hepat. V: 138.

BESCHREIBUNG: Mont. 1843 l.c.; die meisten der späteren Beschreibungen beziehen sich auf andere Pflanzen (*P. fertilis* etc.).

UNTERSCHEIDUNGSMERKMALE: Im Habitus und in der Form der
Amphigastrien mit einer sehr robusten *P. pycnocladus* (z.B. von Tjibodas) übereinstimmend; erinnert aber durch Lobusform, Zellen, ♀
Involucrum stark an einen zarten *P. fertilis*; damit stimmen auch die
flachen Lobuli etwas überein, sie sind im oberen Teil nicht so breit
und zeigen nur zwei kleine Zähnchen. Über *P. caledonicus* cf. de
Frull. XIV: 235.

BEMERKUNG: Es handelt sich um eine seltene papuanisch-ozeani-
sche Pflanze, welche STEPHANI immer mit anderen Arten verwechselte. Belege für STEPHANI's (1912 l.c.) Angabe Afrika und MITTEN's
Angabe Samoa (1871 l.c.) konnte ich nicht auffinden.

STANDORTE: P h i l i p p i n e n: Luzon (Micholitz); N e u G u i n e a:
Kaiser Wilhelmsland, Stephansort (Kärnbach 1888); Br. N. G., Owen
Stanley Range (Hartmann); I n s e l M a n g a R e v a (Hombron, Ty-
pus!); S a l o m o n I n s e l n (Parkinson); S a m o a (Reinecke.)

Sect. nov. 8. **Brachiolejeuneoides** Verd.

Blätter und Amphigastrien wie bei den *Mediae*. ♀ Inflor. einseitig
innoviert. Perianthien 5-10-Kielig. Typus: *Ptychoc. brachiolejeuneoides* Verd.

18. **Ptychocoleus brachiolejeuneoides** Verd.

Ptychocoleus brachiolejeuneoides Verd. 1934, Nova Guinea 18: 6.

BESCHREIBUNG: Verd. 1934 l.c.

ABBILDUNG: Verd. 1934 l.c., Taf. I: 1—4.

UNTERSCHEIDUNGSMERKMALE: Von allen *Ptychocoleus*-Arten durch echte einseitige Innovationen unterschieden. Von *P. flaccidus* durch halbe Grösse, nicht teilweise eingerollte Lobuli mit anderen Zähnchen, von *P. fertilis* durch längliche, im oberen Teil nicht flache, nur mit 1 oder 2 kleinen Zähnchen versehenen Lobuli, kleinere Lobuli im Involucrum etc. leicht zu unterscheiden.

BEMERKUNG: Prof. EVANS in litt. (welche ich 1934 l.c. teilweise copierte) wollte diese Art zu *Brachiolejeunea* stellen, daselbst wurde sie aber isoliert dastehen, und innerhalb *Ptychocoleus* hat unsere Art mehrere deutliche Verwandte unter *Regulares* und *Mediae*. Es kommt so häufig vor, man könnte fast sagen, es ist ein charakteristisches Merkmal der Lejeuneaceeengattungen, dass sich innerhalb dieser Arten entwickeln, welche verwandtschaftlich einwandtfrei zu einer bestimmten Gattung gehören, dazu aber auch noch das charakteristische Merkmal einer ganz anderen Gattung bekommen haben.

STANDORT: N i e d e r l. N e u - G u i n e a, Albatros Bivak, 50 m (Docters van Leeuwen 1926, Typus!).

X. **Schiffneriolejeunea** Verd.

Schiffneriolejeunea Verd. 1933, de Frull. XIII, Ann. Bryol. VI: 88.

Bis heute nur eine Art bekannt:

1. **Schiffneriolejeunea omphalanthoides** Verd.

Schiffneriolejeunea omphalanthoides Verd. 1933, l. c.

BESCHREIBUNG UND ORIGINALDIAGNOSE: Verd. 1933 l.c.
ABBILDUNG: Verd. 1933 l.c., Fig. 1—4.
UNTERSCHEIDUNGSMERKMALE: Gekennzeichnet durch die Länge
(bis 12 cm) der wenig verzweigten Stämmchen; grosse (1.5 × 1 mm),
stumpfe, etwas konvexe, weit am Stamm herablaufende Lobi;
längliche, flache, mit zwei kleinen Zähnchen versehene Lobuli;
grosse (ca 1 mm diam.) tief inserierte Amphigastrien; terminal an
kurzen (3—5 Blattpaare) Seitenästen entstehende, innovationsfreie
♀ Infloreszenzen. ♀ Involucralblätter gross, kahnförmig, ganzrandig,
das umgekehrt birnförmige, völlig glatte, nur im oberen Viertel 5-
kielige Perianth umhüllend. Anscheinend dioezisch.

Sie erinnert an *Ptychocoleus* und an *Omphalanthus*, unterscheidet
sich aber zu sehr von ihnen, als dass man sie bei einer dieser Gattungen einreihen könnte. Die Stellung der ♀ Infl. erinnert an *Bryopteris*, die aber fiederartig verzweigt ist, gezähnte Lobi, Amphig. caul.
und invol., ausserdem noch ein scharf dreikieliges, gezähntes Perianth aufweist. Bei dieser Gattung sind die Äste, an welchen die ♀
Infl. entstehen, noch kürzer und kleinblättriger.

Ptychocoleus, der unserer Gattung bedeutend näher steht, kann
auch 5-kielige Perianthien haben, in diesem Falle sind sie aber nicht
nur im oberen Viertel des Perianths vorhanden. Kahnförmige Involucralblätter, wie die der *Schiffneriolejeunea* sind auch bei einigen,
ganz kleinen, sonst sehr typischen *Ptychocolei* gefunden, fehlen aber

bei den grösseren Arten völlig. Jedenfalls gibt es bei *Ptychocoleus* keine Arten, welche aus ungemein robusten Ästen kurze kleinblättrige Seitenäste mit ♀ Infl. treiben.

In de Frull. XIII, l.c. habe ich angegeben, dass *Schiffneriolejeunea Omphalanthus* näher steht, als *Ptychocoleus*, dies dürfte nicht völlig zutreffen, denn wenn *Omphalanthus* im Habitus auch stark an unsere Gattung erinnert, so unterscheidet sie sich doch erheblich durch die Stellung der ♀ Infloreszenzen (terminal an Hauptästen mit 1—2 Innovationen), ganz andere Involucralblätter, undeutlich dreikielige Perianthien usw.

STANDORT: S ü d C e l e b e s: Pik von Bonthain, 8000—8500′ (Warburg 1888, Typus!).

XI. **Spruceanthus** Verd. genus nov.

Jungermania p.p. Nees 1830, Hepat. Javan. S. 39.

Ptychanthus p.p. Nees 1838, Naturgesch. Europ. Leberm. III: 212.

Phragmicoma p.p. Syn. Hepat. 1845, S. 302; Sande Lac. 1856, Nat. Tijdschr. N. O. I. X: 396.

Lejeunea p.p. Mitt. 1861, Hep. Ind. Or. S. 111; Aongstr. 1872 Öfv. Kgl. Vet. Ak. Forh. 29, 4: 23.

Ptycholejeunea p.p. Spr. 1884,, Hepat. Amaz. et Andin. S. 99.

Brachiolejeunea p.p. Steph. 1889, Hedwigia 28: 168.

Lejeunea subg. *Phragmolejeunea* Schffn. 1890, Forschungsreise Gazelle IV: 25.

Thysananthus subg. *Sicyanthus* Herz. 1930, Symbolae Sinicae V: 46.

BESCHREIBUNG: Lobi oblongi, apiculati vel subapiculati vel obtusi, marginibus planis vel undulatis, integris vel dentatis. Lobuli tridentati, dent. prox. mai. Amphigastria magna, rotunda vel subrotunda, integra vel dentata. Cellulae isodiametricae, lumine rotundato trigonis subnullis vel distinctis. Infl. ♀ terminalis in caulibus vel in ram. mai., amb. lat. vel uno latere innovata. Folia involucralia dentata, amphigastriis magnis, lobulisque subdistinctis. Perianthia juvenilia trigona, bene evoluta carinis supplement. 5—7-plicata, carinis obtusis laevibus.

VARIABILITÄT: Vergl. S. 153 und S. 156. Die Gattung umfasst zwei Arten, welche beide für künftige Experimente besondere Bedeutung haben. *S. polymorphus* tritt nämlich in Modifikationen auf, welche sonst in der Indomalaya bei den Holostipae unbekannt sind, und *S. semirepandus* entwickelt in der leptod. virdis mod. manchmal eine abweichende Blattgestalt.

UNTERSCHEIDUNGSMERKMALE: Als wesentliche Merkmale dieser Gattung wären die gezähnten Blätter und Amphigastrien (wenigstens im ♀ Involucrum), die in der Anlage dreikieligen, aber durch sekundäre Faltungen der Kiele, meistens mehrkieligen Perianthien und die terminale Stellung der ♀ Infl. zu nennen. Die ♀ Infl. entstehen wie bei *Thysananthus* terminal am Stamm oder an einem Hauptast und tragen beiderseits oder einseitig eine Innovation, die Zellen sind gross und isodiametrisch mit einem abgerundeten Lumen, sie stehen nicht in hexagonalen Reihen wie bei den meisten Vertretern der verwandten Gattungen. *Ptychanthus* und *Brachiolejeunea*, womit man unsere Gattung wohl verwechselt hat, unterscheiden sich durch regelmässig (auch im jugendlichen Zustande) vielfaltige Perianthien. Bei *Thysananthus* finden wir scharf dreikielige, meistens etwas bewehrte Perianthien.

BEMERKUNGEN: Schon SCHIFFNER 1890 l.c. hat *Spruc. polymorphus* in einer eigenen Untergattung untergebracht, ohne aber auf die nahe Verwandtschaft zu *Spruc. semirepandus* hinzuweisen. Später hat er dann *Spruc. polymorphus* zu *Thysananthus* und *Spruc. semirepandus* zu *Ptychanthus* gestellt. Die eigenartige Stellung von *Spr. semirepandus* [1]) ist auch HERZOG 1930 l.c. aufgefallen, er stellt sie in eine eigene Untergattung *Sicyanthus*, welche er *Thysananthus* angliedert; es ist ihm aber nicht aufgefallen, dass sich seine Ausführungen auf eine Pflanze beziehen, die bis damals immer als einen *Ptychanthus* aufgefasst wurde (sc. eine sehr nahe Verwandte von einer immer zu *Ptychanthus* gestellten Pflanze darstellt). Typus: *Spruc. semirepandus* (Nees) Verd.

VORKOMMEN UND VERBREITUNG: Drei Arten aus dem tropischen Asien und Ozeanien. Aus Australien und anderen Weltteilen kennen wir keine Vertreter dieser Gattung. Da ich die Gattungen *Ptychanthus* und *Thysananthus* vollständig rediviert habe, ist es auch nicht wahrscheinlich, dass unter den beschriebenen Lejeuneen noch andere Vertreter unserer Gattung aufzufinden sind. In der Indomalaya meistens in mittlerer Höhe gesammelt, fehlt sie im Hochgebirge, ist selten in der Ebene. *Spruc. semirepandus* geht in Kontinentalasien in viel grösseren Höhen als in der Indomalaya.

1. Lobi fast doppelt so lang als breit, in eine kräftige Spitze ausgezogen, kräftig gezähnt. Amphig. invol. ohne apikalen Einschnitt, bedeckt das Perianthium fast vollkommen . . .   1. **Spruceanthus semirepandus**
   Lobi nur wenig länger als breit, kurz zugespitzt oder abgerundet, fein gezähnt oder ganzrandig. Amphig. invol. meistens etwas eingeschnitten, bedeckt den obersten Teil des Perianthium nicht. . . . .
   2. **Spruceanthus polymorphus**

---

[1]) *Thys. fragillimus* Herz. = *Spruceanthus semirepandus.*

1. **Spruceanthus semirepandus** (Nees) comb. nov.

Jungermania semirepanda Nees 1830, Hepat. Javan. S. 39.
Ptychanthus semirepandus Nees 1838, Naturgesch. Europ. Leberm. III:
212; Schffn. 1893, Nat. Pflanzenf. I, III: 130; 1894, Hedwigia 33: 185; 1898,
Conspectus S. 312; Steph. 1912, Spec. Hepat. IV: 752; Verd. 1933, de Frull.
XI: 233.
Phragmicoma semirepanda Syn. Hepat. 1845, S. 302; Sde Lac. 1856, Syn.
Hepat. Javan. S. 59; 1863—64, Ann. Mus. Bot. Lugd. Bat. I: 308.
Lejeunea semirepanda Mitt. 1861, Hep. Ind. Or. S. 111.
Ptycholejeunea semirepanda Spr. 1884, Hep. Amaz. et Andin. S. 99; Steph.
1889, Hedwigia 28: 259; 1890, Hedwigia 29: 10.
Thysananthus rotundistipulus Steph. 1924, Spec. Hepat. VI: 566.
Thysananthus? fragillimus Herz. 1930, Symb. Sinic. V: 45.
Jungermania arctifolia Tayl. in sched.

BESCHREIBUNG: Nees 1830 l.c., Spr. 1884 l.c., Steph. 1912 l.c.
ABBILDUNG: Herz. 1930 l.c., Fig. 16: 1—13.
VARIABILITÄT: Die charakteristischen Merkmale sind sehr konstant, besonders da die Pfl. meistens in derselben Modifikation
(pachyd. col.) auftritt. Die seltenen leptoderma viridis mod. sehen
ganz anders aus, sie sind reichlich dichotom verzweigt mit etwas
kürzeren Blättern; infolgedessen kann man sie bei oberflächlicher
Beobachtung leicht mit *Spruc. polymorphus* verwechseln (vergl. de
Frull. XI l.c.). Unsere Pfl. hat meistens einen auffallend stark entwickelten Hauptstamm mit kleineren, nicht sehr zahlreichen
Ästen. Die Ausmasse der Blätter und besonders auch der Amphigastrien am Stamm können stark wechseln. Meistens sind die
Amphigastrien etwa 0.7 mm breit, bei gut entwickelten Pflanzen
bis 1.1 mm und seltener (bei übrigens ganz typischen Formen)
1.6—1.8 mm. Die Grösse der anderen Organe schwankt in ähnlicher
Weise. Die Lobuli zeigen meistens einen grossen Zahn (Spitze) und
zwei kleinere Zähne; bei zarten Pflanzen ist die Spitze stark ver-
kürzt, und die anderen Zähne sind nur durch mamillöse Ausstül-
pungen angedeutet. Die Randzähnung der Blätter und ♀ Involucralblätter ist ziemlich konstant, die Stammamphigastrien können
aber ganzrandig (mit flachem oder eingebogenem Rande),schwach und
fein oder (selten) ziemlich stark gezähnt sein. Die Perianthien variieren, ebenso wie bei *Spruc. polymorphus*, in der Ausbildung der
Kiele, letztere sind meistens glatt, seltener etwas rauh oder sehr
schwach gezähnt. Anscheinend immer monoezisch.

UNTERSCHEIDUNGSMERKMALE: Manchmal schon mit blossem Auge durch den Habitus (kräftig entwickelte, wenig innovierte Stämme), der an *Plagiochila* oder schmale *Schistochilae* erinnert, zu erkennen. Weiterhin leicht durch die lang ausgezogenen, kräftig bewehrten Lobi; durch die abgerundeten Zellumina; durch die grossen Amphigastria caulina; durch das gewaltige (das Perianthium mehr oder weniger bedeckende) Amphigastrium intimum und den breiten ungefähr dreifaltigen, ventralen Kiel der Perianthien zu unterscheiden. Der verwandte *Spruc. polymorphus* unterscheidet sich durch abgerundete oder kurz zugespitzte, fein gezähnte Lobi; durch kleinere Amphigastrien (besonders im ♀ Involucrum); durch den schmaleren Ventralkiel der Perianthien usw.

Ptychanthus mamillilobus Herz. aus Süd China (Symb. Sin. V: 44 c. ic.) gehört in die unmittelbare Nähe von *Spruc. semirepandus*. Es handelt sich um eine mesod.-viridis mod., welche sich von den malayischen mesod. und leptod. viridis mod. wahrscheinlich durch die grösseren Amphigastrien mit umgebogenen Rändern, durch postikal kräftig gezähnten Lobi (HERZOG's Fig. 15: 24), nicht aber durch den Lobulus und die Zellen, trennen lässt.

BEMERKUNG: Das Originalmaterial von STEPHANI'S *Thys. sikkimensis* aus Kurseong in Sikkim gehört zweifellos zu *Thys. spathulistipus*; STEPHANI hat jedoch später immer die kontinentalasiatischen Exx. von *Spruc. semirepandus* als *Thys. sikkimensis* bezeichnet [1]). Vergl. auch noch SCHIFFNER 1899, Oesterr. Bot. Zeitschr., Nr. 4, Sep. S. 3, der die s. g. „*Thys. sikkimensis*" und *Thys. semirepandus* als vicariierende Arten betrachtet, wozu jedoch gar kein Grund besteht.

VORKOMMEN UND VERBREITUNG: Meistens zwischen anderen Moosen auf Rinde an Stämmen, seltener an Ästen oder auf Felsen, Steinen und Erde. Von Japan bis Java und den Philippinen durch das tropische Asien verbreitet, nie sehr häufig. In der Indomalaya nicht in der Ebene, aber auch nicht über 2000 m. In vielen Herbarien findet man eine vom Bureau of Science verteilte epiphylle *Caudalejeunea* aus Mindanao mit der Bezeichnung: *Ptychanthus semi-*

---

[1]) So findet man in sehr vielen Herbarien eine von LEVIER distribuierte Pflanze (Nepal, Khatmandu, leg. Rana 1900) mit der falschen Bezeichnung: *Thys. sikkimensis* Steph. nov. sp.

repandus det. Stephani. Vielleicht ist unsere Art also auch auf Mindanao gefunden worden. —- Fig. 17.

STANDORTE: J a p a n (Inoué leg., hb. Steph., cet. des.); C h i n a: (ohne weitere Angaben in herb. Steph., ex herb. Kew); Setschwan, Lungdschuschan, 3000 m (v. Handel Mazzetti 1914); Fukien bei Yenping (Chung 1925); N e p a l: (Wallich); Khatmandu (Rana 1900); S i k k i m: 4000—11000' (J. D. Hooker an vielen Stellen); K h a s i a: 4000—6000' (Hooker and Thomson); V o r d e r i n d i e n: (Pfleiderer 1913); Nilgiri Geb. (Lüthi 1907); C e y l o n: (Thwaites, nach MITTEN 1861 l. c.; haud vidi); 6000' (Fleischer 1898); J a v a: (Blume, Typus!; Junghuhn, Teysmann; Nyman); G. Megamendoeng bei Toegoe, 1100—1400 m (Kurz; Schiffner 1894); Telaga Warna, 1400 m (Schiffner ± 1894); G. Gede: im Berggarten Tjibodas, 1400 m (Schiffner 1894; Verdoorn 1930); über Tjibodas und Tjibeureum, bis 1720 m (Schiffner 1894, Verdoorn 1930); Daradjat bei Garoet, 1730 m (Schiffner 1894); G. Malabar, 2000 m (Verdoorn 1930); G. Patoeha, 1700 m (Verdoorn 1930); G. Tjikoeraj, 1700 m (Verdoorn 1930); B. N. B o r n e o: Mt. Kinabalu, Tenompok, 5000' (Clemens 1931—1932); P h i l i p p i n e n: Luzon, Benguet, Mt. Pulog (Merrill 1909); L o m b o k: Rindjani-Geb., ca. 1000 m (Elbert 1909).

EXSICCATE: Hep. Sel. et Crit. 261 und 262.

2. **Spruceanthus polymorphus** (Sande Lac.) comb. nov.

Phragmicoma polvmorpha Sande Lac. 1856, Nat. Tijdschr. N. I. X: 396; 1856, in Dozy, Plagiochila Sandei S. 9; 1856, Syn. Hepat. Javan. S. 58; 1863—64, Ann. Mus. Bot. Lugd. Bat. I: 308; Gottsche 1858, Beil. Bot. Zeitg. XVI: 38; Mitt. 1885, Challenger Exp., Bot. I, III: 214.

Brachiolejeunea polymorpha Steph. 1889, Hedwigia 28: 168.

Phragmolejeunea polymorpha Schffn. 1890, Forschungsreise Gazelle IV: 25.

Thysanolejeunea polymorpha Schffn. 1893, Nova Acta LX: 228.

Thysananthus polymorphus Schffn. 1898, Conspectus S. 305; Evans 1900, Transact. Conn. Ac. X: 426; Steph. 1912, Spec. Hepat. X: 793; Verd. 1933, de Frull. XI: 232.

Phragmicoma elongata Aust. 1869, Proc. Ac. Nat. Sci. Phil. for 1869, S. 225.

Lejeunea aliena Aongstr. 1872, Öfv. Kgl. Vet. Ak. Förh. 29, 4: 23, Evans 1900, Transact. Conn. Ac. X: 423.

Lejeunea elongata Aust. 1874, Bull. Torrey Bot. Club V: 17, Evans 1900, Transact. Conn. Ac. X: 423.

Dicranolejeunea Didericiana Steph. 1896, Hedwigia 55: 77, Evans 1900, Transact. Conn. Ac. X: 423; Steph. 1912, Spec. Hepat. IV: 791; Verd. 1934, de Frull. XIV: 223.

Brachiolejeunea aliena Steph. 1897, Bull. Herb. Boissier V: 842; Evans 1900, Transact. Conn. Ac. X: 423; Verd. 1934, de Frull. XIV: 221.

Ptycholejeunea elongata Steph. 1897, Bull. Herb. Boissier V: 842; Evans 1900, Transact. Conn. Ac. X: 423; Verd. 1934, de Frull. XIV: 237.

Thysananthus elongatus Evans 1900, Transact. Conn. Academy X: 423.

Archilejeunea caledonica Steph. 1912, Spec. Hepat. IV: 727; Verd. 1934, de Frull. XIV: 219.

Thysananthus paucidens Steph. 1912, Spec. Hepat. IV: 793; Verd. 1934, de Frull. XIV: 239.

Thysananthus crispatus Steph. 1924, Spec. Hepat. VI: 567; Verd. 1934, Nova Guinea 18: 7.

Ptychanthus crispifolius Steph. 1924, Spec. Hepat. VI: 561; Verd. 1934, Nova Guinea 18: 2.

Thysananthus mutabilis Sande Lac. in sched.

Archilejeunea denticulata Steph. in sched.

BESCHREIBUNGEN: Sande Lac. 1856 l.c. p. 58; Evans 1900 l.c. p. 423; Steph. 1912 l.c. p. 793.

ABBILDUNGEN: Sande Lac. 1856, Syn. Hep. Jav., Taf. XI; Evans 1900 l.c., Taf. 49: 1—13.

VARIABILITÄT: Es handelt sich um eine der interessantesten Lebermoos-Populationen aus der Indomalaya, bei deren Analyse sich aber besondere Schwierigkeiten ergeben werden. Jeder, der grosse Rasen untersucht, wird über die ungewöhnliche Plastizität dieser Pflanze staunen. Ausserdem muss es aber erhebliche genetische Differenzen zwischen den Vertretern dieser Sippe in verschiedenen Gebieten geben. Nach wiederholter Untersuchung eines reichlichen Materials, muss ich aber vorläufig, die Kleinarten, welche man um VAN DER SANDE LACOSTE's *Phragmicoma polymorpha* gruppiert hat, einziehen. EVANS' *Thysananthus elongatus* ist übrigens durch zahlreiche spätere Funde sowohl in geographischer als in morphologischer Hinsicht so eng mit VAN DER SANDE LACOSTE's Typus verbunden, dass ich es für wahrscheinlich halte, dass EVANS sie selber nicht mehr anerkennen würde. Ganz anders verhält er sich mit *Thysananthus crispatus* St. (= *Ptychanthus crispifolius* Steph.); diese Art macht einen so abweichenden Eindruck, dass ich sie erst nach langem Zögern und genauem Studium der Fülle von Uebergangsformen eingezogen habe. Besonders aber haben mich dazu noch ganz typische „*Thysananthus crispatus*"-Pflanzen aus Borneo, der malayischen Halbinsel und Sumatra bestimmt; hierdurch geht doch das exklusive Areal verloren. In „Nova Guinea" 18 : 7 findet man sie noch als eigene Art angeführt.

Die Variabilität der Grossart lässt sich vielleicht am besten durch die Schilderung einiger der auffallendsten Formen, welche man eventuell als Kleinarten betrachten kann, angeben. Alle Formen sind heterözisch.

I. Kleine, blassgrüne, wenig verzweigte, bis $2^1/_2$ cm lange Pflanzen, Lobi 0.9—1.2 mm lang, flach, vollkommen ganzrandig, kurz zugespitzt, seltener stumpf und abgerundet. Lobuli reduziert, erreichen nur eine Länge von $^1/_{10}$ der Lobulus. Lobulusrand kaum differenziert. Amphigastrien ganzrandig, nur doppelt so breit wie der Stamm, flach oder im oberen Teil etwas zurückgeschlagen. Perianthien mit nur einem, nicht mit accessorischen Falten versehenen Ventralkiel. Mit grösster Vorsicht von *Archilej. mariana* zur trennen! Besonders auf Java, Sumatra und den Philippinen; wächst nicht mit grösseren Formen zusammen.

II. Grössere, blassgrüne, dunkelgrüne oder bräunliche Pfl., bis 7 cm lang, durch die zahlreichen Innovationen „dichotom" verzweigt. Lobi 1—2 mm, flach oder am Rande schwach gewellt, zugespitzt oder fast abgerundet, mehr oder weniger ganzrandig oder mit zahlreichen feinen Zähnchen versehen. Lobuli erreichen eine Länge von $^1/_5$—$^1/_4$ der Lobus mit einem deutlichen (Spitze) und zwei kleineren Zähnchen. Amphigastrien drei- fünfmal so breit wie der Stamm, meistens im oberen Teil fein gezähnt. Ventralkiel des Perianths wenigstens mit zwei accessorischen Kielen. In den Regenwäldern der engeren Indomalaya sind die hierhergehörigen Formen meistens doppelt so gross, wie in den Randgebieten. Hierher gehören die meisten Exx. unserer Art.

III. Stimmt in allen Hinsichten mit II überein, ist aber nicht so üppig entwickelt und meistens kleiner. Lobus- und Amphigastrienränder sind jedoch auffallend gewellt und reichlich fein gezähnt. VAN DER SANDE LACOSTE beschrieb diese schöne Form als var. α *undulifolia* und stellte sie der sub II beschriebenen Form, die er β *planifolia* nannte, gegenüber. Die beiden Formen kommen an einem Standort gemischt vor. Die var. *undulifolia* wächst nicht in den Randgebieten, in Ozeanien fand man sie nur auf Neu-Kaledonien.

IV. Kleine Pflanzen, Extreme der var. *undulifolia*. Ausser durch die krausen Lobus-und Amphigastrienränder, durch auffallend grosse ($^1/_3$ der Länge der Lobi erreichende) Lobuli und etwas eingerollte postikale Lobusränder gekennzeichnet. Zuerst in Neu-Guinea entdeckt und von STEPHANI als endemische Art (*Thys. crispatus*) betrachtet, später auch auf Borneo und der Malayischen Halbinsel gefunden.

Mit Nachdruck muss ich betonen, dass alle diese Formen, gleichgültig, auf welches Merkmal oder welche Kombination von Merkmalen man achtet, ineinander übergehen. Subspecies kann man ebenfalls nicht unterscheiden.

UNTERSCHEIDUNGSMERKMALE: Die *undulifolia*-Formen sind gleich
zu unterscheiden, da keine einzige der anderen asiatischen Holostipae ähnliche Formen entwickeln kann. Die verwandte *Spruc. semirepandus* hat viel längere, lang zugespitzte, sehr kräftig gezähnte
Lobi, grössere Amphigastrien (besonders im ♀ Involucrum) und einen
viel breiteren Ventralkiel am Perianthium. Zarte Formen von
Archilej. mariana sind in Zweifelsfällen immer durch die zwei scharfen etwas rauhen Ventralkiele des Perianthium zu erkennen.

BEMERKUNGEN: SCHIFFNER 1898, Conspectus S. 305 stellte *Ptychanthus retusus* zur *Thys. polymorphus* β *planifolia*. Wie sich mir
aus dem Studien der Originale ergab, ist dies nicht richtig.

Der Beschreibung nach dürfte *Lejeunea ungulata* Mitt. 1861, Hep.
Ind. Or. p. 110 hierher gehören (= *Thys. ungulatus* Steph.), das Originalmaterial ist aber nirgends zu finden.

VORKOMMEN UND VERBREITUNG: Indomalaya und Ozeanien. An
Rinde von Stämmen, seltener an Ästen oder Zweigen. Aus Neu
Guinea kennen wir nur extreme *undulifolia*-Formen. In den Rand-
gebieten nur kleinblättrige *planifolia*-Formen. — Fig. 25.

STANDORTE: V o r d e r i n d i e n: Kodaikanal, 7000′ (Foreau 1932);
S u m a t r a: (Korthals); Aneh Schlucht, 560 m (Schiffner 1894); G. Singalang, 1500—1600 m (Schiffner 1894); Padang (Andrée Wiltens); J a v a: (Teysmann; Junghuhn, Typus!; Korthals; Goebel); G. Boender, 250 m (Schiffner
1893); G.Salak, 900—1200 m (Zollinger; Schiffner 1893); G. Pantjar, 300 m
(Schiffner 1893); Kampong Bodjong Djenko, nur 250 m!, (Schiffner 1894);
G. Gede, Artja, 1100 m (Schiffner 1894); zwischen Sindanglaija und Tjibodas
1300—1350 m (Schiffner 1894); im Berggarten Tjibodas, 1420 m (Schiffner
1894; Verdoorn 1930); über Tjibodas und über Tjibeureum, bis 1700 m
(Schiffner 1894; Verdoorn 1930); G. Geger Bentang (Renner 1931); über
Perbawati an den Südabhängen vom G. Gede, 1600 m (Verdoorn 1930); G.
Manglajang, 1400 m (Verdoorn 1930); G. Malabar, 1650 m (Verdoorn 1930);
G. Tjikoeraj, 1700 m (Verdoorn 1930); G. Papandajan, 1500 m (Schiffner
1894); G. Semeroe, 1100 m (Verdoorn 1930); M a l a y i s c h e H a l b i n-
s e l: Pahang, Tembeling (Henderson 1929); Pahang, S. Sat (Henderson
1929); B o r n e o: (Korthals); B. N. B., Mt. Kinabalu, Tenompok, 5000′
(Clemens 1931—1932); idem, Mt. Kabayan, 600′ (Holttum 1931); P h i-
l i p p i n e n: Biliran, Mc. Gregor 1914); Luzon: (Semper); idem, Simay

(Robinson 1908); idem, Mt. Bulusan (Elmer 1915); **Arrou Inseln** (nach MITTEN 1885 l. c., haud vidi); **Celebes**: Tjamba, 800—1150 m (Simon Thomas 1884); **Neu-Guinea**: Niederl. N. G., (v. Zippel); idem, Prauwenbivak, 100 m (Lam 1920); K. W. L., Mala am Jepik Fluss (Ledermann 1912—1913); Madang (Blum 1924); **Neu-Mecklenburg**: (Naumann 1875); **Neu-Kaledonien** (Franc; Le Rat; Balansa); **Bougainville** (Rechinger); **Tahiti** (Coll. mihi ign., herb. Steph.); **Samoa** (Fleischer); **Hawaii** (Hillebrand; Cooke; Didrichsen; Andersson; Baldwin; Faurie; Heller).

EXSICCATE: Hep. Sel. et Crit. 285, 286 und 287.

XII. **Symbyezidium** Trevis.

Jungermania p.p. Sw. 1788, Prodr. Fl. Ind. Occ. S. 144.
Lejeunea p.p. Syn. Hepat. 1845, S. 310 usw.
Marchesinia p.p. Trev. 1877, Mem. Ist. Lomb. III, IV: 403.
Symbyezidium Trev. 1877, Mem. Ist. Lomb. III, IV: 403; Evs. 1907, Bull.
Torrey Bot. Cl. 34: 533; Steph. 1912, Spec. Hepat. V: 97.
    Lejeunea subg. *Platylejeunea* Spr. 1884, Hepat. Amaz. et Andin. S. 124.
    Platylejeunea Spr. 1884, Hepat. Amaz. et Andin. S. 124; Schffn. 1893, Nat.
Pflanzenf. I, III: 130.

BESCHREIBUNG: Trevis. 1877 l.c.; Spr. 1884 l.c.; Schffn. 1893 l.c.;
Evs. 1907 l.c.; Steph. 1912 l.c.

ORIGINALDIAGNOSE VON SPRUCE: Elata, arborum ramulis foliisque repens,
dein pendula, saturate badia v. rufo-badia. Caules 1—6-pollicares et longio-
res, serpentini flaccidi inaequaliter pinnati, vel pinnatim divisi, apice saepe
longe simplices. Folia magna (1.3—2.6 mm) parum (raro dense) imbricata,
siccando fere immutata, horizontaliter patula, apice tamen margineque an-
tico saepe incurva, postico plus minus recurvula, unde ex ovato-oblongo
ligulata videntur, rotundata obtusave, rarius apiculata, integerrima basi
sinuato-complicata; lobulus parvus turgidus saepe cucullatus; cellulae majusculae mediocresve subpellucidae pariete incrassato. Foliola foliis sat breviora, saepe autem latiora obovato-orbiculata v. reniformia, rotundata
retusulave integerrima. Haustoria e radicellis valde numerosis fastigiatis,
saepe ex parte colligatis, scopaeformia. Fl. dioici, raro monoici: ♀ ramo brevissimo, foliis minutis 1-(raro pauci) jugis infra bracteas stipato, insidentes, innovatione brevi parvi-paucifolia semper suffulti. Bracteae minutae, foliis
2—4-plo minores, obcordato-bilobae, complicatae, lobis exacte (v. fere)
aequimagnis; bracteola angusta, apice retusa v. tridentata, raro bifidula.
Perianthia ultra bracteas emersa, f. caulinis tamen semper sat breviora,
oblonga obovatave, apice rotundata, retusa, obcordatave, rostellata, valde
compressa, margine toto, v. saltem supero, inciso-fimbriata-ciliatave, facie
postica apicem versus valde humiliter 1—2- v. 3-carinulata, carinis spinoso-
alatis inermibusve, interdum papillis pilisve sparsa, vel omnino nuda, antice
subplana inermia raro subspinulosa. Androecia v. terminalia, v. ramulo pro-
prio constantia, leptostachya, polyphylla.

VARIABILITÄT: Die Grösse der Lobi, die Gestalt der Lobuli und
besonders die relative Grösse, das Verhältnis zwischen Breite und

Länge, und die Insertion der Amphigastrien kann bei ein und derselben Art so stark schwanken, dass es sich zweifellos um einer der
interessantesten Lejeuneaceen-Gattungen handelt. Persönlich konnte ich jedoch nur einige papuanische und ozeanische Stichproben
untersuchen, während die Gattung hauptsächlich in den Neotropen
entwickelt ist.

UNTERSCHEIDUNGSMERKMALE: Durch grosse ganzrandige Lobi;
längliche, nicht weit am Stamm herablaufende, im unteren Teil aufgeblasene, eingerollte und an den Stamm angedrückte, im oberen
Teil flache und mit einem geraden oder gebogenen Sinus versehene
Lobuli; durch terminale (an sehr kurzen Seitenästen) und mit einer
kleinblättrigen Innovation versehene ♀ Infl. deutlich gekennzeichnet.
Der Apex des Lobulus ist meistens nur durch eine hervorgewölbte,
eine hyaline Papille tragende Zelle angedeutet, kann aber auch aus
einem länglichen mehrzelligen Zahn bestehen. Die Perianthien sind
umgekehrt birn— oder herzförmig mit zilienartig gezähnten lateralen und undeutlich oder nicht entwickelten ventralen Kielen.
Durch den Habitus, der an einen grossen *Chiloscyphus* erinnert
meistens sofort zu unterscheiden. In unserem Gebiete kaum mit
einer anderen Gattung zu verwechseln. EVANS vergleicht sie mit
Lopholejeunea und *Odontolejeunea*, von einer engen Verwandtschaft
kann aber kaum die Rede sein.

BEMERKUNGEN: Diese Gattung, welche wir seit langen Jahren
nur unter dem SPRUCE'schen Namen *Platylejeunea* kannten, wurde
von EVANS (1907 l.c.) mit Recht wieder in *Symbyezidium* umgetauft,
TREVISAN's Gattung ist zwar eine Mischgattung ohne jede taxonomische Bedeutung, man kann sie aber nicht ganz streichen, und da
die erste, von ihm angeführte Art zu SPRUCE's Gattung *Platylejeunea*
gehört, musste diese leider den älteren Namen erhalten. Typus:
Symb. transversale (Sw.) Trev.

VORKOMMEN UND VERBREITUNG: In Süd-Amerika soll es etwa 10
Arten dieser Gattung geben und in Afrika zwei. Aus Asien kennen
wir nur eine, auf Neu-Guinea beschränkte Art. Für Australien und
Ozeanien führt STEPHANI, vier Arten an, wahrscheinlich gibt es nur
2 oder 3 Arten (vergl. de Frull. XIV: 237—238). Das Verhältnis zwischen den ozeanischen und den neotropischen Arten bedarf noch
einer näheren Untersuchung. SCHIFFNER 1893 (Nat. Pfl. F. I, III:
131) vereinigt z.B. *S. transversale* und *S. bacciferum*.

In unserem Gebiet nur eine Art:

1. **Symbyezidium Lorianum** Steph.

Symbyezidium Lorianum Steph. 1912, Spec. Hepat. V: 106; Verd. 1934, Nova Guinea 18: 7.

BESCHREIBUNG: Steph. 1912 l.c.

UNTERSCHEIDUNGSMERKMALE: Von dem am nächsten verwandten *Symbyezidium bacciferum* (Tayl.) durch Amphigastrien, welche doppelt so breit als lang und mehr oder weniger flach inseriert sind, sowie durch halb so grosse Zellen zu unterscheiden. Näheres über die anderen von Ozeanien angeführten *Symbyezidium*-Arten in de Frull. XIV: 237—238.

STANDORTE: N i e d e r l. N e u-G u i n e a: Hellwiggeb., 1750 m (Pulle 1912); B r i t. N e u-G u i n e a: (L. Loria, Typus!).

XIII. **Thysananthus** Lindenb.

Jungermania p.p., Reinw., Bl. Nees 1824, Nova Acta XII: 212; Nees 1830, Hep. Javan. S. 38.

Lejeunea p.p. Dum. 1835, Rec. d'Observ. S. 12.

Frullania subg. *Bryopteris* p.p. Nees 1838, Naturgesch. Europ. Leberm. III: 211.

Thysananthus Lindenb. 1844 in Pug. Pl. Nov. VIII: 24; Syn. Hepat. 1845, S. 286; Schffn. 1893, Natürl. Pflanzenf. I, III: 129; Evans 1909, Bull. Torrey Bot. Club 34: 552; Stephani 1912, Spec. Hepat IV: 781.

Bryopteris p.p. Syn. Hep. 1847, S. 737.

Lejeunea subg. *Thysanolejeunea* Spr. 1884, Hep. Amaz. et Andin. S. 105.

Lejeunea subg. *Dendrolejeunea* Spr. 1884, Hep. Amaz. et Andin. S. 110.

Thysanolejeunea Spr. 1884 l. c. et Auct.; Sim 1926, Transact. R. Soc. Sth. Afr. 15: 50.

Dendrolejeunea Spr. 1884 l. c. et Auct.

Phragmicoma Mitt. p.p. 1871, Fl. vitiensis S. 412.

Mastigo-(Thysano-)Lejeunea Schffn. 1890, Forschungsr. Gazelle IV: 21.

BESCHREIBUNG: Lindenb. 1844 l.c. (siehe unten); Hep. Amaz. et And. l.c.; Spec. Hepat. l.c.

ORIGINALDIAGNOSE VON LINDENBERG: Perianthium laterale vel in dichotomia, sessile, triquetrum, dorso convexum ventre unicarinatum, marginibus deflexis carinaque dentato-laciniatis, apice subretusum, mucronulatum. Involucri folia bina difformia, inaequaliter biloba. Amphigastrium involucrale elongatum, emarginato-bifidum. Calyptra ovalis vertice rumpens; Stylus longus. Capsula ad medium quadrifida valvis post dehiscentiam subreflexis. Elateres apices valvarum versus affixi, unispiri, persistentes. Inflorescentia mascula in ramulis distincta plantae. Spicae ovales. Folia perigonialia arcte imbricata basi inflata, apice dentata. Ramuli primarii e surculo procumbente erecti, fastigiatim ramosi pinnative. Folia incuba, imbricata, margine infero reflexa. Amphigastria cuneata, truncato-retusa, crenulata. CHARACTER ESSENTIALIS: Perianthium laterale vel e dichotomia, sessile, triquetrum, angulis devexis dentato-laciniatis. Stylus longus. Capsula ad medium quadrifida. Elateres unispiri, valvis apicem versus affixi, persistentes. — Cf. auch S. 96—97.

VARIABILITÄT: Die meisten Arten dieser Gattung zeigen eine auffallende Variabilität in ihren Dimensionen und ihrer Verzweigung, sowie in der Randzähnung der Lobi, in der Gestalt der Lobuli, in Form und Randzähnung der Amphigastrien, vereinzelt auch in der Form und Grösse der Vitta und im Blütenstand. Gestalt der Lobi, Zellen, ♀ Infloreszenzen sind bei den verschiedenen Sippen ziemlich konstant. Es kommen zwischen mehreren, einander gar nicht so nahe stehenden Arten deutliche Übergänge vor. In der Tat ist es nicht unmöglich, dass Hybriden vorkommen, worüber nur Experimente näheres ergeben können. Auch über die Modifikationsbreite der Merkmale der einzelnen Organe wissen wir zu wenig, um über manche Formen ein Urteil abgeben zu können. Es ist aber deutlich, dass die verbreiteten Arten in einzelnen Gebieten progressive Endeme entwickeln oder in verschiedenen Oecotypen auftreten. Man kann hier später gute Subspecies unterscheiden, nun genügen die Aufsammlungen dazu noch lange nicht. Am notwendigsten erscheinen mir aber Untersuchungen über die Modifikationsbreite einiger von den am stärksten wechselnden Merkmalen und über die Frage ob, hier tatsächlich Hybriden auftreten. Ich konnte im Jahre 1930 in Tjibodas mit Sicherheit feststellen, dass bei *Thysananthus spathulistipus* und *Thys. convolutus* die Randzähnung nicht (wie BUCH für *Scapania* bewiesen hat) mit den Modifikationen der sekundären Membranen parallel geht, d.h. es besteht hier kein einfacher Einfluss der Exposition auf die Zähnung.

UNTERSCHEIDUNGSMERKMALE: Die Arten der Gattung *Thysananthus* und sogar die Arten der einzelnen Sektionen bilden bestimmt keine eigenen Entwicklungsreihen. Nirgends sehen wir solche deutlichen netzartigen Verbindungen ganz verschiedener Sippen, wie innerhalb der Gattung *Thysananthus*. Als typische Konstitutionsmerkmale kann man das gezähnte, terminale ♀ Involucrum, die scharf dreikieligen Perianthien mit ihren bewaffneten Carinae, das Fehlen von sekundären Falten und die stets auftretenden subfloralen Innovationen auffassen. *Mastigolejeunea* unterscheidet sich durch immer ganzrandige Lobi (bei *Thysananthus* haben die meisten Arten gezähnte Lobi und nur solche Arten, welche auch in der Form der Lobuli an *Mastigolejeunea* erinnern, haben mehr oder weniger ganzrandige Lobi und stets flache in eine deutliche Spitze auslaufende Lobuli (die meisten *Thysananthus*-Arten haben eingerollte Lobuli, welche in eine breite, kurze Spitz auslaufen. Bei beiden Gattungen kommen proximal sekundäre Zähne vor). Die Gattung *Ptychanthus*, die durch *Spruceanthus* mit *Thysananthus* verbunden ist, unterscheidet sich durch glatte, mit vielen Falten versehene Perianthien. *Archilejeunea*, welche ebenfalls mehr Verwandschaft zu *Spruceanthus* als zu *Thysananthus* zeigt, hat ein glattes Perianth mit zwei ventralen Kielen. *Caudalejeunea* und *Bryopteris* [1]), die früher mit *Thysananthus* verwechselt wurden, haben damit nichts zu tun. Die ♀ Infloreszenzen entstehen hier terminal an sehr kurzen (nur einige Blattpaare tragenden) lateralen, nie innovierten Ästen. SPRUCE gebührt der grosse Verdienst, auf die Bedeutung dieses rein archaetypischen Merkmals gewiesen zu haben. Über *Spruceanthus* vergl. S. 151.

BEMERKUNGEN: Man könnte die Gattungen *Mastigolejeunea* und *Thysananthus* vereinigen — beide haben mehrere gemeinsame Konstitutionsmerkmale — und anführen, dass die erst neuerdings besser bekannt gewordenen Endeme wie *Mastigolej. ciliaris*, *Thys. aculeatus* und *Thys. Richardsianus* jede Trennung illusorisch machen. Es ist nun aber ein Merkmal der Jubuleen und besonders der Holostipae, dass fast alle Arten netzförmige Verbindungen zu Arten derselben und anderen Gattungen aufweisen. Ich halte es für interessant und sehr lehrreich, wenn wir Typen entdecken, die — wenigstens äusserlich — die alten SPRUCE'schen Gattungen verbinden. Es ist aber völlig unrichtig, jedem Merkmal, das bei einer Sippe konstant auftritt, die gleiche Bedeutung beizumessen.

Die Vitta ist im allgemeinen ein sekundäres Merkmal und hat besonders praktischen Wert. Die Sektion Vittatae ist eine etwas künstliche Gruppe. Man konnte SPRUCE's *Dendrolejeunea* auch sehr gut als eigene monotypische Gattung aufrecht halten, *Thys. mollis* weist aber wieder auf Verwandtschaft mit anderen *Thysananthi* hin.

Nicht zu *Thysananthus* gehören **Thys. africanus** Steph. (= *Caudalejeunea*); **Thys. crispatus** Steph. (= *Spruceanthus*); **Thys. elongatus** Aust. (= *Spruceanthus*); **Thys. erosus** Steph. (= *Jungermanieae*); **Thys. Frauenfeldii** Reich. (= *Mastigolejeunea*); **Thys. integerrimus** (= *Jungermanieae*); **Thys. integrifolius** (= *Mastigolejeunea*); **Thys. lacerostipulus** (= *Jungermanieae*); **Thys. Lehmannianus** (Nees) St. (= *Caudalejeunea*); **Thys. obtusifolius** Steph. (= *Spruceanthus*); **Thys. paucidens** Steph. (= *Sprucean-*

---

[1]) Vergl. VERDOORN 1933, de Frull. XII: 75.

thus); **Thys. polymorphus** Sde Lac. (= *Spruceanthus*); **Thys. rotundistipulus** Steph. (= *Spruceanthus*); **Thys. scutellatus** H. et T. (= *Archilejeunea*); **Thys. ungulatus** (Mitt.) Steph. (cf. sub *Spruceanthus*); **Thys. virens** Aongstr. (= *Mastigolejeunea*) und **Thys. Wardianus** (Mitt.) Steph. (= *Mastigolejeunea*).

Von *Thys. mexicanus* Tayl. und *Thys. triquetrus* Mitt. sind die Originale anscheinend verschwunden.

Ich untersuchte nicht nur die indomalayischen, sondern alle beschriebenen *Thysananthi*. So weit sie nicht zu *Thysananthus* gehören, ist dies in der obenstehenden Revision angegeben. Näheres über alle anderen Arten findet man in den folgenden Notizen. Nur *Thysananthus pterobryoides* (Spr.) wird dort nicht erwähnt, diese neotropische Art (die in einigen Herbarien unter dem Namen *Bryopteris Wallisii* Steph.) liegt ist mit den palaeotropischen Arten wenig verwandt. Typus: *Thysan. comosus* Lindenb.

Vorkommen und Verbreitung: Die Gattung ist hauptsächlich in der Indomalaya verbreitet. Aus Kontinentalasien ist sie kaum bekannt. Ein oder zwei malayische Arten sind auch auf Madagaskar und den Maskarenen gefunden worden. In Afrika fehlt die Gattung. In Ozeanien entwickelten sich keine endemischen Arten, die indomalayischen Ausstrahlungen erreichen Hawaii nicht. Aus Australien ist die Gattung unbekannt, Neu-Seeland hat eine eigene Art, welche deutlich Verwandtschaft mit einer malayischen Art aufweist. In Süd-Amerika finden wir ungefähr drei Arten, wovon zwei deutliche Verwandtschaft mit indomalayischen (nicht den häufigsten!) Arten aufweisen, die dritte dagegen isolierter dasteht.

1. Lobi mit einer deutlichen, der Lobuslänge parallel verlaufenden Vitta 2
   Lobi ohne Vitta 4
2. Lobi und Amphigastrien ganzrandig. . . . . 11. **Thys. planus**
   Lobi wenigstens im oberen Teil gezähnt 3
3. Grosse, unregelmässig, fiederartig verzweigte Pflanzen. Lobuslänge: Lobusbreite = 2 : 1. Verbreitet . . . . 9. **Thys. fruticosus**
   Kürzere Pflanzen mit kräftigem, wenig verzweigtem Hauptstamm. Lobuslänge : Lobusbreite = 3 : 1. Endemisch auf Neu-Guinea. . . . . 10. **Thys. mollis**
4. Lobus im oberen Teil symmetrisch, Spitze laterad gerichtet. . . . 5
   Lobus im oberen Teile sehr asymmetrisch, Spitze eingebogen, schräg proximad gerichtet 6
5. Lobi deutlich gezähnt . . . . 7. **Thys. convolutus**

Lobi völlig ganzrandig . . . . 8. **Thys. Gottschei**
6. Lobuli eingerollt mit nur kurzen, erst nach Praeparation sichtbaren
   Spitzen 7
   Lobuli flacher (*Mastigolejeunea*-Typus), Spitzen cilienartig verlängert,
   gerade oder eingebogen, bei einfacher Beobachtung ohne weiteres
   sichtbar 10
7. Lobi und Amphigastrien der sterilen Stämmchen im unteren und mittleren Stammteil völlig ganzrandig. Lobi und Amphig. der Stammspitzen
   ganzrandig oder meistens gezähnt . . · . . . . . 6. **Thys. comosus**
   Lobi immer gezähnt 8
8. Lobi gut entwickelter Pflanzen nie grösser als 2800 × 5000 μ . . . . . .
                                              2. **Thys. minor**
   Lobi immer grösser, Pflanzen länger als 2 cm 9
9. Blattkiel ohne auffallendes Appendiculum, häufige Art . . . .
                                          1. **Thys. spathulistipus**
   Blattkiel mit einem auffallenden Appendiculum, endemisch auf Neu-
   Guinea . . . . 3. **Thys. appendiculatus**
10. Lobi deutlich und scharf gezähnt. Lobuluszahn eingerollt. Lobulussinus
    rund. Borneo . . . . 4. **Thys. Richardsianus**
    Lobi und Amphigastrien mehr oder weniger ganzrandig. Lobuluszahn
    gerade. Sinus spitz. Philippinen . . . . 5. **Thys. aculeatus**

Sectio nov. 1. **Spathulistipae** Verd.

Lobi symmetrisch, flach, meistens gezähnt. Keine Vitta. Typus
Thys. comosus Lindenb.

1. **Thysananthus spathulistipus** (Reinw., Bl., Nees) Lindenb.

Jungermania spathulistipa Reinw. et Bl. et Nees 1824, Nova Acta XII:
212; Sprengel 1827, Syst. veget. IV: 222; Nees 1830, Hep. Javan. S. 38 (excl.
var. γ).
Lejeunea spathulistipa Dum. 1835, Rec. d'Observ. S. 12.
Frullania spathulistipa Nees 1838, Naturgesch. der europ. Leberm. S. 211.
Thysananthus spathulistipus Lindenb. 1845, Syn. Hepat. S. 287; Gottsche
1853, Natuurk. Tijdschr. N. Indië IV: 574; Zollinger 1854, Syst. Verz. S. 19;
v. d. Sande Lac. 1856, Syn. Hepat. Jav. S. 54; 1863—1864 Ann. Mus. Lugd.
Bat. I: 306; 1884 in Veth, Midden Sumatra, IV: 2: 43; Mitten 1861, Hep. Ind.
Or. S. 109; Trevisan 1877, Mem. Istit. Lombordo III, IV: 404; Schffn. 1894,
Hedwigia 33: 177; 1898, Conspectus S. 307; Massalongo 1897, Hepat. Schen-
sianae, S. 29; Steph. 1907, Denkschr. Ak. Wiss. Wien 81: 297; 1912, Spec.
Hepat. IV: 799; Herzog 1931, Mitt. Inst. Allg. Bot. Hamburg VII: 199;
Verd. 1933, de Frull. XI: 232; 1933, de Frull. XII: 87; 1934 de Frullan.
XIV: 240; 1934, Nova Guinea 18: 8.
Phragmicoma spathulistipa Mitt. 1871, Seem. Fl. Vitiensis S. 412.

Thysanolejeunea spathulistipa Spr. 1885, Hep. Am. et And. S. 106; Steph.
1890, Hedwigia 29: 4; 1889, Hedwigia 28: 263.

Mastigo-(Thysano-)Lejeunea amboinensis Schffn. 1890, Gazelle Exp. vol.
IV: 22.

Thysananthus monoicus Steph. 1912, Spec. Hepat. IV: 783.

Thysananthus sikkimensis Steph. 1912, Spec. Hepat. IV: 798.

Thysananthus hebridensis Steph. 1924, Spec. Hepat. VI: 565; Verd. 1934,
de Frullan. XIV: 239.

Thysananthus grossidens Steph. pl. in sched.

BESCHREIBUNGEN: Syn. Hepat. S. 237; Hep. Am. et And. S. 106;
Gazellen Exped. vol. IV: 22; Spec. Hepat. IV: 799.

ABBILDUNG: Gazellen Exped. vol. IV, Tafel V, Abb. 13—15.

VARIABILITÄT: Der polymorphe Charakter dieser Sippe ist schon
den alten Autoren aufgefallen. Bei REINWARDT, BLUME und
NEES 1824 l.c., wie auch bei NEES 1830 l.c. findet man eine Reihe
von Varietäten beschrieben, von denen die NEES'sche var. γ jedoch
zu *Thys. convolutus* gehört. Später wurde dann von SCHIFFNER
1890 l.c. noch eine var. *paucidentata* und von HERZOG 1931 l.c. eine
var. *borneensis* beschrieben; die erste stellt eine einfache Modifikation, die zweite aber eine interessante lokale Fazies dar. Im An-
schluss an die Autoren der Synopsis Hepaticarum ziehe ich es jedoch
vor, keine Varietäten zu unterscheiden. *Thys. spathulistipus* ist
heterözisch, man findet nur ziemlich selten monözische Pflanzen,
diese sind meistens nicht sehr kräftig entwickelt. Pachyderma-colo-
rata-Modifikationen sind fast immer diözisch. Die afrikanischen
Pflanzen sind anscheinend häufiger monözisch. Ich sah aber von
CAMBOUÉ auf Madagaskar gesammelte Pflanzen, welche wieder rein
♀ sind. Am auffallendsten sind die Grössenunterschiede gut entwik-
kelter Exemplare dieser Sippe; auf ziemlich kleinem Raume wachsen (wie ich in West-Java leicht feststellen konnte) mehrere Genotypen zusammen, welche morphologisch weitgehend oder völlig übereinstimmen, in der Grösse sämtlicher Organe (m e i s t e n s mit
Ausnahme der Zellen) aber Unterschiede von über 100% aufweisen.
Die meisten gut entwickelten Pflanzen haben (da es immer vorwie-
gend ♀ Ex. gibt) einen durch die „dichotome" Verzweigung charakteristischen Habitus. Pflanzen aus dem javanischen und sumatranischen Urwäldern, welche reichlich ♀ Infl. entwickeln, sind durch die
subfloralen Innovationen bis über 5 mal verzweigt. Einen ganz
merkwürdigen Habitus fand ich unter den von KORTHALS auf West-

Sumatra gesammelten Pflanzen. Es handelte sich um rein ♀ Ex., deren Stamm nicht in einer ♀ Infl. endete, sondern an beiden Seiten reichlich Äste entwickelte. Die Infl. dieser Äste waren nur einseitig innoviert, wodurch die ganze Pflanze eine rein federartige Verzweigung zeigte. Andere Unterschiede waren nicht aufzufinden. Später fand ich dann dieselbe Form auch von der Philippineninsel Palawan (leg. MERRILL), hier war aber die normale „dichotom" verzweigte Pflanze ebenfalls vorhanden. Was nun die Variabilität der sterilen und fertilen Blätter und Amphigastrien angeht, so findet man ausser den gewöhnlichen Modifikationen [1]) und Varietäten an verschiedenen Stellen in der Indomalaya deutlich Übergangsformen zu *Thys. convolutus* und in den einzelnen Gebieten deutlich ausgeprägte, aber weder in ihrem Areal, noch in ihrer Gestalt konstante, lokale Fazies. Man könnte von einer „Borneo-Form", von einer „Gebirgsform Sumatra's usw." reden. Erstere hat HERZOG l.c. als var. *borneensis* unterschieden. Ich besitze, besonders aus den reichlichen Kollektionen von CLEMEMS (Mt. Kinabalu) und von RICHARDS (Sarawak) über 50 kleine Muster von *Thys. spathulistipus* aus Borneo und bin dessen sicher, dass ich Pflanzen aus Borneo ohne Scheda meistens doch erkennen würde. Es bestehen aber auf Borneo auch wieder ganz gewöhnliche Formen, und daher ist es bestimmt unmöglich, die Borneo-Pfl. als eigene Art aufzufassen. Schon heute Subspecies zu unterscheiden, halte ich für verfrüht. Die Pflanzen aus Borneo sind meistens 3—4 cm lang, Bl. schmal, Bl. und Amphig. regelmässig scharf gezähnt mit auffallend gefärbten Zähnen. Die Pflanzen der sumatranischen Vulkane treten meistens in pachyd. col. mod. auf, die Blattspitzen sind kräftig entwickelt, Zähne grob und gross. Die ganze Pflanze ist über 10 cm lang, ihr Hauptstamm ist immer deutlich entwickelt. Es bestehen jedoch viele Ausnahmen und Pflanzen der niederen Regionen stehen weniger isoliert da. Es ist kaum tunlich, die Merkmale solcher lokaler Fazies durch Abbildung oder Beschreibung wiederzugeben, doch handelt es sich manchmal um recht typische lokale Formen (man vergleiche hierzu Bemer-

---

[1]) Hierher gehört auch SCHIFFNER's 1890 l. c. var. *paucidentata.* In den Kollektionen von CLEMENS fand ich eine reichlich verzweigte mesod.-viridis mod., die Ästen einer einzelnen Pflanzen trugen teilweise normal gezähnte Lobi und Amphigastrien, teilweise zeigten sie völlig ganzrandige (etwas verkürzte) Lobi und Amphigastrien.

kungen von HOOKER über ähnliche Fälle bei Anthophyten in seinen Introd. Essays).

·UNTERSCHEIDUNGSMERKMALE: Die folgenden Arten sind nahe mit *Thys. spathulistipus* verwandt: *Thys. appendiculatus, Thys. aculeatus, Thys. minor* und *Thys. Richardsianus*. Die Unterscheidungsmerkmale sind bei den betreffenden Arten nachzulesen. *Thys. convolutus*, welche durch Übergangsformen (Hybriden??) mit *Thys. spathulistipus* verbunden ist, unterscheidet man meistens leicht durch die asymmetrischen Lobi, welche eine eigentümliche Faltung und ganz andere Zähnung zeigen. *Thys. comosus* hat ganzrandige Lobi caulini usw.

BEMERKUNGEN: No. 288 meiner Hep. Sel. et Crit. enthält eine sehr typische lokale Sumatra-Fazies, No. 289 eine ganz kleine Form aus Java, welche aber durch alle möglichen Übergänge mit den grösseren Formen verbunden und davon morphologisch auch nicht zu trennen ist. In Series VIII hoffe ich noch eine monözische Form aus der Indomalaya herauszugeben sowie eine Pfl. der Borneo-Fazies.

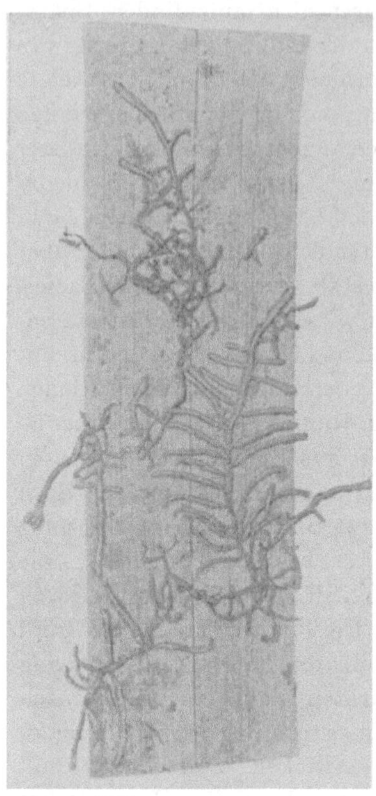

FIG. 6. — *Thysananthus spathulistipus* ($^{5}/_{1}\times$), seltener epiphyller Form. — J a v a o c c., bei Tjibeureum, an *Pandanus*, G. Gede, ca. 1600 m, Verdoorn VIII. 1930.

VORKOMMEN UND VERBREITUNG: Auf Stämmen, auf Ästen (auch in Kronen), selten auf Blättern (Abb. 6). Wir kennen die Art aus der Indomalaya, aus Ozeanien auch aus Madagaskar und von den Maskarenen. In der Indomalaya gehört sie stellenweise zu den häufigsten Epiphyten des Regenwaldes. Auf Java, Sumatra, der Malayischen Halbinsel usw. findet man sie nicht oder nur selten unter 800 m; dort tritt der seltenere *Thys. comosus* auf. Auf Borneo scheint sie jedoch stellenweise auf 250—300 m recht häufig zu sein. Ausserhalb des Verbreitungsgebietes sind keine verwandten Arten bekannt. — Fig. 15.

STANDORTE: A s s a m (Griffith), nach MITTEN 1861 l. c., haud vidi; S i k k i m (herb. Steph. mit einziger Angabe „Herb. Levier"); C e y l o n (Gardner), nach MITTEN 1861 l. c., haud vidi; A n d a m a n e n (Mann 1890); S u m a t r a: (Korthals); Singalang, 1400—2800 m (Schiffner 1894); Barisan Geb. (M. Sum. Exp. 1877—1879); Padang (Andrée Wiltens 1859); Pangoeloe Baoe bei Prapat am Toba See, 2000 m (Arens 1928); G. Sibajak, Dg. Singkoet, 1500 m (Verdoorn 1930); Benkoelen, G. Pesagi, 2200 m (de Voogd 1933); Lingga Archipel; G. Daik, 500 m (Bünnemeyer 1919); B a n g k a: bei Tjang Tara (Kurz); Batoe Balai (Teysmann); Blitoeng (Teysmann); J a v a: (Korthals; Kuhl und van Hasselt; Zippelius; Junghuhn; Teysmann); Banten, Lebak (Blume, Typus!); Goenoeng Pasir Angin bei Gadok, 500 m (Schiffner 1894); Tjianten bei Buitenzorg, 900 m (Backer 1918); G. Salak, 800—1200 m (Schiffner 1893—1894; Nyman 1897; Fleischer 1909); G. Mengamendoeng, Toegoe 1000 m (Schiffner 1894); idem, Lemoe, 1600 m (Fleischer 1901); Telaga Warna, 1400 m (Schiffner 1894; Verdoorn 1930); Poentjak, 1450 m (Verdoorn 1930); G. Kendeng bei Nirmala, 1200 m (Backer 1913); G. Gede, im Berggarten Tjibodas, über Tjibodas und Tjibeureum, bis über 2000 m (Schiffner 1893—1894; Fleischer 1913; Harms 1913; Verdoorn 1930; Renner 1931), auch an den Nordabhängen, 1000 m (Schiffner 1894); G. Gegerbentang, 1500—2000 m (Verdoorn 1930); Goenoeng Haloe bei Palasari, 1200 m (Verdoorn 1930); G. Patoeha, Rantjabali, 1600—1800 m (Verdoorn 1930); idem, Tjibitoe, 1700 m (Veldhuis 1929); Kawah Poetih, 2000 m, (Verdoorn 1930); G. Tjikoeraj, 1700 m (Verdoorn 1930); G. Malabar, bis 2000 m (Verdoorn 1930); G. Goentoer, Kawah Kamodjan, bis 1700 m (Verdoorn 1930); G. Slamat, 1100 m (Verdoorn 1930); G. Lawoe, 1700 m (Verdoorn 1930); G. Semeroe, 800—1200 m (Verdoorn 1930); S o e m b a w a: (Zollinger); M a l a y i s c h e H a l b i n s e l: Singapore, Chu Chu Kang (Ridley); Johore, Mt. Ophir, 1200 m (Verdoorn 1930); Pahang, G. Raya (Md. Haniff 1921); Cameron's Highlands, 5000' (Holttum 1930); Kedah, K. Peak, 3000' (Holttum 1925); Perak (Wray); B o r n e o: (Korthals); W. Borneo, Bukit Mulu, 1000 m (Winkler 1924); G. Kenepai (Hallier 1893—1894); Sarawak, am Mt. Kinabalu, an vielen Stellen, 2500—8000' (Clemens 1931—1933); B. N. Borneo, Gat, Upper Rejang River (Clemens 1929); B. N. B., Kamborangah, 7200' (Holttum 1931); B. N. B., G. Dulit, 300—600 m (Richards 1932); B. N. B., Dulit Ridge, 1400 m (Richards 1932); B. N. B., Ulu Tinjar, near Long Kape, 300 m (Richards 1932); P h i l i p p i n e n: Mindanao, Agusan (Elmer, o. J.); Negros, Cuerruos Mts. (Merrill 1908); Palawan, Silanga (Merrill 1913); Luzon (Semper); Luzon, Laguna (Mc Gregor 1915), Luzon, Benguet (Merrill 1909); Luzon, Mt. San Isidro (Fénix 1917); C e l e b e s, Paloppo (Schoorel

1930); S a p a r o e a: (de Vriese); C e r a m: (de Vriese); A m b o n: (Naumann 1875); N e u-G u i n e a: Hellwiggeb., 1350—1600 m (v. Roemer 1990); Arfakgeb., Ditschi, 1200 m (Mayr 1928); N e u-K a l e d o n i e n (Franc; le Rat); N e u e H e b r i d e n (Gunn 1911); S a m o a, Upolu, Lanutoo (Rechinger 1905); M a d a g a s k a r (Camboué; Darbould; Perrot); M a s k a r e n e n: Mauritus (Belanger).

EXSICCATE: Zollinger no. 3400b; Verd. Hep. Sel. et Crit. no. 288—291.

2. Thysananthus minor Verd.

Thysananthus minor Verd. 1933, de Frullan. XI: 231.

BESCHREIBUNG: Verd. 1933 l.c.

UNTERSCHEIDUNGSMERKMALE: Die Pflanze ist so klein — Stämmchen 1—2 cm, Lobi $^1/_2$ mm lang, Lobuszellen 14 × 20 μ —, dass ich sie, wenn auch keine wesentlichen Unterscheidungsmerkmale anzugeben sind, nicht mit *Thys. spathulistipus* vereinigen kann. Die kleinsten Formen von *Thys. spathulistipus* sind doch immer noch doppelt so gross, wie *Thys. minor*. Sie ist gut entwickelt und fruchtet reichlich. *Thysan. comosus*, der auch in ganz kleinen Formen auftritt, ist durch die ganzrandigen Lobi der sterilen Stämmchen und durch die fransig gezähnten ♀ Involucralblätter leicht zu unterscheiden.

BEMERKUNG: In der Originaldiagnose heisst es: „dioica". Ich fand nun aber einige Andrözien an einer reichlich Perianthien tragenden Pflanze, so dass *Thys. minor* wohl monözisch oder heterözisch ist, wie *Thys. spathulistipus*. Die meisten „nana-formae" der Jubuleen sind monözisch.

STANDORT: O s t - S u m a t r a: an Rinde, Petani Fälle bei Brastagi, 1350 m (Verdoorn 1930, Typus!).

3. Thysananthus appendiculatus Steph.

Thysananthus appendiculatus Steph. 1912, Spec. Hepat. IV: 794; Verd. 1934, Nova Guinea 18: 7.

BESCHREIBUNG: Steph. 1912, l.c.

UNTERSCHEIDUNGSMERKMALE: Stimmt fast völlig mit *Thys. spathulistipus* überein, unterscheidet sich aber durch auffallende Anhängsel am Blattkiel, in der Nähe der Insertion. Diese Anhängsel haben augenscheinlich nichts mit den gewöhnlichen Appendicula antica und postica zu tun. Ob sie morphologisch damit zu vergleichen sind, lässt sich an den spärlichen Stämmchen, die mir vorliegen, nicht entscheiden. Die Anhängsel sind etwa $^1/_4$ mm lang, kahnförmig, übrigens flach, mit abgerundeter zurückgeschlagener Spitze.

BEMERKUNGEN: STEPHANI l.c. hat eine ganze Anzahl Pflanzen von anderen Standorten mit dem Namen „*Thys. appendiculatus*" bezeichnet. Es handelt sich aber zweifellos um eine endemische Art von Neu-Guinea. Pflanzen von Luzon, die STEPHANI hierher stellte gehören zu *Thys. spathulistipus* robustus, von Sumatra zu *Thys. Gottschei*, von den Andamanen zu *Mastigolejeunea*. Belege für STEPHANI's Angaben: „Norfolk Insula" und „Natuna Insulae" konnte ich nicht untersuchen.

STANDORT: N e u-G u i n e a: Fly River Branch (Bäuerlen, Typus!)

4. **Thysananthus Richardsianus** Verd., spec. nov.

Corticolus, brunneus, ad 3 cm longus. Caulis simplex ramis distantibus. Lobus ovatus oblongus, acutus, ca 500 × 1200 μ, margine valde dentatus et serrulatus, appendiculis nullis. Cellulae valide incrassatae, oblongae, hexagonales, lumine rotundato, ca 12 × 22 μ. Lobulus oblongus, planus, apice longe apiculatus, sinu parvo rotundo apice hamatim incurvo. Amphigastrium cauli quadruplo latius, subrotundum subtransverse insertum, in p. sup. regul. dentatum. Flagellae numerosae microphyllae, lobulis ciliatis.

Dioica? Infl. ♀ et perianthium ut in *Thys. spathulistipo*, perianthio brevissimo, Androecea haud vidi.

UNTERSCHEIDUNGSMERKMALE: Unterscheidet sich von dem sehr nahe verwandten *Thys. aculeatus* von den Philippinen durch die regelmässig stark gezähnten Lobi und Amphigastrien, durch stark verdickte Zellen, reichliche Flagellenbildung und besonders durch die Lobuli. Diese sind schmaler und laufen in eine längliche Spitze aus, welche völlig eingekrümmt ist, der Sinus ist auch kleiner und rund (nicht spitz wie bei *Thys. aculeatus*). *Thys. aculeatus* macht bei oberflächlicher Betrachtung der Lobi, Amphigastrien usw. sofort einen *Mastigolejeunea*-artigen Eindruck. Bei *Thys. Richardsianus* bekommt man den Eindruck eines typischen *Thys. spathulistipus* von Borneo, und doch sind hier die Lobuli noch stärker *Mastigolejeunea*-artig als bei *Thys. aculeatus*. Auch von *Thys. spathulistipus* gleich durch die Lobuli und Flagellen zu unterscheiden.

BEMERKUNG: Es ist interessant, *Thys. aculeatus, Thys. Richardsianus* und *Mastigolej. ciliaris* mit *Mastigolej. humilis* und *Thys. spathulistipus* zu vergleichen. Welche Arten sind als abgeleitete Typen zu betrachten? Am wahrscheinlichsten ist es, dass die ersten drei Arten progressive Endeme sind, diese haben dann nicht nur Merkmale einer anderen Gattung bekommen, sondern die Gattungsmerkmale einer anderen Gattung, sogar die Merkmale, welche die fremde Gattung am besten von der Gattung trennten, zu der diese Endeme gehören. Man könnte danach behaupten, die ganze Trennung von *Mastigolejeunea* und *Thysanthus* sei illusorisch, dies halte ich aber für unrichtig.

STANDORT: B o r n e o: Sarawak, Gunong Balapau, Ulu Tinjar, 700—-800 m, on tree trunks near ground, rain forest on crest of ridge (Richards II. 1932; Typus!); Br. N. B., Mt. Kinabalu, Penibukan, 4000—5000' (Clemens 1931—1932).

EXSICCAT: Der Typus wird in Series VIII der Hep. Sel. et Crit. erscheinen.

5. **Thysananthus aculeatus** Herz.

Thysananthus aculeatus Herz. 1931, Ann. Bryol. IV: 89; Verd. 1933, de Frull. X: 233.

BESCHREIBUNG: Herz. l.c.

ABBILDUNG: Herz. 1931 l.c., Fig. 3*a—i*.

VARIABILITÄT: Viel lässt sich darüber nicht sagen, da wir erst zwei Exemplare dieser Art kennen. Beide gehören zweifellos zu ein und derselbe Sippe, aber HERZOG's Original stimmt in den meisten Merkmalen so stark mit *Thys. spathulistipus* überein, dass ich 1933 l.c. schrieb, ich sei nicht imstande, über den Wert dieser neuen Art zu entscheiden. Nun fand ich aber unter Material, das ich im Utrechter Herbar von ELMER's Sammlungen trennte, einen zweiten Vertreter dieser Sippe, welche sicher als eigene Art aufzufassen ist. Es macht nun den Eindruck, dass der charakteristische Zahn in Länge ziemlich wechseln kann und dass HERZOG's Abb. *h* das Extrem eines kurzen Zahnes darstellt, der Zahn kann aber auch cilienartig verlängert sein (wie bei *Mastigolej. ligulata*), was für einen *Thysananthus* sehr ungewöhnlich ist. Dann kann die Zähnung der Lobi und Apmhigastrien stark schwanken, manche Lobi und Amphigastrien sind fast ganzrandig!

Unterscheidungsmerkmale: Bei dem verwandten *Thys. spathulistipus* laufen die Lobi in eine breit dreieckige Spitze (bisweilen ist noch eine zweite Spitze vorhanden) aus, die Lobi sind völlig und· dauernd eingerollt; bei *Thys. aculeatus* sind die Lobi flach, wenn der *Thysananthus*-Typus auch beibehalten bleibt, und sie laufen in eine längliche cilienartige Spitze aus. Die Amphigastrien von *Thys. aculeatus* sind breiter wie die von *Thys. spathulistipus*. Lobus-, Amphigastrien- und Perianthränder sind bei *Thys. aculeatus* weniger gezähnt, manchmal fast ganzrandig. Mit *Thys. convolutus*, mit der Herzog l.c. seine Art vergleicht, hat sie nur wenig zu tun. Über den nahe verwandten *Thys. Richardsianus* ist dort nachzulesen.

Bemerkungen: *Thys. aculeatus* zeigt mehrere Merkmale, welche auf Verwandtschaft mit *Mastigolejeunea* hinweisen: es handelt sich hier jedoch wahrscheinlich nur um sekundäre Merkmale, Lobulus, ♀ Inv., Perianth usw. sind nach dem *Thysananthus*-Typus gebaut. Weiter muss ich noch darauf aufmerksam machen, dass mehrere gewöhnliche *Thys. spathulistipus*-Pflanzen von den Philippinen einen etwas verlängerten Zahn der Lobuli zeigen, ohne das jedoch von Übergängen zwischen *Thys. aculeatus* und *Thys. spathulistipus* die Rede sein kann.

Vorkommen und Verbreitung: Es handelt sich sehr wahrscheinlich um eine endemische Art der Philippinen.

Standorte: P h i l i p p i n e n: Mindanao, Agusan, Mt. Urdaneta, (Elmer 1912) zwischen anderen Moosen an den Ästen von Podocarpus Pilgeri; Luzon, Mt. Banahao (Baker 1913, Typus!).

6. **Thysananthus comosus** Lindenb.

Thysananthus comosus Lindenb. 1844 in Lehm. Pug. VIII: 25 p.p.; 1845 in Syn. Hepat. S. 288; Mitten 1861, Hep. Ind. Or. S. 109; v. d. Sande Lac. 1863—64, Ann. Mus. Bot. Lugd. Bat. I: 306; Trevis. 1877, Mem. Ist. Lombardo III, IV: 404; Schiffner 1900, Forschungsreise Gazelle IV: 22; 1893, Natürl. Pflanzenf. I, III: 130; 1898, Conspectus, S. 300; Steph. 1912, Spec. Hepat. IV: 787; Verd. 1933, de Frull. XI: 229; 1933, de Frull. XII: 79.
Thysanolejeunea comosa Spr. 1885, Hep. Am. et Andin. S. 108; Steph. 1889, Hedwigia 28: 263; 1890, Hedwigia 29: 4.
Jungermania acinaciformis Tayl. in sched.

Beschreibung: Lindenb. 1844 und 1845 l.c.; Spec. Hepat. IV: 787.

VARIABILITÄT: Bemerkenswerte Grössenunterschiede bestehen nicht. Die Lobi und Amphig. caulina sind meistens völlig ganzrandig, manchmal aber auch schwach und entfernt gezähnt, auf Sumatra findet man manchmal fast ganzrandige Blätter und Amphigastrien an den Stammenden. Die Lobi und Amphigastrien an den Stammenden (auch in der Nähe von Antheridien) sind auffallend reichlich gezähnt. Die Anzahl und Form der Zähne kann stark schwanken, dasselbe trifft für die ♀ Involucralbl. und die Kiele des Perianthium zu. Meistens monözisch. STEPHANI 1912 l.c. gibt an: „dioica, maior, ad 10 cm longus"; dies bezieht sich aber auf eine andere Art, so lange Pfl. bestehen nicht. Später heisst es dann wieder richtig: „folia apice acuta integerrima", was sich nur auf *Thys. comosus* beziehen kann. Wie viele Beschreibungen STEPHANI's ist auch diese wohl ein Gemisch der Merkmale des in den Zeichnungen abgebildeten Originals und einiger von STEPHANI im letzten Teil seines Lebens falsch bestimmter Pflanzen.

UNTERSCHEIDUNGSMERKMALE: Durch ganzrandige (*Mastigolejeunea*-artige) Lobi, durch reich gezähnte Lobi und Amphigastrien der Stammspitzen, durch das fransig gezähnte ♀ Involucrum und Perianthium von dem meistens viel grösseren *Thys. spathulistipus* zu unterscheiden. Der kleine *Thys. minor* hat grob gezähnte Lobi usw. *Thys. convolutus* hat auch gezähnte Lobi, welche dazu noch asymmetrisch und typisch gefaltet sind. Von einer sterilen *Mastigolejeunea* ist das Moos gleich durch den *Thysananthus*-artigen Bau des Lobulus und die gezähnten Lobi der Spitzen steriler Stämmchen zu unterscheiden. *M. ciliaris* hat zwar gezähnte Involucralblätter, ist aber sonst eine typische *Mastigolejeunea*.

BEMERKUNGEN: Verwandte Arten fehlen in unserem Gebiet, manche Autoren haben aber zarte Formen von *Thys. spathulistipus* für *Thys. comosus* gehalten. Auf die eigentümliche Tendenz an sterilen Stämmchen, im obersten Teile auffallend gezähnte Lobi usw. hervorzubringen, hat noch niemand hingewiesen. Doch zeigt auch das Original diese Merkmale. In der ursprünglichen Diagnose wurde auch eine Pflanze aus West-Indien hierhergestellt. SPRUCE, Hep. Am. et And. S. 108 schreibt darüber: „The composite species „*comosus*" was founded by LINDENBERG on the two forms above described, an his description in Syn. Hepat. combines the characters of both. I have examined the type-specimens in Herb. Hooker,

named by Lindenberg himself, and find them abundantly distinct. —
If the oriental plant is to be regarded the true „comosus", then the
Guiana plant may bear the name *Thysanolejeunea dissoptera* I have
given it above".

Man vergleiche hierzu MITTEN's Bemerkung l.c. S. 109: „In spe-
ciminibus hujus speciei in Herb. Hookeriano „Guiana" inscriptis
fragmenta nonnulla plantularum ipsissimarum ut in illis a Wallichio
in Penang lectis inveni; ergo speciem mere Indicam mihi persuasum
est" und STEPHANI's Bemerkung 1890 l.c. S. 4: „Spruce hat die
Pflanze aus Guiana No. 84 bereits als *Thys. dissoptera* H.A.A. pag.
108 abgezweigt; nur 85, 86 repräsentiren die wahre Art, die übrigens
der amerikanischen No. 84 sehr ähnlich ist". Über die Bedeutung
der MITTEN'schen Bemerkung kann man nun wirklich nicht mehr
entscheiden; was STEPHANI's Bemerkung anbelangt, so kann auch
ich nicht viel Unterschiede an den Mustern, welche mir von *Thys.
dissopterus* vorliegen, auffinden. Die Lobi der sterilen Stämmchen
sind aber gewöhnlich entwickelt, auch sind die Pflanzen ziemlich
robust und etwas länger als die Pflanzen von Pulo Penang; dies
spricht gegen MITTEN's Auffassung. Ausser *Thys. dissopterus* gibt es
noch eine verwandte neotropische Art *Thys. amazonicus* (Spr.),
worüber ich (da mir nur der Typus vorliegt) nicht viel sagen kann.

Bei SPRUCE etc. findet man auch Neu-Guinea als Standort an-
gegeben, dies geht zurück auf eine Bestimmung von VAN DER SANDE
LACOSTE, die betreffende Pfl. gehört aber zu *Thys. Gottschei*! Bei
SPRUCE heisst es: Neu Guinea (hb. Hooker), dies ist zweifellos ein
Irrtum, es muss, wie SPRUCE später auch angibt „Herb. Lindberg"
heissen.

SCHIFFNER 1890 l.c. behandelt *Thys. comosus* ausführlich, meint
aber, sie sei aussergewöhnlich nahe mit seiner *Thys. amboinensis*
verwandt und davon nur durch ein relatives Merkmal des Blüten-
standes zu unterscheiden. Ich möchte, da es so viele strittige Auffassungen über diese Art und eine ganze Menge falscher Bestimmungen gibt, noch ausdrücklich darauf hinweisen, dass das Original
von P. Penang wirklich mit meinen Angaben übereinstimmt; es
handelt sich um spärliches Material einer variabelen Pflanze, welche
die eigentümliche Tendenz, am Ende steriler Stämmchen reichlich
gezähnte Lobi zu entwickeln, nur nicht optimal zeigt. In meinen
Exsiccaten sind typische Vertreter herausgegeben.

VORKOMMEN UND VERBREITUNG: Nur auf Rinde gesammelt. Kleines Areal in der westlichen Indomalaya. Auffallend niedrige vertikale Verbreitung.

STANDORTE: N i a s: (Pieper); S u m a t r a: S. O. K., Sei Poetih bei Galang 60 m (Arens 1928); Engano (Modigliani 1894); P u l o P e n a n g: (Wallich, Typus!); M a l a y i s c h e H a l b i n s e l: Singapore, 20 m, häufig (Schiffner 1893); Bukit Timah, 200 m (Verdoorn 1930); J a v a: im Buitenzorger Garten (Schiffner 1893—1894, Verdoorn 1930); G. Pantjar, ·300 m (Schiffner 1893); G. Salak, 600 m (Schiffner 1893).

EXSICCATE: Hep. Sel. et Crit. 280 und 281.

Sect. nov. 2. **Convolutae** Verd.

Lobi asymmetrisch, im oberen Teil charakterisch gefaltet, Lobusspitze eingekrümmt. Typus: *Thys. convolutus* Lindenb.

7. **Thysananthus convolutus** Lindenb.

Jungermania spathulistipa var. γ Nees 1830, Hepat. Javan. S. 38.

Thysananthus convolutus Lindenb. 1845, Syn. Hepat. p. 288; v. d. Sande Lacoste 1856, Syn. Hepat. Javan. S. 55; 1863—64, Ann. Mus. Bot. Lugd. Bat. I.: 306; 1884 in Veth, Midden Sumatra IV: 2: 43; Trevis. 1877, Mem. Ist. Lomb. III, IV: 404; Stephani 1890, Hedwigia 29: 11; 1912, Spec. Hepat. IV: 795; Schiffner 1894, Hedwigia 33: 177; 1898, Conspectus S. 300; Verd. 1933, de Frull. XI: 230; 1933, de Frull. XII: 87.

Thysanolejeunea convoluta Spr. 1885, Hep. Am. et And. S. 106; 1889, Hedwigia 28: 263; Steph. 1890, Hedwigia 29: 4.

BESCHREIBUNG: Syn. Hepat. S. 228; Hep. Am. et And. S. 106; Spec. Hepat. IV: 795.

VARIABILITÄT: Im allgemeinen weist *Thys. convolutus* eine parallele Variabilität zu *Thys. spathulistipus* auf, wenn auch die extremen Abweichungen vom Typus sich nicht so weit von einander entfernen, wie dies bei der letztgenannten der Fall ist. Auch die Grössenunterschiede schwanken weniger; ganzrandige Formen kommen nur selten vor. Ich fand immer einen diözischen Blütenstand. Der Lobulus ist stumpf zugespitzt, seltener ist die Spitze etwas verlängert, bisweilen findet man auch noch eine zweite Spitze. Sinus etwa 90° oder spitzer. Die auffallendsten Unterschiede finden sich in der Anheftung oder besser in der Richtung der Lobi, in der Gestalt des oberen Lobusteils und in der Bewaffnung des Lobusrandes. Meistens sind die Lobi laterad gerichtet, bei robusten Pflanzen findet man aber im ganzen Gebiet proximad gerichtete Lobi, diese sind dann auch meistens mehr ganzrandig und weniger gefaltet. Die für *Thys. convolutus* durchaus charakteristische Faltung des oberen asymmetrischen Lobusteils kann man nur an freipraeparierten Blättern gut untersuchen. Die Margo ant. ist meistens fast völlig ganzrandig, kann aber auch (besonders bei kleinen Formen exponierter Standorte) stärker gezähnt sein. Die Margo postica ist im oberen Teil fast immer scharf gezähnt. Bei robusten Pflanzen (bei denen dann auch die Richtung der Lobi mehr proximad wird) werden die Zähne gröber und weniger zahlreich. Anfänglich glaubt man mit Uebergängen zu *Thys. Gottschei* zu tun zu haben, dies kann jedoch nicht der Fall sein. Nur auf der malayischen Halbinsel und Borneo finden wir diese schwierig zu deutenden Übergangsformen.

UNTERSCHEIDUNGSMERKMALE: Die asymmetrischen Lobi, welche durch eine eigentümliche Faltung nicht flach auszubreiten sind, die nur in der Nähe der Spitze gezähnten Ränder, bei denen der antikale Rand viel weniger gezähnt ist als der postikale, unterscheiden unser Moos leicht von allen anderen *Thysananthi*. Verwandt sind *Thys. Gottschei* und *Thys. anguiformis.* Über die Unterschiede von *Thys. Gottschei* ist bei dieser Art nachzulesen. *Thys. anguiformis* Tayl. ist eine endemische Art von Neu-Seeland. Sie ist meistens etwas kleiner, hat weniger asymmetrische Lobi, feinere Randzähne, viel breitere, ganzrandige Amphigastrien, im Verhältnis doppelt so grosse, ganz anders gestaltete Lobi und kürze Perianthien.

BEMERKUNGEN: SCHIFFNER's Varietät *ornatus* gehört zu *Thys. Gottschei*, meine Bemerkung in Nova Guinea 18 : 7 ist unrichtig. Das Originalmaterial von *T. convolutus* habe ich nicht gesehen.

VORKOMMEN UND VERBREITUNG: Engere Indomalaya (nicht auf Neu-Guinea, da wächst wohl *Thys. Gottschei*). Meistens nicht oder nur selten in niederen Lagen gefunden, auf Java über 1600—1700 m viel seltener als auf 1000—1600 m. Auf Rinde von Stämmen und Ästen, auch auf faulem Holz und als Kronenepiphyt.

STANDORTE: S u m a t r a: Aneh-Schlucht, 535 m, (Schiffner 1894); G. Singalang, 1280 m (Schiffner 1894); Barisan Geb. (Exp. 1877—79); Dolok Baroes bei G. Sibajak, 1700 m (Arens 1930); J a v a: (Teysmann; Junghuhn; Waitz); im Buitenzorger Garten, 250 m, sehr selten (Schiffner 1894); bei Buitenzorg (Kühl und v. Hasselt); G. Pasir Angin bei Gadok, 500 m (Schiffner 1894); Tjiapoes Schlucht, 800 m (Schiffner 1894); G. Salak

(Blume); G. Megamendoeng, häufig bei Toegoe, Telaga Warna usw., 900—
1400 m (Kurz; Schiffner 1894; Verdoorn 1930); G. Gede, häufig, 1080—1600
m, seltener 1600—1800 m (Massart; Schiffner 1894; Fleischer 1913; Verdoorn 1930; Renner 1931); auch an den Südabh. vom G. Gede, 1500 m (Verdoorn 1930); G. Malabar, 2000 m (Verdoorn 1931); G. Lawoe, 1600 m (Verdoorn 1930); M a l a y i s c h e H a l b i n s e l: Mt. Ophir, 1000 m (Verdoorn 1930); Koatah Tingih, bei den Fällen vom Sungei Pellepah, ca. 150 m
(Verdoorn 1930); Selangor (ohne weitere Angaben im Singapore Herb.);
B o r n e o: B. N. B., häufig am Mt. Kinabalu, Marai Parai, 6000′, Lumu,
8000′, Tenompok, 5000′, Penibukan, 5000′, Upper Kinataki River, 5000′
(Clemens 1931—1933); Tenompok 4500′ (Holttum 1931); Sarawak, Ulu
Tinjar, 300 m (Richards 1932); Dulit Ridge, 1250 m (Richards 1932);
P h i l i p p i n e n: Negros (Elmer 1908); B u r u: W. Elen, 1600 m (De-
ninger); C e l e b e s: Minahassa, Poena, 1800 m (Steup 1931).

EXSICCATE: Hep. Sel. et Crit. 282 und 283. In Series VIII werde ich eine
Übergangsform zwischen *Thys. convolutus* und *Thys. Gottschei* (Borneo) herausgeben.

8. **Thysananthus Gottschei** (Jack et Seph.) Steph.

Thysanolejeunea Gottschei Jack. et Steph. 1892, Hedwigia 31: 20.
Thysanolejeunea reversa Steph. 1896, Hedwigia 35: 139.
Thysananthus borneensis Steph. 1912, Spec. Hepat. IV: 786.
Thysananthus Gottschei Steph. 1912, Spec. Hepatic. IV: 787; Verd. 1933,
de Frull. XI: 231; Verd. 1934, Nova Guinea 18: 8.
Thysananthus reversus Steph. 1912, Spec. Hepat. IV: 789; Verd. 1933, de
Frull. XII: 87.
Thysananthus rigidus Steph. 1912, Spec. Hepat. IV: 790.
Thysananthus subreversus Steph. 1912, Spec. Hepat. IV: 791.
Thysananthus laceratus Steph. 1912, Spec. Hepat. IV: 796.
Archilejeunea recurvimarginata Steph. in sched.
Mastigo-(Thysano-)Lejeunea convoluta var. *ornata* Schffn. 1890, Forschungs-
Reise Gazelle IV: 21.

BESCHREIBUNGEN: Jack. et Steph., 1892, l.c.; Spec. Hepat. IV:
787 etc.

ABBILDUNGEN: Jack et Steph., l.c., Tab. IV: 24—27.

VARIABILITÄT: In de Frull. XI schrieb ich schon, dass *Thys. Gottschei* einen recht heterogenen Eindruck macht. Es handelt sind um
ein Gemisch von extremen Formen aus dem Formenkreis von
Thys. convolutus. Die Pflanzen sind meistens ziemlich robust, sie
treten vielfach in einer ausgesprochenen pachyderma colorata mod.
auf. Lobi vollkommen ganzrandig, proximad gerichtet, weniger gefaltet als bei *Thys. convolutus,* Lobusränder, Amphigastrienränder,

Involucralblattränder eingekrümmt. Amphigastrien aufgetrieben (wie bei *Frullania nodulosa dapitana*). Es kommt nun auf die Definition an, welche Pflanze man zu *Thys. convolutus* und welche zu *Thys. Gottschei* stellen will. Der Typus hat völlig ganzrandige Lobi caul. und Amphig. caul., ich halte es für angebracht, alle Exx. mit gezähnten Lobi und Amph. zu *Thys. convolutus* zu stellen; wenn man dies nicht tut und auch auf Faltung und Richtung der Lobi achten will, dann kann man keine Grenzen in diesem Formengemisch ziehen. Die mit unserer Definition übereinstimmenden Pflanzen sind übrigens noch variabel genug, besonders auch in Gestalt der ♀ Infl. Bei den meisten Pflanzen von Borneo sind die Involucralblätter nicht reichlich oder grob gezähnt. Es kommen aber einige Formen vor, wo im Involucrum Lobus, Lobulus und Amphigastrien scharf und dicht gezähnt sind. Hier sind auch die Perianthkiele reichlicher und fransig gezähnt. Nun kommen diese Formen hauptsächlich auf Neu-Guinea, Neu-Irland usw. vor und man könnte geneigt sein, sie als *Thys. subreversus* zusammenfassen, doch kommen auch auf Borneo, wenn auch seltener als die dort in schönen Exx. vertretene „typische" Form, reichlich gezähnte Formen vor, welche in keiner Hinsicht von den Pflanzen aus Neu-Guinea zu trennen sind, aber andererseits auch wieder mit den „typischen,' Formen verbunden sind.

UNTERSCHEIDUNGSMERKMALE: Nur mit *Thys. convolutus* verwandt. Durch ganzrandige, mehr symmetrische, proximad gerichtete Lobi mit umgebogenen Rändern, durch ganzrandige aufgetriebene Amphigastrien zu unterscheiden.

BEMERKUNGEN: Es ist interessant, *Thys. Gottschei* mit *Frull. nodulosa dapitana* zu vergleichen. *Thys. Gottschei* ist eine extreme Form aus der Sippe von *Thys. convolutus, Fr. nodulosa dapitana* aus der von *Fr. nodulosa*. Beide wachsen im gleichen Gebiet und stimmen in den Unterscheidungsmerkmalen von der Hauptform in mancher Hinsicht überein.

Will man *Thys. subreversus* als eigene, endemische Art von Papuasien betrachten, so gehören hierher die folgenden Synonyme: *Thys. rigidus* Steph. und *Thys. convolutus* var. *ornatus* Schffn.

VORKOMMEN UND VERBREITUNG: Die Verbreitung fällt teilweise (Westl. Indomalaya) mit der der Stammformen zusammen, in der östlichen Indomalaya wurde *Thys. convolutus* aber noch nicht gefunden. Substrat und horizontale Verbreitung stimmen mit der Stammform überein.

Standorte: S u m a t r a: Aneh-Schlucht, 535 m (Schiffner 1894); I n s e l E n g a n o (Modigliani 1894); A n d a m a n e n (Mann); B o r n e o: B. N. B., Mt. Kinabalu, Tenompok, 5000—7000' (Clemens 1931—1932); idem, Penibukan, 5000' (Clemens 1931—1932); Sarawak, Lunda (Micholitz); Sarawak (Pearson); Sarawak, Ulu Moanad (Eltoson 1902); P h i l i p p i n e n: Dapitan (Micholitz 1884—1885, Typus!); Polillo (Robinson 1909); Luzon (Wallis 1870); Panay (Robinson 1913); N e u- G u i n e a: Galewa Strasse (Naumann 1875); Mc. Cluer Bai (Naumann 1875); Niederl. Neu-Guinea (v. Zippel); Sattelberg (Nyman); N e u-I r l a n d (Micholitz).

Sect. nov. 3. **Vittatae** Verd.

Lobi von einer deutlichen Vitta durchzogen; übrigens eine unnatürliche Gruppe. Typus: *Thys. fruticosus* (Lindenb. et Gottsche) Schffn.

9. **Thysananthus fruticosus** (Lindenb. et Gottsche) Schffn.

Bryopteris filicina? γ *fruticosa* Syn. Hepat. 1845, S. 285.

Bryopteris filicina β *arguta* Syn. Hepat. 1845, S. 285, p.p.!; v. d. Sande Lac. 1856, Syn. Hep. Jav. S. 53.

Bryopteris fruticosa Lindenb. et Gottsche 1847, Syn. Hep. S. 737; v. d. Sande Lacoste 1856, Syn. Hep. Jav. S. 53; 1863—64, Ann. Mus. Lugd. Bat. I: 306, Trev. 1877, Mem. Ist. Lomb. IV: 404; Mitt. 1885, Challenger Exp., Bot. I: 263; Verd. 1933, de Frull. XII: 76.

Thysananthus manillanus Gottsche 1857, Pug. nov. Hep. Mus. Paris S. 342; Steph. 1885, Hedwigia 24: 90; Steph. 1912, Spec. Hepat. IV: 795; Schffn. 1898, Conspectus S. 302.

Lejeunea (Bryopteris) Sinclairii Mitt. 1862, Bonplandia X: 19; 1871, Fl. Vitiensis, S. 411; Steph. 1912, Spec. Hepat. IV: 792; Verd. 1934, de Frull. XIV: 239.

Bryopteris vittata Mitt. 1871, Fl. Vitiensis, S. 411; von Müller 1885, J. of Bot. 23: 254; Steph. 1885, Hedwigia 24: 90; 1889 in Geheeb, Neue Beiträge usw. S. 12; Schffn. 1898, Conspectus S. 302; 1912, Spec. Hepat. IV: 795.

Dendrolejeunea fruticosa Spr. 1884, Hep. Am. et And. S. 110.

Thysanolejeunea fruticosa Steph. 1889, Hedwigia 28: 263; 1890, Hedwigia 29: 3; 1912, Spec. Hepat. V: 795.

Thysanolejeunea vittata Steph. 1889, Hedwigia 28: 263.

Dendrolejeunea vittata Schffn. 1890, Forschungsreise Gazelle IV: 25.

Thysananthus fruticosus Schffn. 1893, Nat. Pflanzenf. I, III: 130; 1894, Hedwigia 33: 176; Steph. 1907, Denkschr. Ak. Wien 81: 297; 1912, Spec. Hepat. IV: 795; Verd. 1933, de Frull. XII: 76; 1934, Nova Guinea 18: 7; 1934, de Frull. XIV: 239.

Thysanolejeunea lanceolata Steph. 1896, Hedwigia 35: 139; 1912, Spec. Hepat. IV: 796.

Thysananthus Sinclairii Steph. 1912, Spec. Hepat. IV: 792.

Thysananthus abietinus Steph. 1912, Spec. Hepat. IV: 794; Verd. 1934, de Frull. 14: 238.

Thysananthus lanceolatus Steph. 1912, Spec. Hepat. IV: 796; Verd. 1934, Nova Guinea 18: 2.

Thysananthus Lauterbachii Steph. 1912, Spec. Hepat. IV: 797; Verd. 1934, Nova Guinea 18: 2.

Thysananthus ovistipulus Steph. 1912, Spec. Hepat. IV: 798; Verd. 1934, Nova Guinea 18: 2.

Caudalejeunea fruticosa Steph. 1912, Spec. Hepat. V: 14; Verd. 1933, de Frull. XII: 82.

Caudalejeunea longistipula Steph. 1912, Spec. Hepat. V: 14.

Caudalejeunea revoluta Herz. 1931, Mitt. Inst. Allg. Bot. Hamb. VII: 199.

Thysananthus eminens Gottsche in sched. [1]).

Thysananthus Bowianus Steph. in sched. et in icon. ined.

Thysananthus ovilobulus Steph. in sched.

BESCHREIBUNG: Syn. Hepat. S. 737; Spruce 1884, l.c. S. 110; Schffn. 1890 l.c. S. 25; Spec. Hepat. IV: 795.

ABBILDUNGEN: Gottsche 1857 l.c. Taf. 15, Abb. 22—33; Steph. 1885, l.c. Tafel II; Schffn. 1890 l.c. Taf. 5, Abb. 16 und 17; Herz. 1931 l.c., Abb. 5, i—k.

VARIABILITÄT: Es handelt sich um eine Art, bei der Stamm und Äste fast unbegrenzt weiter wachsen. Die Verzweigung ist meistens fiederartig, manchmal aber auch ziemlich unregelmässig. Es bestehen grosse Unterschiede zwischen Stamm- und Astblättern. Aus all diesen Gründen machen die Pflanzen dieser Art einen sehr heterogenen Eindruck, und man findet Unterschiede im Habitus, wie wir sie bei indomalesischen Lejeuneen sonst nicht kennen. Dazu kommt noch, dass die Form der Lobi, ihre Randzähnung und ihre Anheftung, die Vitta und die Lobuli sehr plastisch sind. Man achte aber besonders darauf, dass man nicht Äste mit Stämmen anderer Exemplare vergleicht, dadurch sind schon mehrere irrtümlicherweise neu beschriebene Arten entstanden!

UNTERSCHEIDUNGSMERKMALE: Mit Ausnahme von *Thys. planus* und *Thys. mollis* gibt es unter den *Thysananthi* keine Arten mit einer Vitta in den Lobi. Ubrigens ist *Thys. fruticosus* meistens mit dem blossen Auge durch die auffallende Grösse und die unregelmässige Fiederung sofort zu erkennen. *Thys. planus* ist nur wenige

---

[1]) SCHIFFNER's *Dendrolejeunea vittata* ist auf Tafel V in Forschungsreise Gazelle, vol. IV als *D. eminens* bezeichnet.

cm lang und hat ganzrandige Lobi und Lobuli mit einem verlängerten, eingekrümmten Zahn. Über *Thys. mollis* siehe S. 186 Früher hat man oft *Bryopteris* mit *Thysananthus fruticosus* verwechselt,

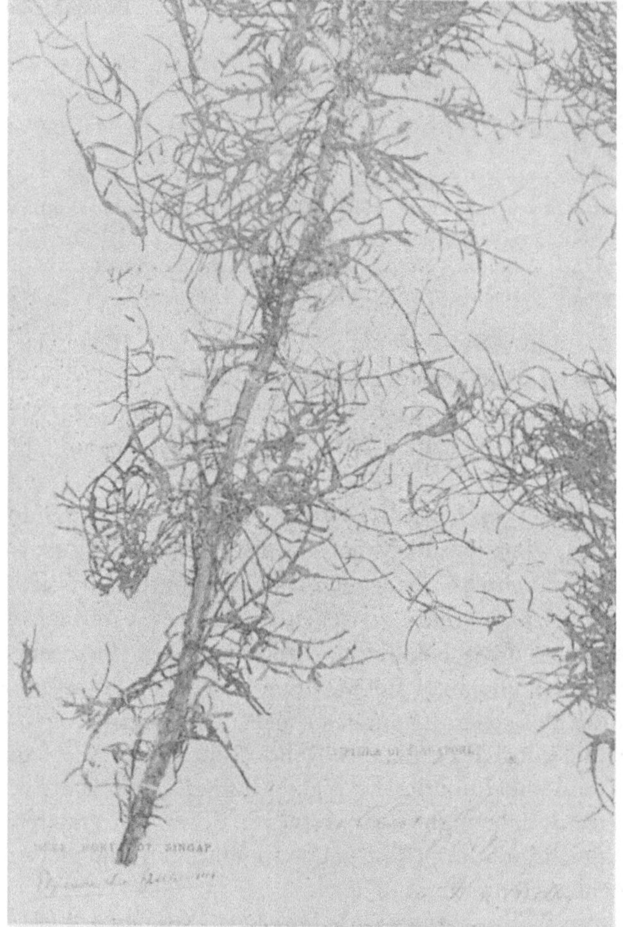

FIG. 7. — *Thysananthus fruticosus*. Habitus ($^2/_5$).

Bryopteris kommt in Asien und Ozeanien nicht vor und unterscheidet sich gleich durch die Stellung der ♀ Infloreszenzen an kurzen
kleinblättrigen Seitenästen.

BEMERKUNG: Die erste Angabe von *Thys. fruticosus* für unser Gebiet (als *Jungermania filicina* Sw.) finden wir bei R ɛɪɴᴡ., Bʟ. und Nᴇᴇs 1824, Hep. Jav. S. 214. Diese Angabe wurde häufig wiederholt (vergl. Sᴄʜɪꜰꜰɴᴇʀ's, Conspectus S. 301—302). In der ,,Synopsis Hepaticarum" hat man dann schliesslich die indomal. Pflanze als eigene Art abgetrennt, es wird aber bei der Beschreibung von *Bryopteris fruticosa* auf S. 737 nicht angegeben, ob die auf S. 285 zu var. β gestellte javanische Pflanze (Bʟᴜᴍᴇ in herb. Nᴇᴇs) dort (d.h. bei der echten *Br. filicina*) bleiben oder ebenfalls zu *Br. fruticosa* gestellt werden muss. Jedenfalls habe ich niemals eine *Bryopteris* aus der Indomalaya gesehen (auch nicht im Herb. Blume oder im Herb. Nees) [1]). Wichtiger ist die Frage, ob *Thys. fruticosus* wirklich auf Java und Sumatra wächst, wie früher angegeben wurde. Belege für diese Angabe habe ich schon früher untersucht (de Frull. XII: 76). Liegen hier aber keine Fehler in der Etikettierung vor? Man darf jedoch nicht vergessen, dass Bʟᴜᴍᴇ, Kᴜʜʟ und ᴠᴀɴ Hᴀssᴇʟᴛ, Kᴏʀᴛʜᴀʟs usw. an Stellen gesammelt haben, wo später fast nicht mehr gesammelt wurde (Banten!) oder an Stellen, wo heute keine natürliche Vegetation mehr vorhanden ist.

Hᴇʀᴢᴏɢ 1931 l.c. vergleicht seine *Caudalej. revoluta* mit *Caudelej. recurvistipula, C. longistipula* und *C. circinnata*. Von diesen ist *C. longistipula* ebenfalls zu *Thys. fruticosus* zu stellen, die beiden anderen Arten sind echte Caudalejeuneen.

Vᴏʀᴋᴏᴍᴍᴇɴ ᴜɴᴅ Vᴇʀʙʀᴇɪᴛᴜɴɢ: *Thysananthus densus*, welchen Sᴛᴇᴘʜᴀɴɪ für China angibt, wurde von Cᴏɴᴡᴀʏ in Papuasien gesammelt. Wir kennen *Thysan. fruticosus* nicht aus China, es ist eine Charakterart der östlichen Indomalaya und Ozeaniens, die aber wahrscheinlich bis Sumatra vorgedrungen ist. Wir kennen sie auch von der malayischen Halbinsel, aus Borneo und von den Philippinen; in der westlichen Indomalaya zeigt sie aber meistens nicht die üppige Entwicklung und Polymorphie, welche wir im Osten finden. Häufig kehrt auf den Schedae die Angabe wieder, die Pflanze sei an Ästen über einem Fluss gesammelt worden. Die Hälfte der bekannten Fundorte liegt nur wenige m über dem Meeresspiegel, in höheren Gebirgen kommt sie anscheinend nicht vor. Aus Queensland kennen wir sie auch. Interessant ist die alte und immer wiederholte Angabe: ,,Mauritius (Sɪᴇʙᴇʀ)", ich kann sie nicht bestätigen, es gibt

---

[1]) *Br. trinitensis* welche ᴠ. ᴅ. Sᴀɴᴅᴇ Lᴀᴄ. (Ann. Mus. L. Bat. I: 306) für Sumatra angibt, gehört zu *Thys. spathulistipus*.

jedoch verschiedene, tropisch asiatische Pflanzen, welche in Afrika usw. fehlen, wohl aber auf Madagaskar oder (und) den Maskarenen auftauchen. Aus SPRUCE's Bemerkung l.c. S. 110 kann man nicht entnehmen, ob er die Pflanze von Mauritius oder Java gesehen hat.

STANDORTE: S u m a t r a: (Korthals), später nicht wieder aufgefunden; J a v a: (Kuhl und v. Hasselt); Banten: G. Sadjra (Blume, Typus!); später nicht wieder aufgefunden; B a n d a: (de Vriese 1858—1860); M a l a y i- s c h e H a l b i n s e l: Singapore, Chan Chu Kang (Ridley 1889); Pahang, Kuala Sembeling, 100' (Holttum 1928); idem, K. Lipis (Burkill 1924); Johore, G. Panti, 200' (Holttum 1925); B o r n e o: Samawang Riber, near Sandakan (Boden Kloss 1927); am Sungei Obat in W. B., 100 m (H. Winkler 1925); P h i l i p p i n e n: Mindanao, Misamis (Miranda 1913); Luzon (Semper); Luzon, Apayao (Fénix 1917); Biliran (Mc Gregor 1914); Cagayan, Mt. Babatugin, 2000' (Edaño 1930); C e l e b e s, Minahassa, an mehreren Stellen (de Vriese 1858—1860); C e r a m: (de Vriese 1858—1860); Sepa Sawai (Stresemann 1911); 580 m (Martin); M o l u k k e n i n s e l O b i (Hulstijn ca 1915); N e u- G u i n e a: (Conway; Lesson); Niederl. Neu-Guinea, bei Andej (v. Zippel); idem, van Rees Gebirge, 100 m (Docters v. Leeuwen 1926); idem, am Rouffaer Fluss, 175 m (Docters v. Leeuwen 1926); Kaiser Wilhelmsland (Kärnbach); idem, am Sattelberg (Warburg; Nyman); idem, hinter Madang, 900 m (W. Blum 1924); idem, Finister-regebirge, 800—1000 m (G. Eiffert 1925); idem, Oberlauf des Gogols (Lauter-bach); Br. New Guinea (Mrs Musgrave); idem, Stirling Range (Micholitz); idem, Moroka (L. Loria); N e u-H a n n o v e r (Naumann 1875); N e u-M e c k l e n b u r g, Port Sulphur (Naumann 1875); N e u e H e b r i d e n: (Gunn); N o r f o l k I n s e l (Robinson); Q u e e n s l a n d (Brown); N e u-K a l e d o n i e n: (Craithwaite 1882); S a m o a: (Powell; Veitch); Upolu und Tutuila (Reinecke 1894); F i d s c h i- I n s e l n: (Sinclair; Horne; Seemann; ohne weitere Angaben im Herb. v. d. Bosch, misit Mit-ten?; Sinclair, Seemann, J. Horne 1877—1878).

10. **Thysananthus mollis** Steph.

Thysananthus mollis Steph. 1912, Spec. Hepat. IV: 798; Verd. 1934, Nova Guinea 18: 8.

BESCHREIBUNG: Spec. Hepat. IV: 789.

UNTERSCHEIDUNGSMERKMALE: Durch den Habitus sofort von dem nahestehenden *Thys. spathulistipus* zu unterscheiden. Stamm bis 6 cm lang, kräftig entwickelt, mit kurzen, wenig verzweigten Seiten-ästen; im Habitus ähnelt unsere Pflanze *Spruceanthus semirepandus* sehr. Die Lobi sind laterad gerichtet, länglich zungenförmig; Breite: Länge = 1 : 3, im oberen Teil an der symmetrischen Spitze fein ge-zähnt. Linea lang und sehr deutlich ausgebildet, das Blatt fast bis zur Spitze durchlaufend. Amphigastrien zungenförmig, meistens ganzrandig. *Thys. planus* ist kleiner, hat viel kürzere, ganzrandige Lobi, verhältnismässig grosse Lobuli mit einer verlängerten, eingekrümmten Spitze.

BEMERKUNGEN: Diese endemische Art von Neu-Guinea ist nicht ohne weiteres als abgeleitete Form von *Thys. fruticosus* zu betrachten. Mit *Thys. planus* hat sie wenig zu tun. Andere Verwandte sind nicht bekannt.

STANDORTE: N e u-G u i n e a: Owen Stanley Range (McGregor 1889, Typus!); Mt. Dayman (Armit 1894); Arfakgeb. (E. Mayr n. 142 und n. 300).

11. **Thysananthus planus** Sde Lac.

Jungermania retusa Reinw., Bl., Nees var. α Nees 1830, Hepat. Javan. S. 39; Schiffner 1894, Hedwigia 33: 179; 1898, Conspectus S. 304.

Ptychanthus retusus Reinw., Bl., Nees var. α Syn. Hepat. 1845, S. 292; Schffn. 1894, Hedwigia 33: 179; 1898, Conspectus S. 304; Verd. 1933, de Frull. XII: 79.

Thysananthus planus v. d. Sande Lac. 1854 Nederl. Kruidk. Arch. III: 419; 1856 Natuurk. Tijdschr. N. I. X: 396; 1856 in Dozy, Plagiochila Sandei S. 9; 1856, Syn. Hepat. Javan. S. 53; 1863—1864, Ann. Mus. Lugd. Bat. I: 306; Gottsche 1858, Beil. Bot. Zeit. XVI: 38; Schiffner 1894, Hedwigia 33: 179; 1898, Conspectus S. 304; Steph. 1912, Spec. Hepat. IV: 789; Verd. 1933, de Frull. XI: 232; 1933, de Frull. XII: 80; 1934, Nova Guinea 18: 8; 1934, de Frull. XIV: 240.

Phragmicoma plana Mitt. 1871, Fl. vitiensis S. 412.

Thysanolejeunea plana Steph. 1889, Hedwigia 28: 263.

Brachiolejeunea flavovirens Steph. 1910, Denkschr. Ak. Wiss. Wien 85: 200; 1912, Spec. Hepat. V: 131; Verd. 1934, de Frull. XIV: 221.

Thysananthus subplanus Steph. 1912, Spec. Hepat. IV: 790.

Thysananthus furcatus Herz. 1931, Ann. Bryol. IV: 87.

BESCHREIBUNG: Syn. Hepat. Javanic. S. 53; Spec. Hepat. IV: 789.

ABBILDUNG: Syn. Hepat. Javanic. Taf. X; Herz. 1931, l.c. Fig. 2.

VARIABILITÄT: Diese ist weniger auffallend, als bei den meisten anderen Arten der Gattung. Die Art tritt meistens in einer mesod. viridis mod. auf. Stämmchen meistens 2.5—4 cm lang, bisweilen findet man bedeutend robustere und längere Pfl. Die typischen Merkmale sind aber wenig variabel.

UNTERSCHEIDUNGSMERKMALE: Durch kleine, symmetrische, ganzrandige, mit deutlicher Vitta versehenen Lobi, durch nach dem *Mastigolejeunea*-Typus aufgebaute Lobuli, mit längerer eingekrümmter

Spitze und isodiametrischen regelmässig verdickten Zellen vorzüglich zu unterscheiden. Nahe Verwandte sind unbekannt. Die auf Neu-Guinea endemische *Thys. mollis* ist viel grösser, hat gezähnte, auffallend längliche Lobi, ganz andere Lobuli ohne einen langen Zahn usw. Der grosse, meistens fiederartig verzweigte *Thys. fruticosus* weicht durch gezähnte, ganz anders geformte Lobi und Amphigastrien, kleinere, anders gestaltete Lobuli stark ab. *Thys. Richardsianus* und auch *Thys. aculeatus* haben mehr oder weniger ähnlich gebildete Lobuli. Beiden fehlt die Vitta, ausserdem hat *Thys. Richardsianus* scharf gezähnte Lobi und auch *Thys. aculeatus* zeigt in der Form sämtlicher Teile eine deutliche Verwandtschaft mit *Thys. spathulistipus*.

BEMERKUNGEN: In SCHIFFNER's Conspectus l.c. ist die Synonymik von *Jungermania retusa* nicht ganz richtig dargestellt. Der Typus von *Jungermania retusa* ist ein *Ptychanthus* (*P. retusus*), in einer späteren Arbeit hat NEES dann eine var. α unterschieden, welche zu *Thys. planus* gehört. Die var. β gehört wieder zu *Ptychanthus retusus* worauf sich auch Beschreibung und Notizen in der Synopsis Hepaticarum beziehen.

HERZOG l.c. vergleicht seine *Thys. furcatus* mit *Mastigolejeunea thysananthoides* Steph., diese ist jedoch eine echte *Mastigolejeunea*.

VORKOMMEN UND VERBREITUNG: An Rinde, in geschlossenen Überzügen. Die Angabe von STEPHANI: „Asia et Oceania, valde communis" ist wohl sehr übertrieben. Wir kennen nur wenige Fundorte. Auf West-Java scheint die Art stellenweise reichlicher aufzutreten, ist aber trotzdem immer eine seltenere Erscheinung. Für die Angaben von MITTEN l.c. Sunday Island und Fidschi Inseln fehlen mir die Belege. Von Samoa sah ich aber Material. STEPHANI gibt seine *Brachiolejeunea flavovirens* an für Samoa und Neu-Guinea, für seinen *Thys. subplanus* erwähnt er die Philippinen und in icon. Neu-Guinea. Alle diese Angaben beziehen sich auf *Thys. planus*.

STANDORTE: J a v a: (Blume; Teysmann; Junghuhn; Hasskarl, Typus!); G. Salak, an den Nordabh., 800 m (Zollinger; Kurz; Schiffner 1893); G. Pantjar, 400 m, Schiffner XII. 1893); P h i l i p p i n e n: Luzon (Merrill 1905); idem, Mt. Mariveles (Pfleiderer); Benguet, Baguio (Baker 1915); Palawan, 2300′ (Edanno 1929); N e u-G u i n e a: Arfak Geb., Ditschi, 1200 m (Mayr 1928); Milne Bay (Micholitz); Owen Stanley Range (Mc. Gregor); S a m o a (Reinecke; Rechinger).

EXSICCAT: Hep. Sel. et Crit. 284.

———

XIV. **Trocholejeunea** Schffn.

Lejeunea p.p. Mitt. 1861, Hep. Ind. Or. S. 111.

Acrolejeunea p.p. Steph. 1894, Soc. Sc. Nat. Cherb. S. 207.

Homalolejeunea p.p. Steph. 1899, in Schffn. 1899, Oest. Bot. Zeitschr. Sep. S. 9.

Omphalanthus p.p. Steph. 1911, Spec. Hepat. IV: 702.

Ptychocoleus p.p. Steph. 1912, Spec. Hepat. V: 40; Herz. 1930 p.p., Symb. Sinic. V: 46.

Lopholejeunea p.p. Steph. 1912, Spec. Hepat. V: 92.

Brachiolejeunea Steph. 1912, Spec. Hepat. V: 134; usw.

Trocholejeunea Schffn. 1932, Ann. Bryol. V: 160; Verd. 1933, de Frull. XIII: 89.

BESCHREIBUNG UND ORIGINALDIAGNOSE VON SCHIFFNER: Schffn. 1932 l.c.

VARIABILITÄT: Vergl. S. 191.

UNTERSCHEIDUNGSMERKMALE: Der Gattung *Brachiolejeunea* am nächsten stehend, ist davon durch die nur mit zwei einzelligen Zähnchen versehenen Lobuli zu unterscheiden. Robuste, bis 10 cm lange Pflanzen mit grossen, die Lobuli bedeckenden Amphigastrien und langen etwa 10-kieligen Periantien. ♀ Infl. beiderseits innoviert. Durch diese Innovationen sofort von *Ptychocoleus* zu trennen, sonst kaum mit einer anderen Gattung zu verwechseln. Näheres siehe bei Verd. 1933 l.c. Typus: *Trocholej. infuscata* (Mitt.) Verd.

VORKOMMEN UND VERBREITUNG: Bis heute sind nur zwei kaum verwandte Arten bekannt, von denen die eine auf den nördlichen Teil des tropischen Asiens beschränkt ist, die andere nur auf Neu-Guinea gefunden wurde.

1. Lobuli weit am Stamm herablaufend, erreichen fast die halbe Lobuslänge. Perianthien im oberen Teil mit zahlreichen gebogenen und gekrümmten Kielen . . . . 2. **Trocholej. infuscata**
Lobuli nicht weit am Stamm herablaufend, erreichen bis $^1/_4$ der Lobuslänge. Perianthien mit geraden Kielen . . . 1. **Trocholej. pluriplicata**

1. **Trocholejeunea pluriplicata** (Steph.) Verd.

Brachiolejeunea pluriplicata Steph. 1912, Spec. Hepat. V: 135; Verd. 1933, de Frull. XIII: 88.

Homalolejeunea pluriplicata Steph. in sched.; Verd. 1933, de Frull. XIII: 89.

Trocholejeunea pluriplicata Verd. 1934, Nova Guinea 18: 2 und 8.

BESCHREIBUNG: Steph. 1912 l.c.

UNTERSCHEIDUNGSMERKMALE: Von den aus unserem Gebiet bekannten *Brachiolejeuneae* durch die stets beiderseitig vorhandenen Innovationen, die zwei feine Zähnchen tragenden Lobuli und ihre Grösse (bis 10 cm lang, 6 mm breit) leicht zu unterscheiden. Über *Trocholejeunea infuscata* siehe S. 191.

Da diese Art in der Gattung *Brachiolejeunea,* deren neotropische Arten ich jedoch kaum kenne, isoliert dasteht und in den wesentlichen Merkmalen mit *Trocholej. infuscata* besser übereinstimmt, habe ich sie 1933 und 1934 ll.c. als *Trocholejeunea* angeführt. Die Perianthien der beiden Arten sind zwar sehr verschieden, über den Wert dieses Merkmals berichtete ich ausführlich in de Frullan. XIII: 88.

BEMERKUNG: STEPHANI's Abbildung der Stellung der Perianthien in den Ic. Ined. erweckt den irrtümlichen Eindruck von lateral an einem Hauptstamm entstehenden ♀ Inflorescenzen.

STANDORT: B r i t. N e u - G u i n e a: Moroka, Moresby, 1300 m (L. Loria 1893, Typus!).

2. **Trocholejeunea infuscata** (Mitt.) comb. nov.

Lejeunea infuscata Mitt. 1861, Hepat. Ind. Orient. S. 111; Steph. 1911, Spec. Hepat. IV: 702; 1912, Spec. Hepat. V: 92.

Acrolejeunea cordistipula Steph. 1894, Soc. Sc. Nat. Cherb. S. 207.

Brachiolejeunea birmensis Steph. 1895, Hedwigia 34: 63; 1912, Spec. Hepat. V: 134.

Homalolejeunea Levieri Steph. 1899, in Schffn., Oest. Bot. Zeitschr. Sep. S. 9.

Omphalanthus infuscatus Steph. 1911, Spec. Hepat. IV: 702.

Ptychocoleus cordistipulus Steph. 1912, Spec. Hepat. V: 40; Herz. 1930, Symb. Sinicae V: 46.

Lopholejeunea infuscata Steph. 1912, Spec. Hepat. V: 92.

Brachiolejeunea Levieri Schffn., Steph. 1912, Spec. Hepat. V: 134.

Trocholejeunea Levieri Schffn. 1932, Ann. Bryol. V: 160; Verd. 1933, de Frull. XIII: 88.

BESCHREIBUNG: Mitt. 1861 l.c.; Steph. 1911—12 ll.c.; Schffn. 1932 l.c.

ABBILDUNGEN: Schffn. 1932 l.c., Fig. 1—8.

VARIABILITÄT: Die wenigen Exemplare, welche ich untersuchen konnte, schwanken nur wenig. Die Lobi können völlig flach und stumpf abgerundet oder im oberen Teil etwas verlängert (nie zugespitzt) und dort etwas eingebogen sein. Der Lobus schwankt etwas in der Grösse und in der Ausbildung der beiden einzelligen Zähnchen. Die Perianthien können im untersten Teil viel schmäler sein als SCHIFFNER 1932 l.c. abgebildet hat. Sollte MITTEN's *Lejeunea saccata* hierher gehören, dann müssen auch Lobuli mit 3—4 Zähnchen vorkommen.

UNTERSCHEIDUNGSMERKMALE: Durch grosse, weit am Stamm herablaufende Lobuli mit 2 einzelligen Zähnchen; durch sehr grosse, runde, tief inserierte Amphigastrien; durch terminal stehende, beiderseits innovierte ♀ Infloreszenzen; durch im unteren Teil schmale, im oberen Teil breite, und daselbst mit einer Anzahl auffallender gebogener und gekrümmter Kiele versehene Perianthien deutlich gekennzeichnet. *Trocholej. pluriplicata* aus Neu-Guinea hat kürzere Lobuli und zylindrische mit geraden Kielen versehene Perianthien. *Schiffneriolej. omphalanthoides* von Celebes stimmt vegetativ prinzipiell mit *Trocholej. infuscata* überein, hat aber ♀ Infl., die (ohne Innovationen) terminal an ganz kurzen Seitenästen entstehen; die Perianthien tragen nur im oberen Teil gerade Kiele.

BEMERKUNG: STEPHANI hat diese leicht kenntliche und kaum mit einer anderen *Lejeunea* zu verwechselnde Art als *Ptychocoleus*, als *Brachiolejeunea* (wozu sie sicher gehören würde, wenn man die Gattung *Trocholejeunea* nicht anerkennen will), als *Symbyezidium* (*Homalolej.*), als *Omphalanthus* und als *Lopholejeunea* angeführt, auch findet man sie in seinen Ic. Ined. noch als *Ptychocoleus saccatus* (Mitt.) St. abgebildet, das betreffende Material stammt aber aus Ceylon und hat mit MITTEN's verschollene *Lejeunea saccata* (1861, Hep. Ind. Or. S. 111) aus Nepal und Khasia vielleicht nichts zu tun. STEPHANI (1912, Spec. Hepat. V: 53) bemerkt selber zu seinem *Ptychocoleus ? saccatus*, dass die Pflanze nirgends zu erhalten war. Der Beschreibung nach könnte es sich aber unter Umständen wohl um eine robuste *Trocholej. infuscata* handeln.

VORKOMMEN UND VERBREITUNG: Zentralasien: von Nepal bis

Setschwan und Birma, auch auf Ceylon, nicht in Vorderindien. Nicht in der Ebene. An trockenen und feuchten Felsen und Steinwänden, an Rinde, oft zwischen anderen Moosen.

STANDORTE: C h i n a: Setschwan, Huili, 3000 m (v. Handel Mazzetti 1914—18); Yunnan, Rienkio (Delavay 1888); idem, Yünnanfu, 2050 m (v. Handel Mazzetti 1914—18); idem, am Salwin, 2500 m (v. Handel Mazzetti 1914—18); N e p a l: (Wallich, Typus!) S i k k i m: 4000—8000′ (Hook f. and Taylor); Darjeeling, 7000′ (Weber v. Bosse 1899); Kurseong, 5000—6000′ (Decoly und Schaul 1895—1899); idem, 5000′ (Weber van Bosse 1898; Bretandeau 1898); K h a s i a: 4000—6000′ (Hook. f. and Taylor); B h u t a n: bei Maria Basti, 5000—6000′ (Durel 1898); B i r m a: (Berthoumieu); C e y l o n: (leg. Evrard, comm. Lacouture).

DE FRULLANIACEIS XVI

Über die asiatischen Tamariscineae, ihre Linea und Oelkörper

1. Revision der asiatischen Vertreter der Sektion Tamariscineae (Frullania, subg. Thyopsiella Spr.).

Seit dem Erscheinen der Species Hepaticarum sind mehrere neue asiatische *Tamariscineae* beschrieben. Aus Australien und Neu-Seeland kennen wir bis heute keinen Vertreter dieser Sektion. Ich habe die Originale aller asiatischen Arten untersucht und gebe anbei die Revision. Im allgemeinen musste ich mit dürftigen Exemplaren arbeiten. Ausser *Frull. moniliata* besitzen wir von keiner einzigen Art so viel Material, das sich viel über die Variabilität sagen lässt. Da ich bei der Revision nicht weniger als drei zweifelhaften Arten begegnete, habe ich die vielen europäischen und nordamerikanischen *Tamariscineae* aus meinem Herbar erst wieder einmal untersucht, damit ich mir besser Rechenschaft über die Bedeutung der verschiedenen *Tamariscineae*-Merkmale ablegen kann. Besonders handelt es sich hier um die Linea moniliformis und die Ocellen, worüber auf S. 198 ausführlicher berichtet wird. Hier möchte ich nur noch angeben, dass nach mehrjährigem Liegen im Herbar die Ocellen manchmal deutlicher erscheinen als bei frischem Material, vergl. besonders unter *Frull. Alstonii*.

Frullania fragilifolia wurde nie in Asien gefunden, siehe bei Reimers 1931, Hedwigia 71 : 38. Aus dem Herbar in Firenze (herb. Levier) erhielt ich die sg. var. *autoica* Massal. (1906, in Levier, Bryol. Schensiana, pag. 46), diese gehört zu *Frullania Alstonii*.

Die *Frullania Tamarisci*, welche Massalongo in seinen Hepaticae Schensianae und Levier in der Bryol. Schensiana anführt, gehört zu *Frullania moniliata*, es handelt sich nicht um eine abweichende Form.

BESTIMMUNGSSCHLÜSSEL DER ASIATISCHEN TAMARISCINEAE

1. Lobi deutlich zugespitzt, manchmal in einen länglichen eingekrümmten
   Zahn auslaufend . . . .   1. **Frullania moniliata**
   Lobi nicht zugespitzt, abgerundet. Selten sind die Lobi teilweise abgerundet und zum Teil breit zugespitzt, ohne dass aber ein länglicher Zahn
   entsteht   2
2. Amphigastrien 2—5 mal so breit wie der Stamm, ungefähr rund. .   3
   Amphigastrien 1—2 mal so breit wie der Stamm, länglich   4
3. Ausser der Linea sind mehrere Ocellen in fast allen Lobi deutlich entwickelt. Amphigastrien etwa fünfmal so breit wie die Stämmchen. . . . .
   2. **Frull. Balansae**
   Ausser der Linea sind keine, oder nur in einzelnen Blätter 1—3 Ocellen
   entwickelt. Amphigastrien etwa dreimal so breit wie die Stämmchen. .
   3. **Frull. Makinoana**
4. In fast allen Blättern sind mehrere Ocellen entwickelt. Linea kurz (3-5-7
   Zellen), selten fast unentwickelt. . . . .   4. **Frull. Alstonii**
   In den meisten Blättern oder in allen Blättern fehlen die Ocellen völlig.
   Linea (3—18 Zellen) vorhanden   5
5. Linea besteht aus 3—5(—7) Zellen, immer nur eine Zellreihe breit, ventral unsichtbar. Lobuli stehen soweit vom Stamme ab, wie ihre halbe
   Breite beträgt . . . .   5. **Frull. densiloba**
   Linea besteht aus 9—16 Zellen, sie kann mehrere Zellen breit sein, und
   ist ventral sichtbar. Lobuli stehen soweit vom Stamme ab, wie ihrer ge-
   samten Breite entspricht . . . .   6. **Frullania aoshimensis**

1. **Frullania moniliata** (Reinw., Bl., Nees) Dum. Die Verbreitung
und die Variabilität dieser Art habe ich in de Frull. VII: 76 ff. (1930)
und X: 495—496 (1932) ausführlich behandelt. Ich gliederte sie in
zwei Unterarten: eine besonders in der südlichen Indomalaya vertretene subsp. *breviramea* (Steph.) Verd. und eine subsp. *obscura*
Verd. aus Japan, China usw., und der nördlichen Indomalaya. Vergl.
die Karte auf S. 77 in de Frull. VII. Der Formenkreis der subsp.
obscura ist sehr ausgedehnt. Ich stellte hierher MITTEN's *Frull. cla-
vellata* und STEPHANI's *Frullania appendiculata*, die so sehr miteinander und mit anderen Formen verknüpft sind, dass man sie bestimmt nicht als eigene Arten aufrecht halten kann. Gegen meine
Gewohnheit habe ich sie aber als Formen unterschieden. Die kleine
japanische Pflanze mit den flach angehefteten Lobi und Amphigastrien und dem ganzrandigen Involucrum nannte ich fo. *parva* Verd.,
die dunkle robuste Form derselben Art, welche durch kräftig entwickelte Appendicula ausgezeichnet ist, nannte ich fo. *appendiculata*

(Steph.) comb. nov. Ich möchte nun noch ausdrücklich betonen, dass ich diese extremen Sippen aus dem *obscura*-Formenkreis nur deshalb unterschieden habe, weil man sie sonst später bei der Bearbeitung von Lokalfloren als eigene Arten anführen würde. In S y m b o l a e S i n i c a e V (1930) unterschied ich dann noch eine fo. *alpina*, eine var. *elongatistipula* und eine fo. *obtusiloba*. Letztere gehört zweifellos zu *Frullania Balansae* Steph., es ist eine leptod. virid. mod. mit wenig Ocellen. Die fo. *alpina* ist eine extreme, exponierte Form (4350— 4450 m. über dem Meeresspiegel!) der *Frull. moniliata obscura.* Von der var. *elongatistipula* besitze ich nur wenig Material, die Pfl. unterscheidet sich in mancher Hinsicht erheblich von anderen montanen Formen der Subspecies und ist mit ihnen auch nicht durch Zwischenformen verbunden. Vielleicht wird sich später herausstellen, dass es sich um eine eigene Art handelt, welche ausser durch die Amphigastrien durch die stark zugespitzten Lobi und die zarten Zellwände zu unterscheiden wäre.

2. **Frullania Balansae** Steph. 1894, Hedwigia 33: 516; 1911, Spec. Hepat. IV: 551. S y n. : *Frullania hongkongensis* Verd. 1932, de Frull. X: 194. Diese Pflanze, die der *Frull. Makinoana* Steph. aus Japan am nächsten steht, konnte ich erst neuerdings untersuchen; es stellte sich heraus, dass es sich um dieselbe Sippe handelt, welche ich als *Frull. honkongensis* beschrieben habe. Das Original stammt aus Tonkin (Balansa leg. 1888). Es ist eine ziemlich grosse Pflanze (Lobi ca. 800 μ × 650 μ) mit einer langen, sehr deutlichen, basal manchmal mehrere Zellen breiten, grosszelligen Linea und zahlreichen kleineren Ocellen. Die Linea erreicht $^2/_3$ der Lobuslänge. Lobi nicht zugespitzt. Die Lobuli stehen meistens etwas vom Stamm ab .Die Amphigastrien sind fünfmal so breit wie das Stämmchen und tragen spitze, nicht verlängerte Lappen. *Frullania Makinoana* Steph. unterscheidet sich durch kleinere Lobi — am Original erreichen sie eine Länge von 600 μ — welche manchmal etwas zugespitzt sind. Die Amphigastrien sind nur dreimal so breit wie die Stämmchen. Ozellen fehlen fast völlig, nur in einigen Blättern findet man 1—3 Ozellen, dagegen beobachtet man bei *Frull. Balansae* in allen Lobi eine grössere Anzahl. Schliesslich wäre noch zu erwähnen, dass die Appendicula antica bei der kleineren *Frull. Makinoana* besser entwickelt sind, als bei der grösseren *Frull. Balansae.* Hierher gehört auch meine fo. *obtusiloba*

von *Frullania moniliata* ssp. *obscura* aus den Symbolae Sinicae V
(1930). — T o n k i n, H o n g k o n g, F u k i e n.

3. Frullania Makinoana Steph. 1897, Bull. Herb. Boiss. V: 89;
1911, Spec. Hepat. IV: 551; Evans 1906, Proc. Wash. Ac. Sc. VIII:
159; Horikawa 1929, Sc. Rep. Tohoku Imp. Univ. IV, IV: 68; Verd.
1932, de Frull. X: 495. A b b i l d.: Horikawa l.c., Text-Fig. 6:
1—8. Eine endemische, nicht sehr häufige Art, gut gekennzeichnet
durch die lange Linea, das Fehlen von Ocellen, die manchmal etwas
zugespitzten Lobi, die nie dem Stamme zugewendeten Lobuli, die
rundlichen (dreimal so breit wie der Stamm) Amphigastrien und die
etwas entwickelte Blattappendicula. Am nächsten mit *Frull. Balansae* verwandt, auch aber mit Vorsicht von bestimmten Formen
von *Frull. moniliata* zu unterscheiden. — J a p a n.

4. Frullania Alstonii Verd. 1930, Ann. Bryol. Syppl. Vol. I:
76; 1932, de Frull. IX: 58. A b b i l d: Verd. 1930 l.c. fig. 110.
S y n.: *Frullania punctata* Reim. 1932, Hedwigia 71: 36; Vergl. auch
Z w i c k e l 1932, Beih. Bot. Zentralbl. XLIX, Abt. I, S. 638. Das
spärliche Originalmaterial von *Frullania Alstonii* stammt von Ceylon, es handelt sich um eine lepto-mesoderma colorata mod. mit
besonders an den Ästen, nach innen gekrümmten Lobuli. Lobi etwa
400 μ im Durchmesser, mit 20—30 deutlich differenzierten, durch das
ganze Blatt verbreiteten, durch Grösse kaum von den anderen Zellen
zu unterscheidenden, nicht sehr stark gefärbten Ocellen. Auch kommen stets Ocellen an den Lobulus-Bases vor (3—5 dicht bei einander)
Die Linea ist deutlich entwickelt, 5—7 Zellen lang, in einer meistens
einzelligen Reihe. Merkwürdig ist, dass die Ocellen sich nach mehreren
Jahren stärker färben. Im Jahre 1929, als ich die Pflanzen beschrieb
und zeichnete, waren sie kaum oder nicht zu unterscheiden (vergl.
die Diagnose), heute treten sie sehr deutlich hervor. An verschiedenen
Stämmen bestehen aber grosse Unterschiede in der Ocellen-Bildung.
Später sammelte ich dieselbe Art am G. Ophir in Johore auf der malayischen Halbinsel. Es ist eine kleinblättrige, reich verzweigte
Pflanze (mesod. col. mod.) mit verhältnismässig länglicher Linea und
wenigen Ocellen. Eine von MERRILL 1917 in Kwantung gesammelte
Pflanze gehört auch zweifellos hierher, sie stimmt in jeder Hinsicht
gut mit dem Typus überein, nur ist die Linea länger (7—9 grosse

Zellen). Das Originalmaterial von REIMERS' *Frullania punctata* aus Kwangsi scheint mir eine kleinblättrige zarte Form derselben Art zu sein. Ursprünglich war ich anderer Auffassung und in de Frull. X: 495 (1932) führte ich sie als eigene Art an. Dies beruhte aber auf der falschen Annahme, dass Ocellae bei *Frull. Alstonii* nicht vorkommen, und auch heute glaube ich nach Untersuchung der Variabilität vieler Moniliatae aus Europa und USA, dass man der Länge der Linea nie zu grossen Wert als Unterscheidungsmerkmal beimessen darf. REIMERS l.c. S. 37 bemerkt, dass die „moniliate" Reihe bei *Frull. punctata* fehlt, dies trifft auch für mehrere Lobi zu, bei anderen findet man aber eine aus 2—4 Zellen zusammengesetzte sehr deutlich ausgebildete Linea. In de Frull. VII, Ann. Bryol. Suppl. vol. I: 76 habe ich *Frull. Alstonii* mit *Frull. moniliata* und zweimal mit *Frull. densiloba* verglichen, es handelt sich hier aber um einen störenden Druckfehler, wo *Frull. densiloba* zum zweiten Mal genannt wird, ist *Frull. Makinoana* gemeint. — C h i n a , C e y l o n , J o h o r e .

5. **Frullania densiloba** Steph. nom. nud. 1901 in Yoshinaga, Bot. Mag. Tokyo XV: 91; 1911, Spec. Hepat. IV: 549; Evans 1903, Proc. Wash. Ac. Sci. VIII: 157; Horikawa 1929, Sc. Rep. Toh. Imp. Univ. IV, IV: 60; Reim. 1931, Hedwigia 71: 38. A b b i l d u n g e n : Evans 1903 l.c., Tab. VIII: 12—22; Horikawa 1929, l.c. Text-Fig. 1: 1—15. — Eine häufige, wahrscheinlich endemische Art. Leicht zu unterscheiden durch die kurze (3—7-zellige) Linea, welche ventral meistens durch die Lobuli bedeckt wird, durch das Fehlen von Ozellen und die schmalen, länglichen Amphigastrien, welche kaum breiter als der Stamm, bis $^1/_3$—$^1/_2$ eingeschnitten und mit stumpf zugespitzten Lappen versehen sind. Wohl am nächsten verwandt mit *Frullania Alstonii*, welche durch die Anwesenheit zahlreicher Ozellen und eine meistens längere Linea deutlich und sicher zu unterscheiden ist. Von *Frullania densiloba* kennen wir die ♀ und ♂ Infl. (auch die Brutkörper), es ist eine diözische Art; von *Frull. Alstonii*, welche wahrscheinlich auch diözisch ist, kennen wir nur die ♂ Infl. Siehe auch unter *Frull. aoshimensis*. — J a p a n .

6. **Frullania aoshimensis** Horik. 1929, Sc. Rep. Toh. Imp. Univ. IV, IV: 64. A b b i l d u n g e n : Horik. 1929 l.c. Text.-Fig. 4: 1—10 und 5: 1—10. S y n o n .: *Frullania tsukushiensis* Horik.

1929 l.c. S. 66. Eine gute, wahrscheinlich endemische Art. Steht *Frull. densiloba* am nächsten, unterscheidet sich aber nach HORIKAWA l.c. S. 60 durch: „antical lobes non decurved, ocelli long, more than 9 cells long, lobule of stamm separated from it by about equal its own width; lobule of branch subparallel, forming with the stem an angle of less than 15°." Die Pflanze ist tatsächlich durch die längere, manchmal zwei Zellen breite, ventral keineswegs durch die, weit vom Stamm abstehenden, Lobuli bedeckte Linea, durch das Fehlen von Ocellen, durch die Amphigastrien, welche kaum breiter sind als der Stamm und zugespitzte Läppchen aufweisen, gut charakterisiert. Bei *Frullania densiloba* sind die Lappen der Amphigastrien kürzer (man vergleiche besonders die amphig. int. der ♀ Infl.). Weiter führt HORIKAWA noch als Unterscheidungsmerkmal an, dass die Lobuli bei *Frull. aoshimensis* niemals dem Stamme zugewendet sind. Diesem Merkmal darf man bei den kleinen *Thyopsiellae* nie spezifische Bedeutung zumessen, denn sie können fast immer in Modif. mit den, dem Stamme zugewendeten Lobuli (besonders ramulini) auftreten. Ausser *Frull. aoshimensis* hat HORIKAWA l.c. noch eine andere *Thyopsiella* als *Frull. tsukushiensis* beschrieben. Beide Sippen sind aber unmöglich von einander zu trennen. *Frull. aoshimensis* ist eine mod. leptoderma-viridis und *Frull. tsukushiensis* eine mod. mesod. colorata von ein und derselben Art. Die Unterschiede, die HORIKAWA l.c. S. 60 für beide Arten angibt, sind ohne Bedeutung und beruhen auf den verschiedenen Standorten der beiden Exemplare. *Frull. aoshimensis* wäre nur mit *Frull. densiloba* oder *Frull. Alstonii* zu verwechseln, die Unterschiede der ersten Art sind oben schon angegeben, die letztere hat zahlreiche Ocellen in den Lobi, vom Stamm weniger abstehende Lobuli, kürzere Amphigastrien mit weniger zugespitzten Lappen. — J a p a n.

2. Über Linea und Oelkörper

GOTTSCHE war der erste, der auf den Zusammenhang zwischen Ölkörper und Linea moniliformis hinwies (Vergl. K. MÜLLER 1915, Leberm. in Rabenh. Krypt. Fl. II: 605.) So lange unsere wesentlichen Kenntnisse über die Oelkörper, ihr Entstehen und ihre eventuelle Bedeutung im Stoffwechsel noch immer in den Kinderschuhen stecken, lässt sich über die Linea und die Ocellen der Frullanien nicht viel sagen.

Es ist hier nicht angebracht, eine Übersicht über die Ölkörper-Literatur zu geben. Nur möchte ich hinweisen auf eine etwas verschollene Arbeit von P. DOMBRAY 1926, Contribution à l'étude des corps oléiformes des environs de Nancy (Diss. Nancy). Die alte Hypothese GARJEANNE's über die Vakuolennatur der Ölkörper wird hier ausführlich verteidigt. Weiter beschreibt DOMBRAY dass die Entwicklung der Ölkörper durch die Intensität der Beleuchtung, durch monochromatisches Licht verschiedener Wellenlängen, durch Feuchtigkeit und sogar durch die Temperatur stark beeinflusst wird.

Diese Ergebnisse widersprechen anderen neuen Untersuchungen und bedürfen einer näheren Nachprüfung. Bemerkenswert sind auch die Angaben des Verfassers über Lebermoose fressende Schnecken.

BERGDOLT 1926 (Unters. an Marchantiaceen, Botan. Abh. X: 17—23) lässt bei *Preissia* die Oelkörper aus Chondriosomen entstehen; GAVAUDAN 1930 (Rech. sur la Cellule des Hépat., Le Botaniste XXII: 110 ff.) aus kleinen Öltröpfchen (ergastome mobile), welche zum Cytoplasma gehören sollen. Ob man diese beide Theorien mit ZWICKEL 1930 (Studien über die Ocellen der Lebermoose, Beih. B.C. XLIX: 594) für identisch halten darf, scheint mir kaum wahrscheinlich.

Weiter möchte ich ganz besonders aufmerksam machen auf die Beobachtungen in den verschiedenen Arbeiten von BUCH, besonders 1922, die Scapanien Nordeuropas und Sibiriens, Comm. Biol. Soc. Sc. Fenn. I: 4, Sep. S. 19.

Für eine bessere Kenntniss des Stoffwechsels von fetten und aetherischen Ölen bei den Moosen wären Studien an Laubmoosen (vergl. z.B. die Dissertation von MOTTE und LORCH's Anatomie der Laubmoose in Linsbauer 's Handb. II²) und vielleicht auch an Farnprothallien sehr notwendig. Seit LOHMANN, KARL MÜLLER, JÖNSSON und OLIN hat man dreissig Jahre lang so wenig über die Chemie der Lebermoose gearbeitet, dass man über die Bedeutung mehrerer zytologischer Beobachtungen der letzten Jahre noch völlig im Unklaren ist. Zu einer gründlichen Lösung der verschiedenen Ölkörper-Fragen benötigen wir neue chemische Untersuchungen, besonders solche zu verschiedenen Jahreszeiten, und an mehreren Arten vorgenommene Untersuchungen der jungen Zellen durch Bryologen, welche über eine gute Chondriosomen- und Vitalfärbetechnik verfügen.

Erst dann werden wir auch Näheres über die Ocellen (und Linea) der Frullanien erfahren können. Einige interessante Daten verdanken wir ZWICKEL (1932 l.c.). Er hat uns gezeigt, dass zwischen den Ocellen den Lejeuneaceen und Frullaniaceen wesentliche Unterschiede bestehen.

Die Mittellamelle der Lejeuneaceenocellen zeigt niemals eine sekundäre Auflagerung (färbt, sich daher auch nicht mit Pektinreagentien), während diese bei den Frullaniaceenocellen gut entwickelt sind und sich mit Pektinreagentien deutlich färben. Auch im Inhalt der Ozellen bestehen Unterschiede zwischen Frullaniaceen und Lejeuneaceen. Die gewöhnlichen Zellen der Jungermanieae und der meisten Jubuleae enthalten bekanntlich Ölkörper, welche aus ätherischen Ölen bestehen. In den Ocellen der *Tamariscineae* kommt es aber allmählich zur Bildung von Ölkörpern, welche „noch etwas zur Hälfte ein fettes Öl" enthalten. ZWICKEL 1930 l.c. S. 581 teilt über die Zellen der Tamariscineae Folgendes mit: „Diese Zellen enthalten sowohl ätherischen als auch fetten Öl. In noch sehr jugendlichen Blättern ist in allen Zellen nur aetherisches Öl enthalten und erst allmählich wird die linea moniliata heraus differenziert. Da in den Zellen der noch nicht völlig ausgebildeten Linea die Ölkörper auffallen, konnte GOTTSCHE schreiben (zitiert nach K. MÜLLER II: 605): Untersucht man die jüngeren Blätter der Terminalknospe, so findet man leicht die linea moniliformis wieder und sieht dann in verschiedenen Zellen, dass die Ölkörper hier sich erst vergrössern, dann sich aneinanderlegen .... und schliesslich zu einem graulichen Klumpen sich verbinden, der durch seine Grösse die Zellen ausdehnt". Ich konnte gut feststellen, dass es nicht die gewöhnlichen Ölkörper sind die für die Bildung der linea moniliformis verantwortlich gemacht werden müssen, sondern dass es der zweite in ihnen sich allmählich bildende Stoff ist, den ich als Fett identifizieren konnte: der Inhalt der cellulae intermediae verhielt sich folgendermassen: Eisessig löste nur einen Teil des Inhaltes (etwa die Hälfte). Dieser selbe Teil wurde durch rauchende HNO_3 blasig. Der andere Teil, der um der ersteren herumgelagert ist, war verseifbar, löste sich nicht in Eisessig, aber in absol. Akohol (zwar langsam!) und wurde von rauchender HNO_3 nicht angegriffen. Es lässt sich also daraus für *Frullania* schliessen: Alle Laminazellen bilden ätherische Ölkörper. Nur die cellulae intermediae enthalten daneben noch etwa zur Hälfte ein fettes Oel".

Die Ocellen der Lejeuneen bestehen aber meistens nur aus Fett (Ocellitin), seltener wird auch noch etwas ätherisches Öl gebildet. ZWICKEL konnte in den Ocellen der Lejeuneen niemals Ölkörper auffinden (während diese bei jungen *Frullania*-Ocellen sehr deutlich sind). Die oben geschilderten Unterschiede zwischen *Frullaniaceen*- und *Lejeuneaceen*-Ocellen drückt ZWICKEL auch dadurch aus, dass er bei *Frullania* nicht mehr von Ocellen sondern von „cellulae intermediae" spricht, hierzu liegt jedoch gar kein Grund vor.

ZWICKEL gibt auf Seite 590—591 eine, auch für die Frullanien sehr brauchbare Nomenklatur für die Verteilung der Ocellen im Blatt. Er unterscheidet:

1. d i s t r i b u t e O c e l l e n (O. mehr oder weniger regellos über die Blattlamina verstreut).

2. s e r i a t e O c e l l e n (O. durchziehen das Blatt medial in einer unterbrochenen Reihe).

3. m o n i l i a t e O c e l l e n (O. axial aneinander gereiht).

4. s u p r a b a s a l e O c e l l e n (eine bis mehrere O., von der Blattinsertion entfernt, aber doch noch im Bereich des Lobulus).

5. b a s a l e O c e l l e n (ein einziger Ocellus an der Blattbasis).

6. g e m i n a t e O c e l l e n (zwei basale Ocellen).

7. a g g r e g a t e O c e l l e n (mehr als zwei O. an der Blattbasis).

Mehrere dieser Typen finden wir bei den Frullanien, besonders die Typen 1—3. Weiterhin beschäftigt sich ZWICKEL's Arbeit besonders mit der Bedeutung der Ocellen für die Systematik der Lejeuneen und kommt zusammenfassend zu den folgenden Ergebnissen:

1. Die Ocelli sind in Zahl, Grösse, Anordnungsmodus und Typus und z.T. auch im Auftreten in anderen Organen weitgehend konstant.

2. Es bestehen Beziehungen zwischen Ocelli und Blattform. Die Beziehungen des Ocellus zu den übrigen Teilen der Pflanze zu untersuchen, bleibt aber einer Monographie überlassen.

3. Die Ocelli geben dem Systematiker ein gutes Mittel an die Hand, seine Arten abzugrenzen und bestimmte Arten zu identifizieren.

4. Die Ocellen schwanken in ihrem systematischen Wert.

Was nun die Frullanien angeht, so lässt sich bemerken, dass wir den Ocellen hier nie eine zu grosse Bedeutung beimessen dürfen. Bei bestimmten Arten sind Zahl, Grösse und Anordnung recht konstant, für andere Arten nur die Anordnung, es gibt aber Arten, die mit einer Linea und mit Ocellen, oder nur mit einer Linea, oder nur mit Ocellen, oder ohne Ocellen vorkommen können. Da bei *Frullania* die Ocellen nur in einer Sektion auftreten, lässt sich über eine Korrelation zwischen Ocellen und Lobusform nicht viel sagen.

DE FRULLANIACEIS XVII

Über neue Frullania-Sammlungen und die Verbreitung der Jubuleae

1. Neue Frullania-Sammlungen.

Seit der Veröffentlichung von de Frull. X erhielt ich noch mehrere asiatische Sammlungen, besonders von P. RICHARDS (Oxford Expedition nach Sarawak) und von Rev. und Frau CLEMENS (Mt. Kinabalu, B.N. Borneo). Die letzte Sammlung wurde mir vom Buitenzorger Herbar zugeschickt, es handelte sind hauptsächlich um von Anthophyten getrennte Pröbchen. Vom Reichsherbar in Leiden erhielt ich einige von ELBERT auf den kleinen Sunda-Inseln gesammelte Arten, von Dr. FOREAU S. J. neue Sammlungen aus Vorderindien usw. Besonderen Dank schulde ich noch Dr. M. A. Howe von den New York Botanical Gardens, der noch einige verschollene MITTEN'sche Typen für mich entdeckte.

Die folgende Liste enthält ausser einigen Bemerkungen nur Angaben neuer Standorte.

1. **Jubula Hutchinsiae** (Hook.) Dum. subsp. **javanica** (Steph.) Verd. — B. N. B o r n e o: Mt. Kinabalu, Penibukan, 4—5000′, J. and M.S. Clemens I. 1933; S a r a w a k: P. Richards 1932 (2608). J a v a: Res. Batavia, G. Salak II, 2100 m, van Steenis 1929.

2. **Frullania (Trachycolea) acutiloba** Mitt. — V o r d e r i n d i e n: Shembaganur, Palni Hills, 6000′, Foreau 1931.

3. **Frullania (Trachycolea) nepalensis** (Spr.) L. et L. — S i a m: Pu Bia, ca 2800 m, on shrubs in low evergreen, Kerr IV. 1932.

4. **Frullania (Trachycolea) ornithocephala** (R., Bl., N.) Nees — B. N. B o r n e o: Mt. Kinabalu, Tenompok, 5000′, J. and M. S. Clemens 1931—1932; Holttum XI. 1931; idem, Penibukan, 4000—5000′, J. and M. S. Clemens 1931—1932; J a v a: Res. Batavia, G. Semboeng, 1450 m, van Steenis IX. 1932; L o m b o k: Rindjani

Vulkangebirge, Monsun Hochwald, 1400—1650 m, Elbert V. 1909; idem, Kraterseegebiet, Casuarinenwald, 1975—2100 m, Elbert V. 1909; C e l e b e s: N. Cel., Tonsea Hama, 700 m, S. K. H. Leopold III am 20 und 25. II. 1929; S. Cel., Pik v. Bonthain, 2850 m, Warburg XI. 1888; Bünnemeyer VI. 1921.

5. **Frullania (Trachycolea) pusilla** Mitt. 1873, Fl. vitiensis p. 417; Verd. 1930, de Frull. VIII: 163. Beim Ordnen von MITTEN's Herbar wurde das Original in New York gefunden. Es handelt sich um eine gewöhnliche Kümmerform von *Frullania squarrosa*. STEPHANI hat (Spec. Hepat. IV: 675) die Originaldiagnose falsch übernommen. Meine Bemerkung in de Frull. VIII bezieht sich auf STEPHANI's Zitat, nicht auf die Originaldiagnose.

6. **Frullania (Trachycolea) physantha** Mitt. — H i m a l a ya: Darjeeling, Setchell 1904.

7. **Frullania (Trachycolea) squarrosa** (R., Bl., N.) Dum. — S u m a t r a: S.W.K., Alahan Pandjang, 1450 m, Arens V. 1930; L o m b o k: Rindjani Vulkangeb., Monsun Hochwald, 1400—1650 m, Elbert V. 1909; idem, Gebirgsbusch im Barranco der Rindjani Caldera, 2400—2650 m, Elbert V. 1909; idem, Casuarinenwald, 1975 —2700 m, Elbert V. 1909;

fo. **ericioides** (Nees) Verd. — - Nord Formosa, Warburg 1887.

8. **Frullania (Chonanthelia) galeata** (R., Bl., N.) Dum. — S u m a t r a: S.W.K., Alahan Pandjang, 1450 m, Arens V. 1930.

9. **Frullania (Chonanthelia) neurota** Tayl. — V o r d e r i n d i e n: Shembaganur, 6000', Foreau 1932.

10. **Frullania (Chonanthelia) Wallichiana** Mitt. — S u m a t r a: S.O.K., Tongkoh bei Brastagi, 1450 m, Arens IV. 1930.

11. **Frullania (Thyopsiella) apiculata** Auct. — S u m a t r a: am Toba-See, 2000 m, Hagerup IX. 1916; 1600 m, S.K.H. Leopold III am V. 1929; Benkoelen, Bt. Daoen, 1300 m, de Voogd IV. 1932; B. N. B o r n e o: Mt. Kinabalu, Tenompok, 5000', J. and M.S. Clemens 1931—1932, eine rein epiphylle, stumpfblätterige Fo. der sogenannten var. *Goebelii* Schffn.; idem, Kinataki River, 9000', J. and M. S. Clemens III. 1933, fast stumpfblättrige pachyd. col. mod.!; S a r a w a k: Near Long Kapa, Ulu Tinjar, under 300 m, Richards X. 1932; diese Pflanze hat fast eine echte Vitta bas. entwickelt; N. N e u - G u i n e a: Doormantop, 3500 m, H. J. Lam VIII. 1920; F i d s c h i-I n s e l n: Namosi, 1150 m, Gillespie 1927. —

Man beachte die verschiedenen Höhenangaben und vergleiche diese mit den zentralindomalayischen.

12. **Frullania (Thyopsiella) Gaudichaudii** Nees et Mont. — W. J a v a; Nirmala, 1500 m, Backer XII. 1913; M a l. H a l b- i n s e l: Pahang, Tembeling, Holttum IV. 1931; S a r a w a k: Marudi (Claudetown), under 300 m, trunks of trees and on shrubs in undergrowth of heath forest, Richards VII. 1932; P h i l i p p i n e n: Capiz Prov., Panay, Edanno 1925; Camiguin Island, Babuyanes, Edanno 1930.

13. **Frullania (Thyopsiella) Hasskarliana** Lindenb. — B. N. B o r n e o: Kamborangah, 7250', Holttum XI. 1931; Mt. Kinabalu, Marai Parai Spur, 5500', M.S. Clemens XI. 1915 und 1933; idem, Penibukan, 4000—5000', J. and M. S. Clemens 1931. — Wie ich in de Frull. X: 494 schon bemerkte, ist *Frull. Hasskarliana* in Borneo scharf von *Frull. serrata* zu unterscheiden. Sie tritt dort in verschiedenen Formen auf, wovon einige mit Vorsicht von *Frull. ternatensis* zu trennen sind. Es gibt auch kurze, wenig verzweigte Pflanzen in pachyd. col. mod. mit mamillös vorgewölbten Zellwänden. Die ♀ Infl. stehen terminal an nur wenige Blattpaare langen Seitenästen. Die Involucralblätter sind reichlich fein gezähnt, die Perianthkiele glatt.

14. **Frullania Meyeniana** Lindenb. — B. N. B o r n e o: Mt. Kinabalu, Marai Parai, 5000—5500', J. and M. S. Clemens III. 1933; O s t j a v a: Pasoeroean, G. Semeroe, bei Ranoe Daroengan, 800— 1200 m, Fr. Verdoorn VI. 1930.

15. **Frullania moniliata** (Rw., Bl., Nees) Dum. subsp. **obscura** Verd. — V o r d e r i n d i e n: Kodaikanal, 7000' (on moist ground), Foreau 1931.

16. **Frullania (Thyopsiella) serrata** Gottsche — B. N. B o r- n e o: Mt. Kinabalu, Penibukan, 4000—5000', J. and M. S. Clemens XII. 1932; S a r a w a k: Ulu Tinjar, near Long Kapa, under 300 m, Richards II. 1932; L o m b o k: Rindjani-Vulkangebirge, Gebirgsbusch, 2100—2600 m, Elbert 1909.

17. **Frullania (Thyopsiella) trichodes** Mitt. 1862, Bonplandia X: 19; 1873, Fl. vitiensis, p. 417; Verd. 1930, de Frull. VIII: 169. — Dank der Hilfe von Dr. Howe konnte ich nun das Original aus Mitten's Herbar untersuchen. Es handelt sich um eine zarte *Frull. apiculata*, das ♀ Involucrum ist nicht vollkommen ganzrandig, wie

dies bei manchen Ffo. von *Frull. apiculata* vorkommt, „spinuloso-
dentatum" ist es aber auch nicht (vergl. die Originaldiagnose).

18. **Frullania (Meteoriopsis) tenuicaulis** Mitt. — B. N. B o r-
n e o: Mt. Kinabalu, Marai Parai Spur, M. S. Clemens XII. 1915;
S a r a w a k: G. Laiun, Sungei Balapau, Ulu Tinjar, 900—1100 m,
hanging from branches in rain forest on crest of ridge, Richards II.
1932.

19. **Frullania (Meteoriopsis) ternatensis** Gottsche. — - J a v a:
Res. Batavia, G. Salak, 2100 m, Docters van Leeuwen IX. 1931;
S u m a t r a: am Toba-See, 2100 m, Hagerup IX. 1916; Dollok
Baroes, 1850 m, Arens 1930; S a r a w a k: Ulu Tinjar, Sungei Ba-
lapau, G. Laiun, 1100 m, Richards II. 1932; P h i l i p p i n e n:
Luzon, Mt. Lumutan, Ramos and Edano VII. 1917; F i d s c h i
I n s e l n: Summit of Vakarongasiu Mts., 900 m, Gillespie X. 1927.

20. **Frullania (Meteoriopsis) vaginata** (Sw.) Dum. — J a v a:
Res. Priangan, Boerangrang, Sitoe I.embang, 1500 m, van der Pijl
VIII. 1930; S u m a t r a: S. O. K., Dolok Baroes, 1700 m, Arens IV.
1930.

21. **Frullania (Diastaloba) claviloba** Steph. — S a r a w a k:
Dulit Ridge, on trunk of tree in exposed position in mossforest, ca
2 m from ground, 1400 m, Richards X. 1932.

22. **Frullania (Diastaloba) gracilis** (R., Bl., N.) Dum.: M a l.
H a l b i n s e l: Choa Chu Kang, Singapore, Holttum VI. 1930;
S a r a w a k: Ulu Tinjar, Long Kapa, on branches of tree, 35 m
from ground, under 300 m, Richards X. 1932; Dulit Ridge, Waterfall, 1100 m, sandstone boulders at foot of fall, Richards IX. 1932.

23. **Frullania (Diastaloba) Junghuhniana** Gottsche. — · B. N.
B o r n e o: Mt. Kinabalu, Kamburanga, 9000′, on Leptospermum,
J. and M. S. Clemens V. 1932; Upper Kinabalu, 11000′ and 12500′,
J. and M. S. Clemens I. 1932.

24. **Frullania (Diastaboba) Notarisii** Steph. — - B. N. B o r-
n e o: Penibukan, 4000—5000′, auf Äste und Blätter, J. and M. S.
Clemens 1931—1932. Hierher gehört *Frullania papulosa* Steph.

25. **Frullania (Diastaloba) picta** Steph. — - Ulu Tinjar, near
Long Kapa, on branches of tree, ca 20 m from ground, primary
forest, 250—300 m, Richards II. 1932. — Wenn *Frull. picta* und
Frull. Vethii wahrscheinlich auch nicht so nahe verwandt sind, wie
wir früher meinten (vergl. de Frull. X: 499), so bleibt es doch in-

teressant, dass wir die seltene *Frull. picta* nun wieder im selben Gebiet (wenn auch auf niedriger Höhe) finden, wie *Frull. Vethii.*

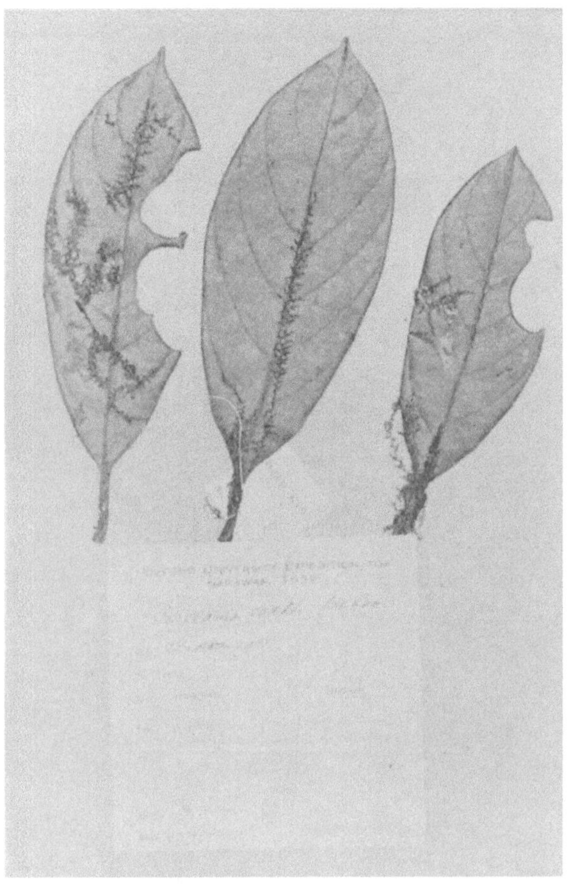

FIG. 8—10. — Habitusbilder von *Frullania Vethii.* — Fig. 8 und 9, S a r a w a k, Mt. Dulit IV, an schattigen Stellen im Mooswald, 1230 m, Richards (2174) 1932. — Fig. 8, Verkl. $^2/_5$.

26. **Frullania (Diastaloba) pulogensis** Steph. — N. B. B o r- n e o: Jungle Spur, Head of Kina Taki River, Mt. Kinabalu, on Leptospermum, 9000', J. and M. S. Clemens III. 1933.

27. **Frullania (Diastaloba) ramuligera** (Nees) Mt. — B. N.

B o r n e o: Mt. Kinabalu, Penibukan, 4000′, J. and M. S. Clemens
1931—·1932.

FIG. 9. — *Frullania Vethii*. Das mittelste Blatt aus Fig. 8
stärker vergrössert (ca ⁶/₅).

28. **Frullania (Diastaloba) sinuata** Sde Lac. — S u m a t r a:
Benkoelen, Bt. Daoen, 2400 m, de Voogd IV. 1932; M a l. H a l b-
i n s e l: Pahang, G. Tahan, 7000′, Holttum IX. 1928; P h i l i p-
p i n e n: Luzon, Mt. Bulusan, Elmer 1915.

29. **Frullania (Diastaloba) Vethii** Sde Lac. — N. B. B o r n e o:
Mt. Kinabalu, Marai Parai Spur, 6000′, J. and M. S. Clemens IV.

FIG. 10. — *Frullania Vethii* ($^2/_5\times$). — S a r a w a k, Mt.
Dulit IV, in offenem Mooswald, an Ästen und Zweigen,
1300—1400 m, Richards 1932 (1728).

1933; Penibukan, 4000—5000′, J. and M. S. Clemens 1931—1932;
Mt. Nunkok, 2500′ und 5000′, J. and M. S. Clemens IV. 1933; S a-
r a w a k: G. Dulit, Ulu Koyan, 800 m, Richards IX. 1932; Dulit

Ridge, epiphyllous, 9 m from ground, 1230 m., Richards X. ¹932; idem, on branches of shrub, 1400 m, Richards IX. 1932.

30. **Frullania (Homotropantha) integristipula** (Nees) Dum. — M a l. H a l b i n s e l: Kedah Peak, 3000', Holttum IV. 1925; S a r a w a k: Dulit Ridge, 1230—1400 m, epiphyllous on leaves in undergrowth of moss-forest, Richards X. 1932; G. Dulit, Ulu Koyan, 900 m, on tree trunk near the ground, "heath" forest, Richards X. 1932.

var. **emarginata** Verd. — S i a m: Laos, Pa Muku, Chieng Kwang, 1500 m, Kerr 1932.

var. **reflexistipuloides** Verd. — J a v a: Res. Priangan, G. Gede, über Tjibeureum, 1700 m, Fleischer V. 1913.

31. **Frullania (Homotropantha) intermedia** (Reinw., Bl., Nees) Dum. — M a l. H a l b i n s e l: Pahang, S. Sat., Henderson 1929; idem, Tembeling, Holttum IV. 1931; B. N. B o r n e o: Mt. Kinabalu, Penibukan, 4000—5000', J. and M. S. Clemens 1931— 1932; O s t b o r n e o: Boelongan, am Binai-Fluss, Frau Rutten 1914; S a r a w a k: Ulu Tinjar, 300 m, on trunks of lianes, Richards 1932; G. Dulit, Ulu Koyan, 800 m, Richards IX. 1932; N i e d e r l. N e u-G u i n e a: Perameles Bivak, 1100 m, Pulle 1912. — *Frull. bicornistipula* Steph., welche hierher gehört ist nicht ein nomen nudum (cf. de Frull. VII: 161), sie ist beschrieben in Hedwigia 28: 157 (1889).

32. **Frullania (Homotropantha) nodulosa** (R., Bl., Nees) Nees. — C h i n a: Hainan, Kheng tong, M. M. Moninger I. 1918; S a r a- w a k: native collectors of the Sarawak Museum, o. J.; Ulu Tinjar near Long Kapa, under 300 m, 25 m from ground, primary forest, Richards X. 1932; P h i l i p p i n e n: Palawan, Puerto Princesa, Mc Gregor 1925; Luzon, Rizal, Antipolo, Guerrero I. 1917; A r o e I n s e l n: Hj. Jensen 1922; S ü d o s t-C e l e b e s: I. Buton, Wasnemba, Strandwald mit Casuarinen auf Korallensand, 0—3 m, Elbert 1909; H o n d u r a s: Lauretilla Valley, 20—600 m, Standley 1928; S u r i n a m: Watramiri, leg. Boschwezen VII. 1922.

2. **Allgemeine Angaben über die Verbreitung der indomalayischen Frullaniaceae und Holostipae.**

Für die folgenden Angaben habe ich nur gut bekannte, taxonomisch nicht schwer abzugrenzende Arten, deren Verbreitung ich auch ausserhalb der Indomalaya möglichst vollständig studieren konnte, benutzt. Betrachtungen über, oder Analysen der Areale sind absichtlich nicht aufgenommen. Diese bleiben einem späteren Teil der Frullania-Studien, wenn die afrikanischen, neotropischen und fossilen Arten endgültig behandelt sind, vorbehalten.

Tragen wir nun die Verbreitung der oben angegebenen Gruppen von Frullaniaceen und Holostipae auf Karten ein, so finden wir von den Arten mit **c o n j u n k t e r   V e r b r e i t u n g :**

1. Nur sehr wenige **pantropische oder panpalaeotropische** Arten. Die wenigen, die es gibt, fehlen dann meistens doch noch in Queensland und kommen zum grössten Teil auch nicht auf Hawaii vor. Die grösste Verbreitung hat *Frullania squarrosa,* mit *Frullania nodulosa* (Fig. 12) die einzigen Arten der Frullaniaceen mit einem kontinuierlichen peritropischen Areal (Fig. 11). Dann kommt *Ptychanthus striatus* (Fig. 13), die in Ozeanien zwar nicht weit vordringt und in den Neotropen fehlt, aber auffallend weit nach den beiden Polen vordringt. Dasselbe Areal weist *Frullania serrata* (Fig. 14) auf, diese Art entfernt sich aber viel weniger weit vom Aequator.

2. **Kontinentalasiatische-indomalayische** Arten. Die Anzahl der hierher gehörenden Arten ist grösser als bei der vorigen Gruppe, sie ist aber viel kleiner als die der rein indomalayischen Arten; die Gruppe der indomalayisch-ozeanischen Arten ist dreimal so gross wie sie. Besonders wäre hervorzuheben, dass das Areal: Kontinentalasien — Indomalaya — Ozeanien nie vorkommt. *Thysananthus spathulistipus* (Fig. 15) und *Ptychanthus striatus* (Fig. 13) zeigen zwar eine derartige Verbreitung, sind jedoch beide viel weiter verbreitet. Das Areal der kontinentalasiat.-indomal. Arten ist nie sehr kontinuierlich, die hierhergehörigen Arten fehlen in Hinterindien und auf der Malayischen Halbinsel; sie kommen auf den Philippinen und meistens auch auf Borneo konstant vor; über ihr Vorkommen in Vorderindien und

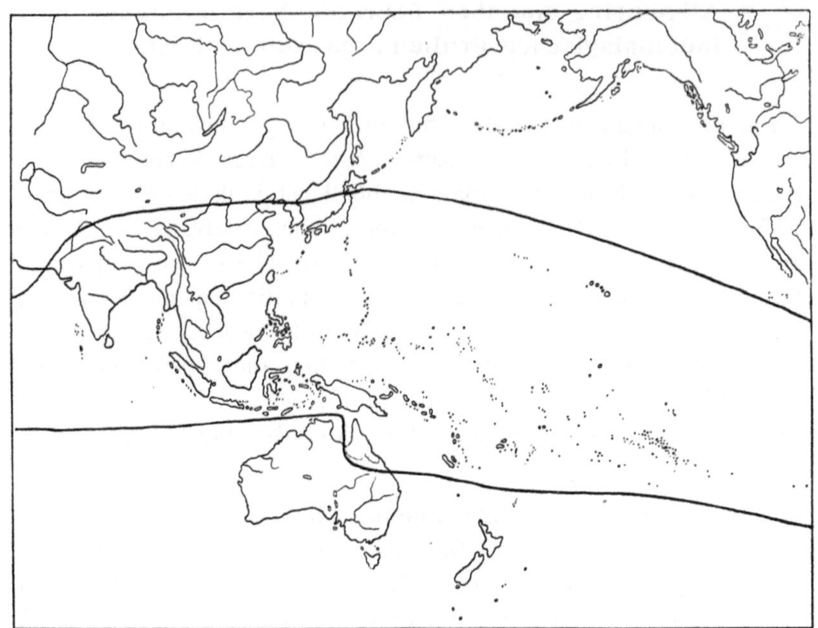

Fig. 11. — *Frullania squarrosa*

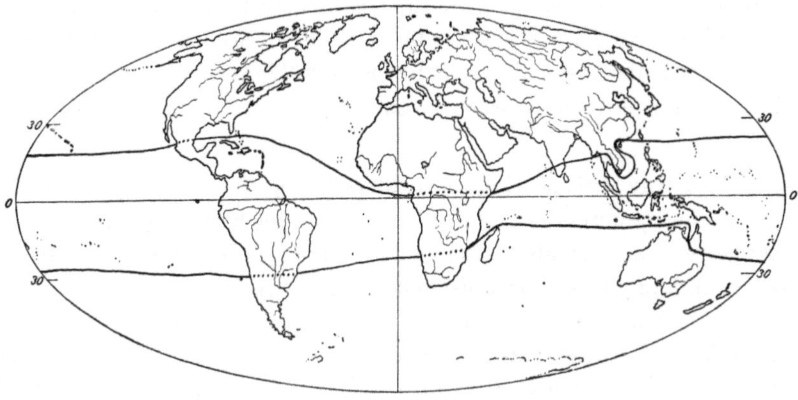

Fig. 12. — *Frullania nodulosa.*

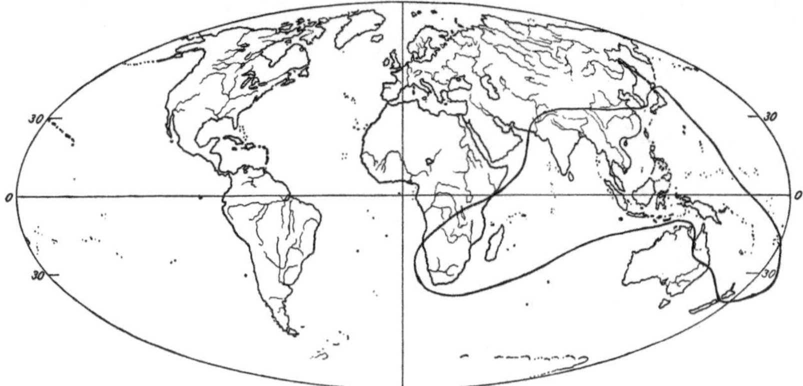

FIG. 13. — *Ptychanthus striatus.*

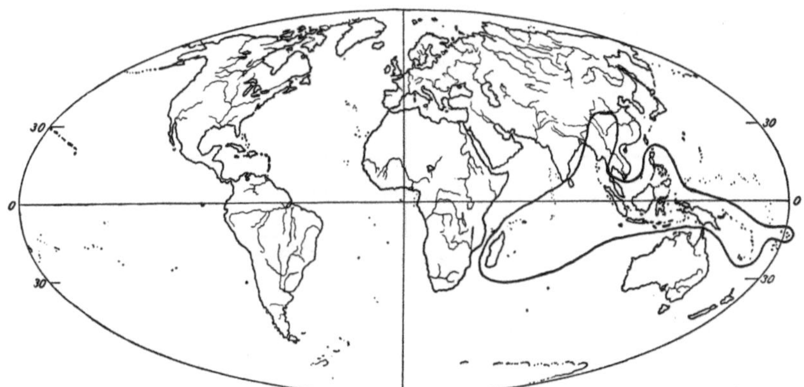

FIG. 14. — *Frullania serrata.*

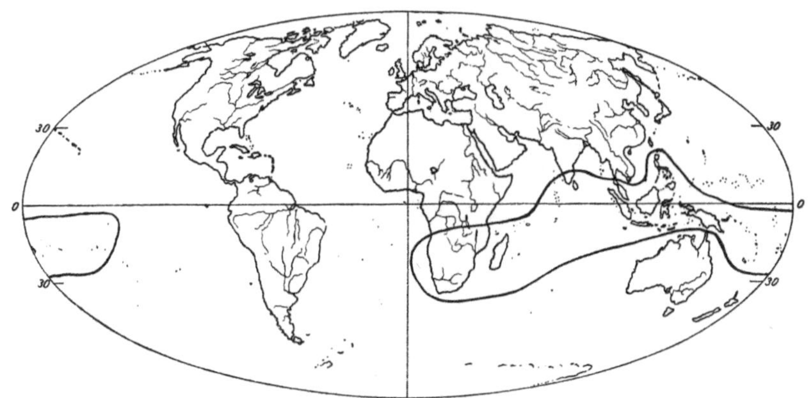

FIG. 15. — *Thysananthus spathulistipus.*

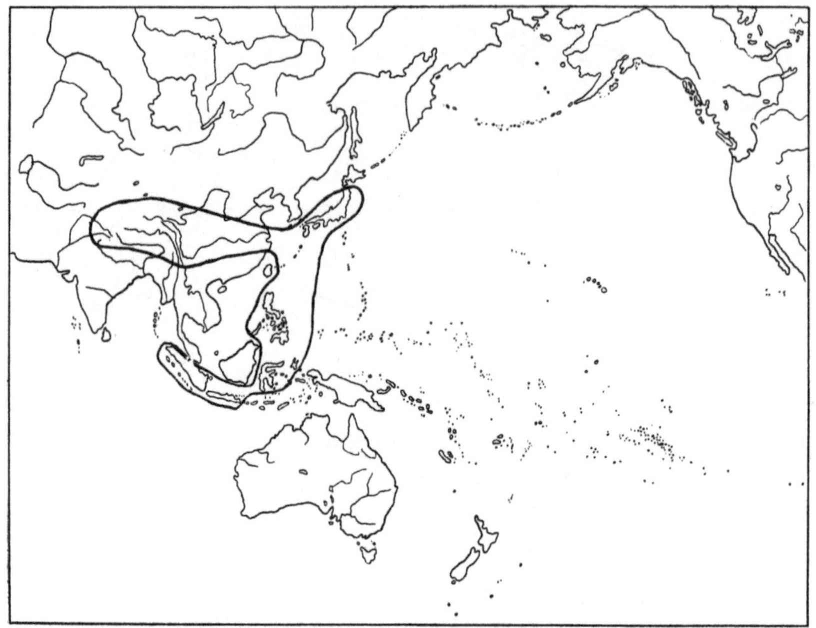

Fig. 16. — *Frullania nepalensis.*

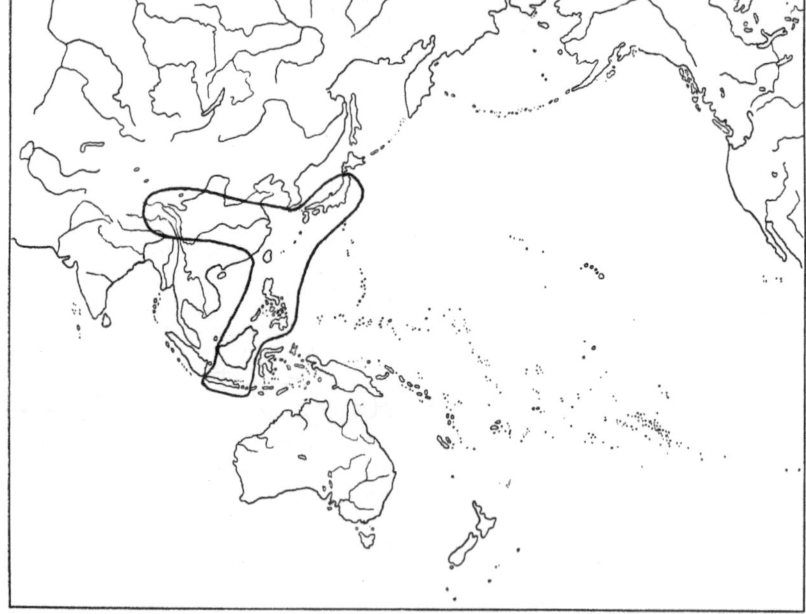

Fig. 17. — *Spruceanthus semirepandus.*

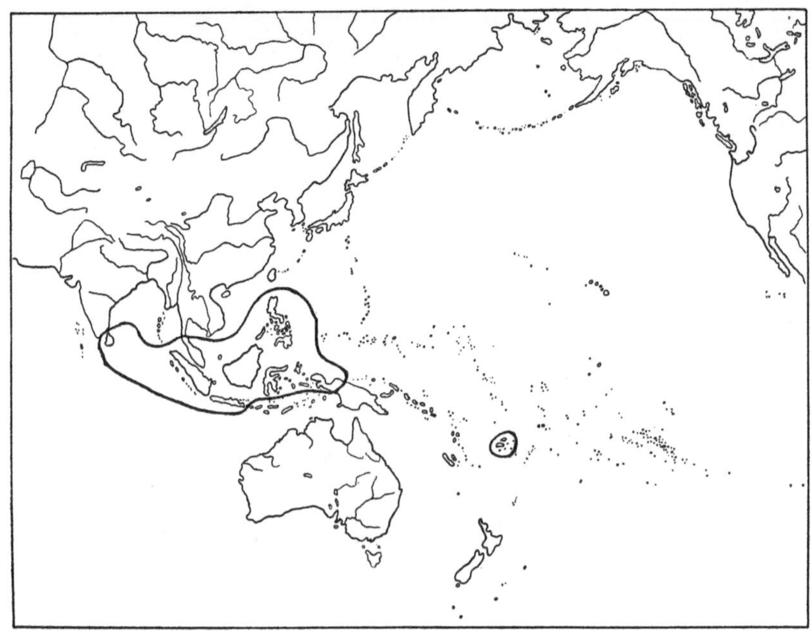

FIG. 18. — *Frullania ternatensis.*

FIG. 19. — *Frullania ornithocephala*

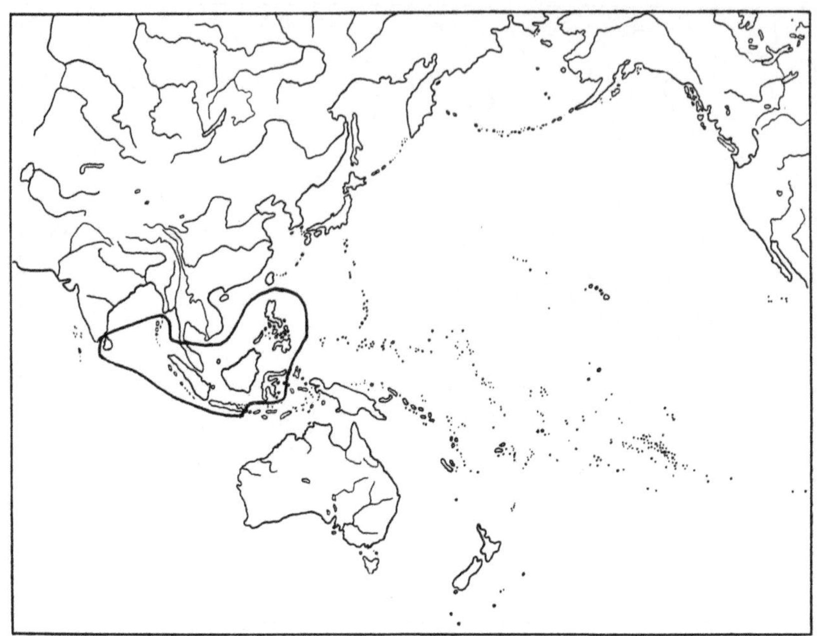

FIG. 20. — *Frullania gracilis.*

FIG. 21. — *Mastigolejeunea atypos.*

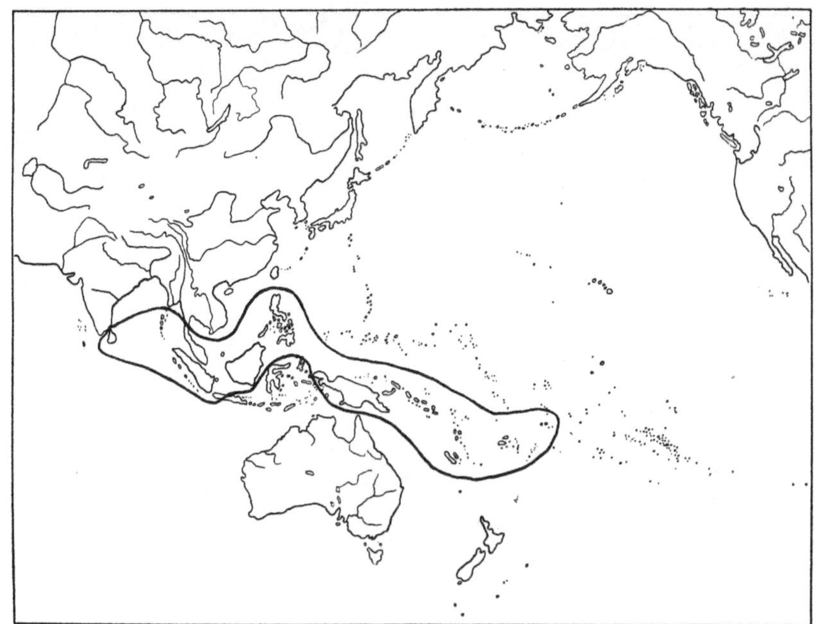

FIG. 22. — *Frullania intermedia.*

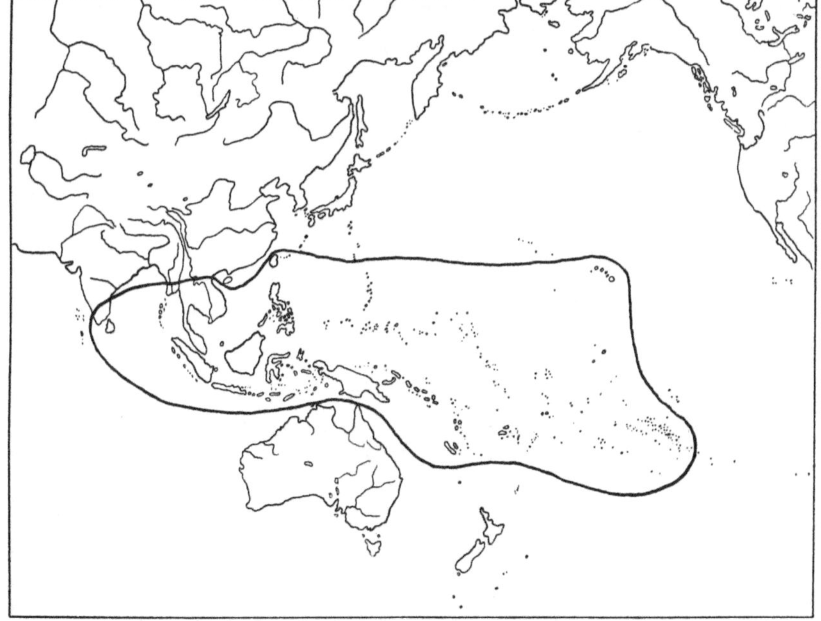

FIG. 23. — *Archilejeunea mariana.*

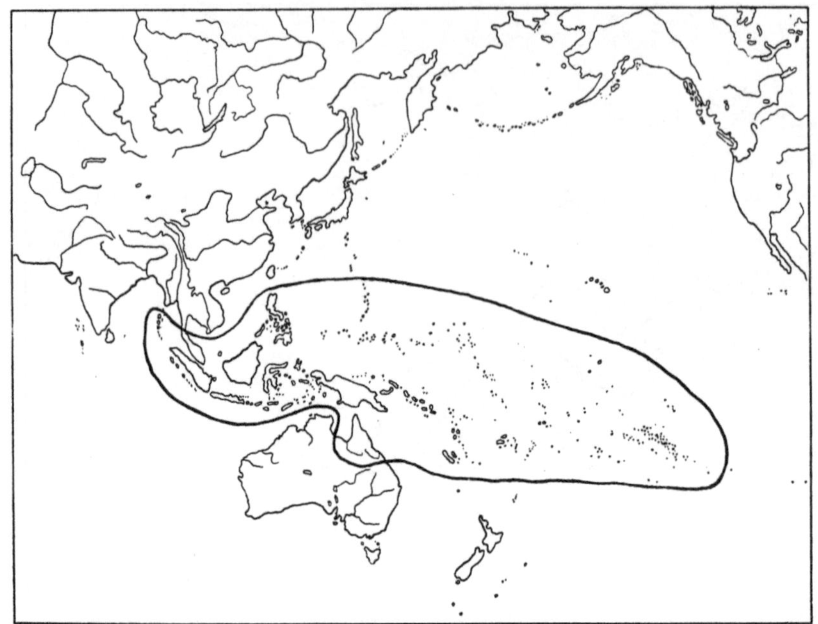

Fig. 24. — *Ptychocoleus Cumingianus.*

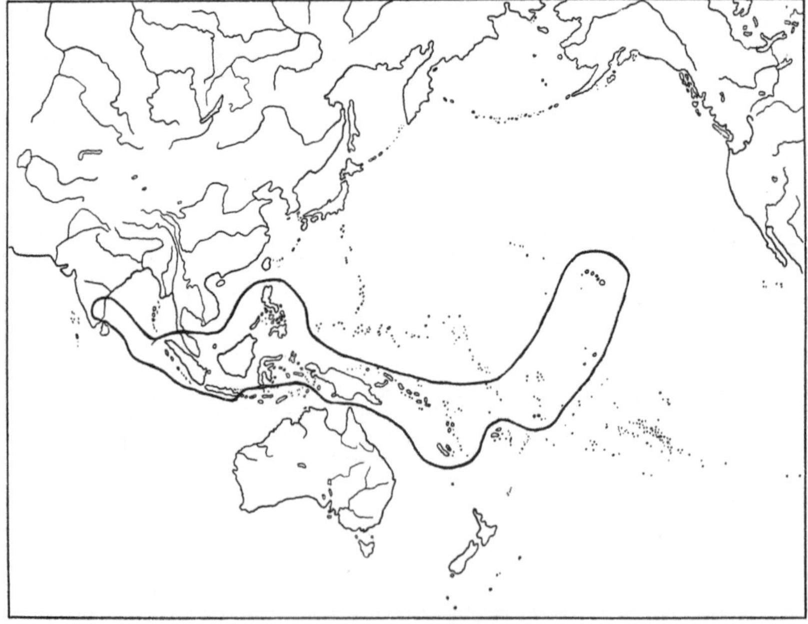

Fig. 25. — *Spruceanthus polymorphus.*

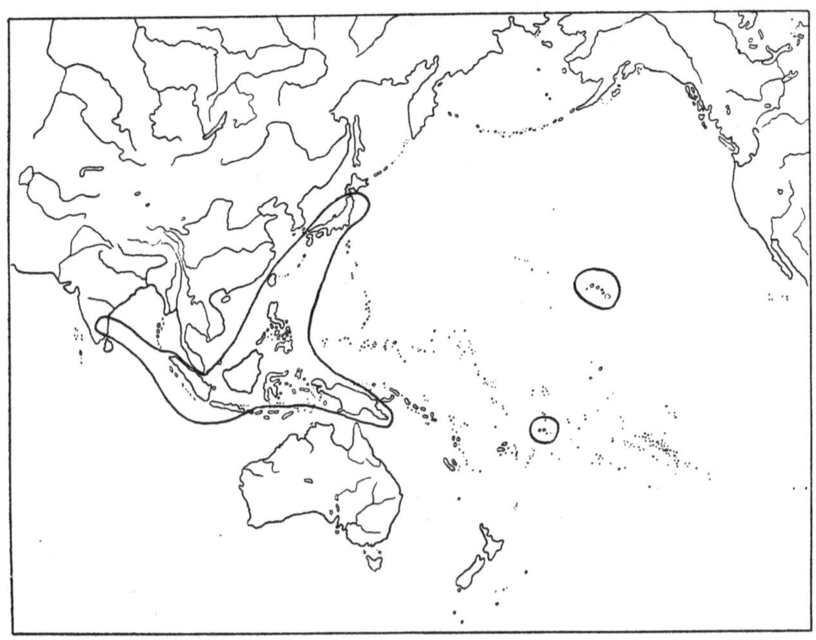

FIG. 26. — *Jubula Hutchinsiae* ssp. *javanica*.

FIG. 27. — *Leucolejeunea xanthocarpa* in Asien.

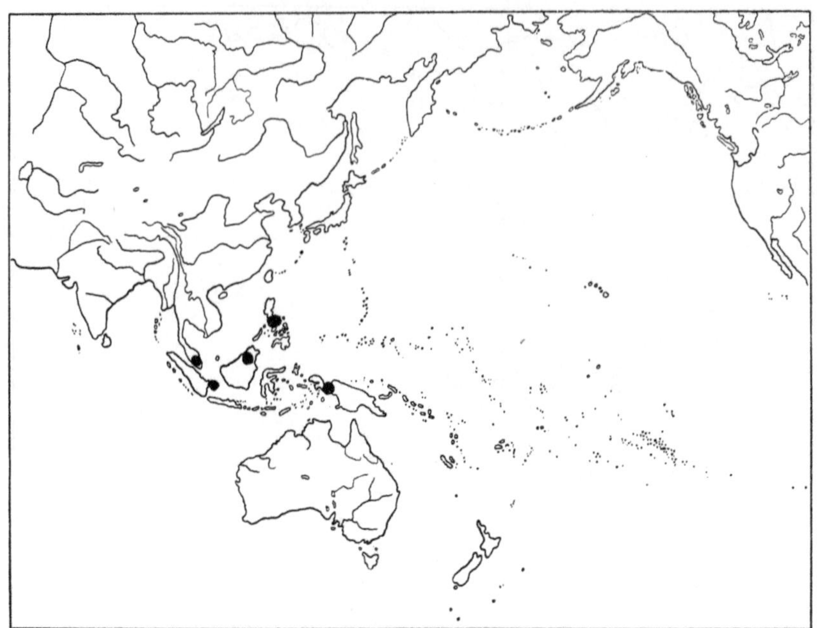

FIG. 28. — *Frullania saccata.*

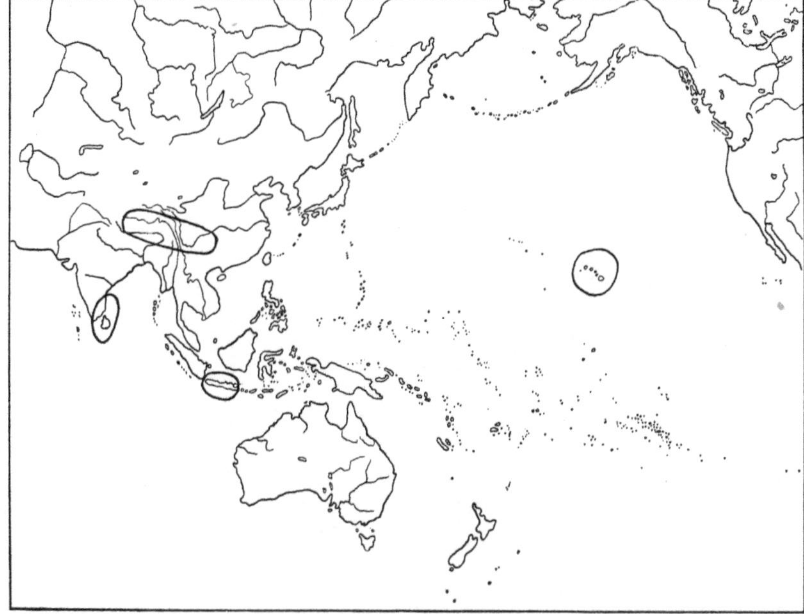

FIG. 29. — *Frullania neurota.*

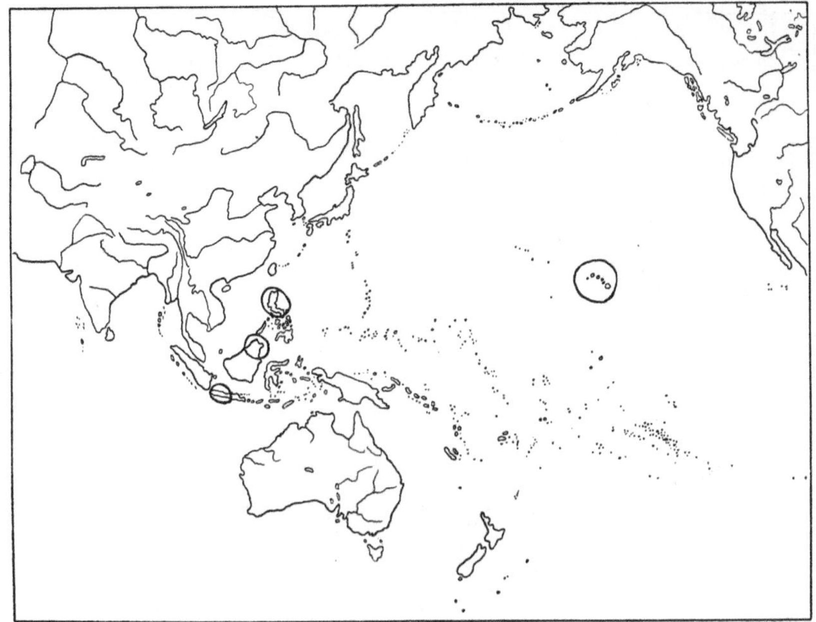

Fig. 30. — *Frullania Meyeniana.*

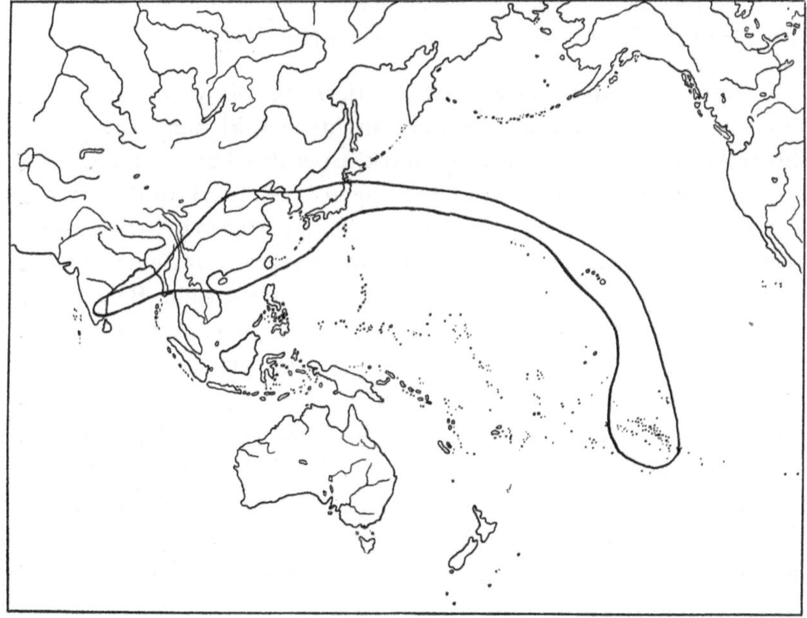

Fig. 31. — *Brachiolejeunea sandvicensis.*

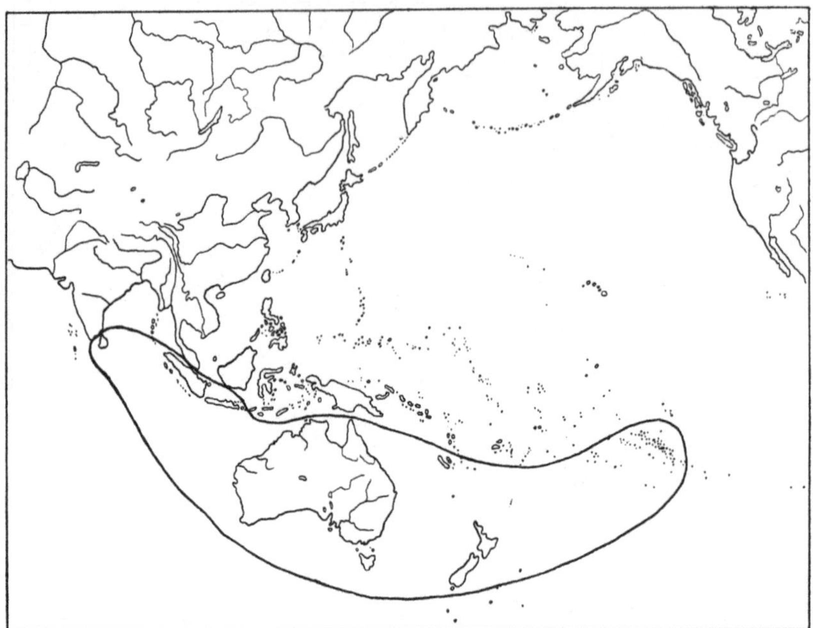

FIG. 32. — *Frullania Hampeana*. Wahrscheinlich auch in Japan gefunden!

Ceylon lässt sich nicht viel sagen. Beispiele: *Frullania nepalensis* (Fig. 16) und *Spruceanthus semirepandus* (Fig. 17).

3. **Rein indomalayische** Arten. Hierher gehören die meisten Arten, die nächste Gruppe ist aber nicht viel kleiner. Die Areale dieser Arten schwanken ziemlich stark. Über das Auftreten bestimmter Grenzlinien lässt sich nicht viel sagen. Wenn z.B. in den Molukken manche Arealgrenzen einander decken, so wird man in Schlussfolgerungen sehr vorsichtig sein müssen, wir besitzen nur wenige Kollektionen aus den Molukken und den kleinen Sunda-Inseln. Bemerkenswert ist das Fehlen mancher Arten auf Borneo, woher wir in der letzten Zeit doch viel Material erhalten haben. Auf den Philippinen treten die betreffenden Arten dann wieder auf. Die rein indomalayischen Arten fehlen fast immer in Vorder- und Hinterindien, auf Ceylon kommen sie manchmal vor. Auf Neu-Guinea finden wir nur selten Arten, welche sonst auf die engere westliche Indomalaya beschränkt sind, die zahlreichen Arten, welche die engere Indomalaya und Neu-Guinea gemeinsam haben, finden sich fast immer bis

weit nach Ozeanien hinein. Hier wäre auch noch zu bemerken, dass die Disjunktion Neu-Guinea Australien nur höchst selten vorkommt. Wie bei den höheren Pflanzen können wir einige durch die ganze Indomalaya verbreitete Arten (z.B. *Frullania ternatensis* — Fig. 18) und auf die engere Indomalaya beschränkte Arten (z.B. *Frullania ornithocephala* — Fig. 19) unterscheiden. Die meisten Arten dringen weit in die westlichen Teile des Gebietes vor (z.B. *Frullania gracilis* — Fig. 20), sehr wenige sind auf die östliche Indomalaya beschränkt (z.B. *Mastigolejeunea atypos* — Fig. 21). Über Endeme cf. infra.

4. **Indomalayisch-ozeanische Arten.** Die hierher gehörenden Arten sind kaum weniger zahlreich als die rein indomalayischen Arten. Sie fehlen niemals auf Neu-Guinea. Nur wenige sind, wie *Archilejeunea mariana* (Fig. 23), durch ganz Ozeanien verbreitet, andere weisen eine ähnliche Verbreitung auf, entfernen sich aber weniger weit vom Aequator, z.B. *Frullania intermedia* (Fig. 22), viele sonst weit verbreitete Arten fehlen auf Hawaii, z.B. *Ptychocoleus Cumingianus* (Fig. 24). Es kommen aber auch Arten vor, die auf den Fidschi-Inseln und Tahiti fehlen, dagegen wohl auf Hawaii gefunden sind, z.B. *Spruceanthus polymorphus* (Fig. 25). Fast alle Arten dieser Gruppe dringen weit nach dem Westen vor und manche sind sogar aus Vorderindien bekannt. Etwa $^1/_5$ der hierher gehörenden Arten kennen wir aus Queensland, keine aus Südaustralien oder aus Neu-Seeland.

Unter den Arten mit **d i s j u n k t e r V e r b r e i t u n g** finden sich zwei über die ganze Welt auf merkwürdiger Weise verbreitete Arten: *Jubula Hutchinsiae* ssp. *javanica* (Fig. 26) und *Leucolejeunea xanthocarpa* (Fig. 27), sowie mehrere auf unser Gebiet beschränkte Arten, z.B. *Frullania saccata* (Fig. 28); *Frullania neurota* (Fig. 29); *Frullania Meyeniana* (Fig. 30). In allen Fällen handelt es sich um morphologisch stark isolierte, meistens auch sehr wenig plastische Sippen. Auffallend ist das Vorkommen vieler Arten aus Hawaii in dieser Kategorie.

Schliesslich möchte ich noch auf zwei Arten aufmerksam machen. Die erste, *Brachiolejeunea sandvicensis* (Fig. 31) kommt nicht in der eigentlichen Indomalaya vor, wohl aber in den Randgebieten. Die zweite, *Frullania Hampeana* (Fig. 32) ist die einzige in Australien und Neu Seeland weit verbreitete Art der Frullaniaceae und Holostipae, welche auch in der Indomalaya auftritt.

Über **E n d e m e** viel zu sagen und z.B. ihre relative und absolute Anzahl mitzuteilen, halte ich für verfrüht; die meisten kommen aus Neu Guinea und Borneo. Früher kannte man aber auch eine grosse Anzahl javanischer Endeme, die meisten wurden dann später auf Nachbarinseln gefunden. Bei *Dicranolejeunea javanica* und vielleicht auch bei einigen anderen Arten scheint es sich jedoch um echte Endeme zu handeln.

V e r t i k a l e   V e r b r e i t u n g : Betrachtet man die Fundortlisten der häufigen javanischen Jubuleae, so kann man für manche Arten eine ziemlich scharfe obere und untere Grenze feststellen. Auf Java und Sumatra bestehen Ausnahmefälle, so kommen manche Arten aus dem Gebirge in den feuchten Schluchten (Tjiapoes, Aneh) in niedriger Lage vor als sonst. Als ich vor kurzem aber die Borneo-Kollektionen von CLEMENS und RICHARDS bearbeitete, musste ich feststellen, dass manche Arten in Nord-Borneo viel tiefer vordringen als je auf Java. Noch merkwürdiger ist eine andere Tatsache: im Himalaya gibt es mehrere auch in der Indomalaya recht häufige Arten; einige davon (z.B. *Frullania squarrosa* und *Frullania moniliata*) wachsen auf Java und Sumatra nie über 2000 m, im Himalaya sammelt man sie jedoch auf 3000—4000 m. Es kann sich hier wohl kaum um genau die gleichen Sippen handeln.

REGISTER

Some Reviews of the "Manual of Bryology":

The editor of the " Annales Bryologici" has produced in this volume what is practically a general text-book of Bryology. Bryology like other branches of botany, suffers from lack of co-ordination among its workers: those occupied in general research sometimes have very little knowledge of the plants which with they deal and the value of their work is lessened by this narrowness of outlook. The taxonomists on the other hand, do not pay enough attention to general botanical research on the group; hence the ill-founded opinions and erroneous conclusions in many otherwise sound taxonomic papers. The present manual is an attempt to meet some of the difficulties. The book which is clearly printed and admirably produced forms a valuable addition to general botanical literature.   *„Journal of Botany."*

Ein Handbuch der Bryologie und in dieser Art etwas völlig Neues!
.... darf sich rühmen, die bryologische Literatur um ein ebenso neuartiges wie zuverlässiges, und zudem in textlich wie illustrativer Hinsicht hervorragend ausgestattetes Werk bereichert zu haben.

„Die Naturwissenschaften".

Dette Vaerk kan betegnes som en „Almindelig Botanik" eller en „Biologi" vedrörende Mosserne alene. Den omhandler i 16 Afhandlinger, udarbejdede af 14 Forfattere, Mossernes almindelige Forhold. Alt nyt og alle nye Synspunkter er kommet med, og Bogen fremtraeder i alle Henseender som en fuldt ud moderne Haandbog.   *„Botanisk Tisdkrift"*.

Ongetwijfeld voorziet dit handboek in een dringende behoefte voor allen, die zich in de bryologie willen oriënteeren. Zooals de titel reeds aanduidt, maakt het aanspraak op de naam handboek en er is dan ook vrijwel geen onderdeel onbesproken gebleven. De redacteur heeft zich op bewonderenswaardige wijze van de hulp van talrijke vooraanstaande bryologen kunnen verzekeren.   *„Vakblad voor Biologen"*.

Con la pubblicazione di questo manuale il Verdoorn ha provveduto a fornire la letteratura botanica di un'opera importante, di cui si sentiva grande bisogno. Raccogliere quello che era già noto sui Muschi e sulle Epatiche e aggiornarlo con le recenti, interessanti ricerche fatte nei vari rami della Briologia, era lavoro tutt' altro che semplice; il Verdoorn lo ha potuto compiere felicemente assicurandosi la collaborazione di valenti specialisti.

„Annali di Botanica".

The Annales Bryologici are not devoted to taxonomy alone, but each volume also contains original contributions on general bryology. Monographs and memoirs, of a nature to form a complete work, are published in supplementary volumes. See next page.